高等教育规划教材

C/C++程序设计

范翠香　刘　辉　编著
胡忭利　主审

机 械 工 业 出 版 社

C语言作为一门最通用的程序设计语言，学习并掌握C语言是每一位计算机相关专业学生必须掌握的一个专业技能，也几乎是每一个理工科或者其他专业的学生必须具备的基本功之一。

本书以程序设计思想为主导，详细介绍了程序设计的基本知识、C语言基本知识、结构化程序设计方法、数组、指针、函数、结构体、编译预处理、文件操作和C语言程序调试技能，同时对于面向对象程序设计的基本概念也进行了介绍。本书内容翔实、知识体系合理，知识引入深入浅出，并提供大量实用例题以及丰富多样的习题，方便读者使用。

本书可作为高等本科院校计算机科学和电子与信息工程等相关专业的程序设计基础课程的教材，也可作为计算机与电子信息相关专业的程序设计基础学习参考教材。由于本书深入浅出知识引入方法，故本书也特别适合自学者使用。

本书配有电子教案和习题解答，需要的教师可登录 www. cmpedu. com 免费注册，审核通过后下载，或联系编辑索取（QQ：2966938356，电话：010－88379739）。

图书在版编目(CIP)数据

C/C ++ 程序设计/范翠香，刘辉编著．—北京：机械工业出版社，2017. 7
高等教育规划教材
ISBN 978-7-111-56730-1

Ⅰ. ①C… Ⅱ. ①范… ②刘… Ⅲ. ①C语言－程序设计－高等学校－教材 Ⅳ. ①TP312

中国版本图书馆 CIP 数据核字(2017)第 099974 号

机械工业出版社(北京市百万庄大街 22 号 邮政编码 100037)
策划编辑：和庆娣 责任编辑：和庆娣
责任校对：张艳霞 责任印制：李 昂
三河市宏达印刷有限公司印刷
2017 年 6 月第 1 版·第 1 次印刷
184 mm×260 mm·17. 5 印张·427 千字
0001－3000 册
标准书号：ISBN 978-7-111-56730-1
定价：45. 00 元

凡购本书，如有缺页、倒页、脱页，由本社发行部调换
电话服务
服务咨询热线：(010)88379833
读者购书热线：(010)88379649
网络服务
机 工 官 网：www. cmpbook. com
机 工 官 博：weibo. com/cmp1952
教育服务网：www. cmpedu. com
金 书 网：www. golden－book. com

前　言

C语言从产生到现在，已经成为最重要和最流行的编程语言之一。在各种流行编程语言中，都能看到C语言的影子，如Java、C#的语法与C语言基本相同。学习、掌握C语言是每一个计算机技术人员的基本功之一。同时，C语言作为一门通用的语言，几乎是每一个理工科或者其他专业的学生都要学习的语言。

本书在编写过程中，注重了知识内容的体系结构，力求做到内容翔实且突出重难点，如将指针放在函数之前，确保在函数的应用中可以全方位引入指针，如按地址传递参数的不同实现形式、函数返回地址等。特别地，将C语言集成环境以及C程序的各种连编和程序调试方法单独列为一章，增加了模块化的、由多个源文件组成的C程序的编译调试方法，这部分内容在目前已出版的C语言教材中比较少见。

本书在C语言基础上增加了面向对象的内容，考虑到许多院校专门开设有面向对象的程序设计课程如Java等，在这些课程中会对面向对象的知识进行详细介绍，故本书对于面向对象只介绍了基本概念和基本思想，重点介绍了面向对象的抽象和封装这两个基本特征。读者不仅可以初步了解面向过程的程序设计方法与面向对象的程序设计方法的不同之处，同时通过类中对成员函数的设计也可以进一步加深对函数的理解和应用。

本书共分11章，第1章介绍了程序设计基础、C语言的发展及特点；第2章介绍了C语言的数据类型、基本运算符及表达式、各种不同类型数据的输入与输出；第3章介绍了结构化程序设计的3种基本结构；第4章介绍了数组及其应用；第5章介绍了指针及其应用；第6章介绍了函数及其应用；第7章介绍了编译预处理和位运算；第8章介绍了结构体类型、共用体类型和枚举类型；第9章介绍了数据文件的应用；第10章介绍了面向对象的程序设计基础知识；第11章介绍了C语言的集成环境与各种程序调试方法。

书中的每一章都提供了丰富且实用的例题，提供了较细致的算法分析图表，帮助读者理解并掌握基本算法及算法设计技巧。每一章后也配备了丰富的不同类型的习题。

本书中的程序代码均在Visual C++ 6.0环境中调试通过。

本书由西安理工大学信息装备与控制工程学院范翠香、刘辉编著。范翠香老师编写了第1、2、3、5、7、8、9、11章和附录，刘辉老师编写了第4、6、10章。全书由范翠香、刘辉老师统稿，胡忭利老师主审。

由于作者水平有限，书中难免存在不妥和疏漏之处，恳请读者批评指正，谢谢！

编　者

目　录

第1章　程序设计基础及C语言概述

内容提要　本章主要介绍程序、程序设计以及算法等有关概念；介绍C语言的发展、特点和C语言源程序的组成。

目标与要求　理解程序和程序设计、算法的概念及特点；掌握算法的描述方法；了解C语言源程序的组成。

1.1　程序与程序设计语言

计算机语言是实现人机交互的有效工具。在计算机帮助用户解决某个问题前，用户首先要编写解决这个问题的程序，而程序的编写规范是基于某种特定计算机语言的。本节介绍程序、程序设计以及程序设计语言的基本概念。

1.1.1　程序和程序设计

1. 程序

为了让计算机完成特定的任务，人们事先编制的一组指令的有序集合，称为程序。而指令是计算机硬件能识别并直接执行的一个基本操作命令。

2. 程序设计

程序设计是指从人们分析实际问题开始到计算机给出正确结果的整个过程，如图1-1所示。

在这个过程中，建立数学模型和确定数据结构与算法是程序设计中最难的一步，需要有一定的数学基础和数值计算方法等知识。编写程序就是用某一种计算机语言将设计的算法过程描述出来。

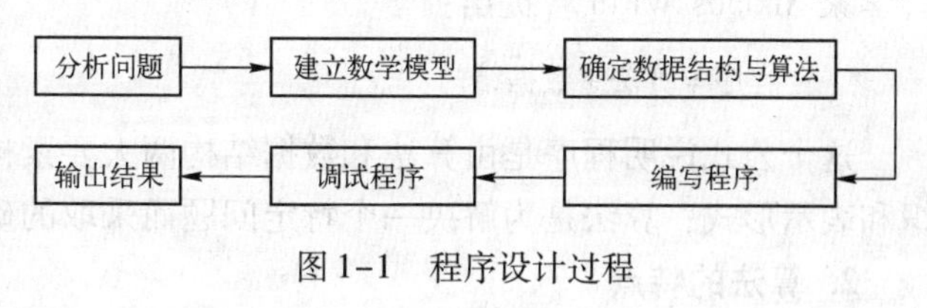

图1-1　程序设计过程

1.1.2　计算机语言

1. 程序设计语言的概念

计算机语言是计算机能够识别的语言，是人与计算机进行信息交流的工具，也称为程序设计语言或编程语言。目前计算机语言有上百种，每一种计算机语言都有一套固定的符号和语法规则。人们要利用计算机解决问题，就必须用计算机语言来告诉计算机“做什么”和“怎样做”，这个过程就称为编程。

伴随着计算机技术的不断发展和变化，计算机语言也经过了几个发展阶段，从机器语言到汇编语言再到高级语言，计算机语言详细发展过程这里不再叙述。

2. 高级语言的处理过程

计算机能直接识别并执行的指令只能是二进制指令。用高级语言编写的程序称为高级语言源程序，计算机并不能直接执行它，必须将其翻译成机器能识别的语言形式（即二进制程序，也称目标程序）。而这种具有翻译功能的系统程序称为编译程序，大多数高级语言都有自己的编译程序。

高级语言程序的处理方式分为解释方式和编译方式。

1）解释方式：执行源程序时，采用边翻译边执行方式，即翻译一句执行一句，不产生目标程序。早期的Basic语言采用的就是这种方式。

2）编译方式：执行源程序前，使用编译程序先将高级语言源程序翻译成机器语言程序（即扩展名为obj的二进制的目标文件）。这个文件也不能直接运行，还需要用连接程序将系统提供的库函数和头文件等连接到目标文件，生成一个扩展名为exe的可执行文件，此文件才可以独立运行。早期的Pascal语言和本书学习的C语言都是采用这种方式。

高级语言源程序编译、连接的过程如图1-2所示。

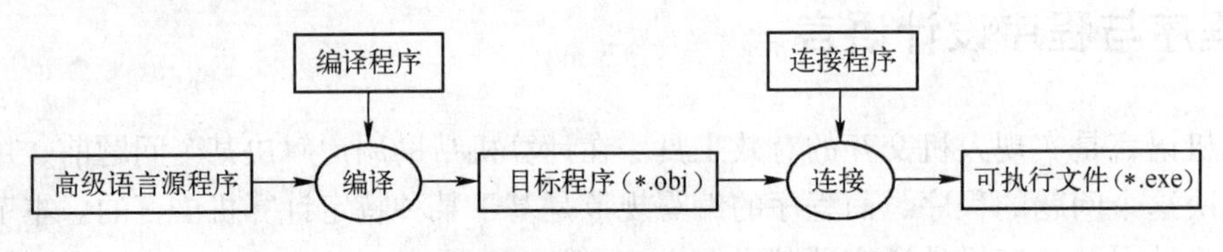

图1-2　高级语言源程序编译、连接的过程

1.1.3　算法

1. 算法的概念

算法（Algorithm）一词源于算术（Algorism），即算术方法，是一个由已知推求未知的运算过程。后来，人们把进行某一工作的方法和步骤称为算法。

程序设计的关键步骤是算法设计。算法在很大程度上决定了程序的效能。著名的计算机科学家Niklaus Wirth曾提出：

程序 = 算法 + 数据结构

这个公式说明程序是由算法和数据结构两大要素构成的。其中，数据结构是指数据的组织和表示形式；算法是为解决一个特定问题而采取的确定且有限的步骤。

2. 算法的特点

算法有如下5个特点。

1）有穷性。一个算法应包含有限个操作步骤。在执行有限个操作之后，算法能正常结束，而且每一步都能在合理的时间范围内完成。

2）确定性。算法中的每一条指令必须有确定的含义，不能有二义性，对于相同的输入必须得出相同的执行结果。

3）可行性。算法中每一步操作，都必须是计算机能识别且能通过执行基本运算完成的。

4）有零个或多个输入。大多数情况下，算法执行的开始都会有原始数据提供，这里的输入并不一定指键盘输入，也可能从文件中读取。

5）有一个或多个输出。算法的运行结果必须以某种形式反馈给用户。当然这里的输出也不一定指屏幕输出或打印，也可以将结果输出到一个磁盘文件中。

3. 算法的描述方法

算法可以用多种方法来描述，最常用的是伪代码、流程图和N-S流程图。

（1）伪代码

伪代码是用接近人类自然语言（与高级语言类似），但又不受严格的语法限制的一种算法描述方式。

（2）流程图

流程图是用一些几何框图和流程线表示算法的执行过程。这种方式形象直观，易于理解，被普遍采用，但占用篇幅大。流程图常用符号如图 1-3 所示。

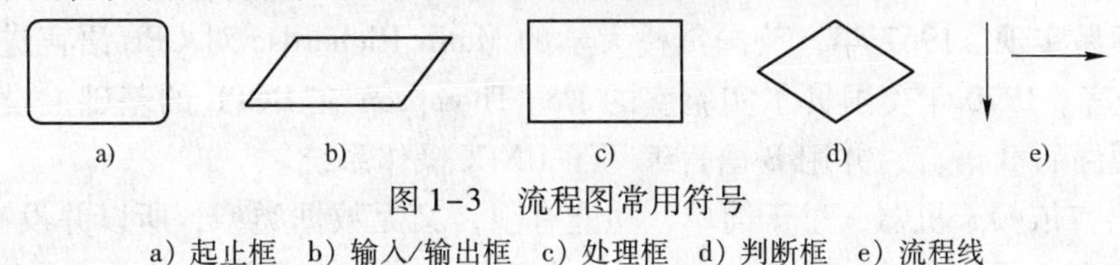

图 1-3　流程图常用符号

a）起止框　b）输入/输出框　c）处理框　d）判断框　e）流程线

（3）N－S 流程图

N－S 流程图是美国学者 I. Nassi 和 B. Shneiderman 在 1973 年提出的一种流程图形式，用两个学者名字的首字母命名。它去掉了流程线，每一步用一个矩形框来表示，把一个个矩形框按执行的顺序连接起来，使得算法只能从上到下执行。使用这种方法作图简单，描述占用面积小，因此很受欢迎。

【例 1-1】 某门课程的总评成绩计算方法：总评成绩 = 平时成绩(占总评的 20%) + 期末成绩(占总评的 80%)。

现已知某学生某门课程的平时成绩和期末成绩，编程计算该学生的总评成绩，并给出该课程是否通过。算法的 3 种描述方法如图 1-4 所示。

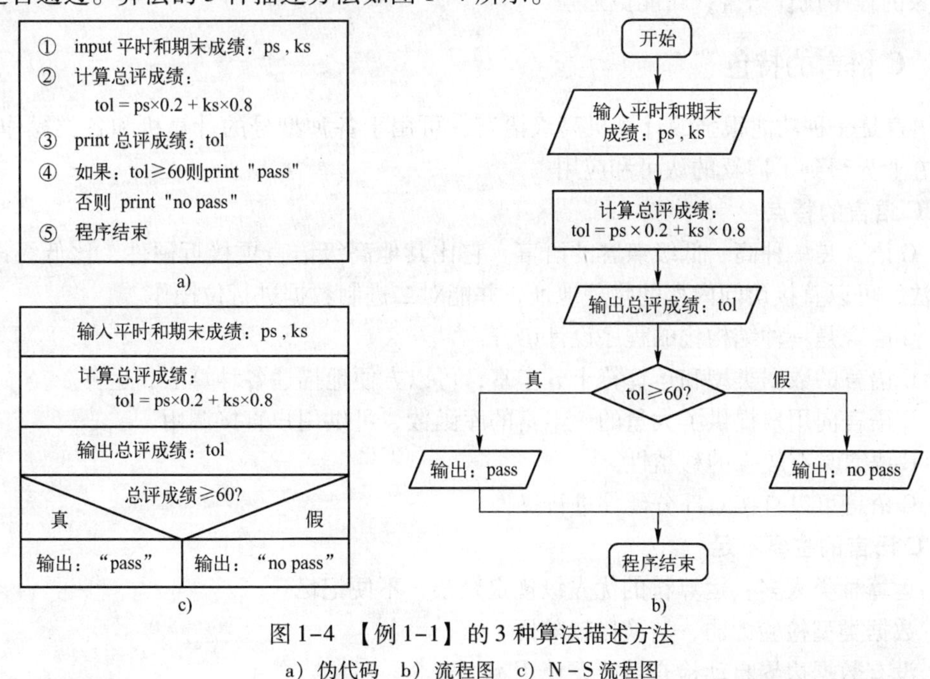

图 1-4　【例 1-1】的 3 种算法描述方法

a）伪代码　b）流程图　c）N－S 流程图

1.2　C 语言概述

目前计算机语言种类很多，有些语言有其特定的应用领域，例如，PHP 专门用来显示网页；Perl 更适合文本处理；C 语言被广泛用于操作系统和编译器（所谓的系统编程）的开发。

1.2.1 C 语言的发展

C 语言最早的原型是 Algol 60。1963 年英国剑桥大学在 Algol 60 的基础上推出了 CPL（Combined Programming Language）语言。CPL 语言较 Algol 60 更接近硬件一些，不足之处是规模过大，不易实现。1967 年，英国剑桥大学的 Matin Richardsc 对 CPL 语言进行简化，开发了 BCPL 语言。1970 年美国贝尔实验室的 Ken Thompson 在 BCPL 的基础上设计出了更简单且更接近硬件的 B 语言，并用 B 语言编写了 UNIX 操作系统。

由于 B 语言依赖于机器，过于简单，功能有限，又无数据类型，所以并没有流行起来。1972～1973 年间，贝尔实验室的 D. M. Ritchie 在 B 语言的基础上设计出了 C 语言。C 语言既保持了 B 语言的特点（精炼、接近硬件），又克服了它的缺点（过于简单、无数据类型等）。1973 年，Ken Thompson 和 D. M. Ritchie 合作，把 UNIX 中 90%以上的代码用 C 语言改写。后来，C 语言进行了多次改进，1977 年出现了不依赖具体机器的 C 语言版本。随后，C 语言迅速普及，成为当今广泛使用的计算机语言之一。

目前流行的 C 语言版本都是以标准 C（ANSI C）为基础的，各种版本的基本部分相同，个别地方稍有差异，经常使用的有 Microsoft C 5.0、Turbo C 2.0 等版本。

随着面向对象编程技术的发展，又出现了 C++、Turbo C++、Visual C++等版本。C++是 C 语言的延伸，它是在 C 语言的基础上，增加了面向对象的概念，成为一种流行的面向对象的程序设计语言，功能更加强大。

1.2.2 C 语言的特色

C 语言是一种功能很强的计算机高级语言，可用于各种型号的计算机和各类操作系统，因此，在业界得到了广泛的认可和应用。

1. C 语言的特点

1）C 语言是一种高、低级兼容的语言。它比其他高级语言更接近硬件，比低级语言更接近算法，可以直接访问内存的物理地址，并能对二进制数据进行位操作。

2）C 语言是一种结构化的程序设计语言。

3）C 语言的数据类型和运算符十分丰富，可以方便地描述各种算法和运算。

4）C 语言向用户提供了大量的、丰富的库函数，可供用户直接调用。

5）C 语言具有较强的移植性。

6）C 语言可以直接对部分硬件进行操作。

2. C 语言的主要不足

1）运算种类太多，运算符的优先级规定繁杂，不便记忆。

2）数据类型检验太弱，转换比较随便。

3）没有数据边界自动检查功能，使用不太安全。

3. C 语言的源程序的结构特点

下面给出用两种实现方法编写的【例 1-1】的 C 语言源程序，希望能使大家对 C 程序有初步的认识。

实现方法 1：在 main( ) 函数中实现，程序如下。

```
#include <stdio.h>
void main()
{   int ps,ks;
    float tol;
    scanf("%d %d",&ps,&ks);
    tol = ps*0.2f + ks*0.8f;
    printf("tol = %0.1f\n",tol);
    if (tol >= 60.0f)
            printf("pass");
    else
            printf("no pass");
}
```

实现方法2：使用两个函数实现，程序如下。

```
#include <stdio.h>
float computer_tol(int sc1,int sc2,float p1,float p2)   //p1、p2 为两个成绩所占百分比
{   float tol;
    tol = sc1*p1 + sc2*p2;
    return tol;
}
void main()
{   int ps,ks;
    float tol;
    scanf("%d%d",&ps,&ks);
    tol = computer_tol(ps,ks,0.2f,0.8f);    //调用函数 computer_tol()计算总评成绩
    printf("tol = %0.1f\n",tol);
    if (tol >= 60.0f)
            printf("pass");
    else
            printf("no pass");
}
```

C 语言源程序的结构特点如下。

1）C 语言源程序由函数组成，函数是构成 C 程序的基本单位。一个 C 程序可以由一个或多个不同的函数组成。

2）一个 C 程序中有且仅有一个 main( ) 函数（称为主函数）。main( ) 函数的位置可放在程序的任何地方。C 程序总是从 main( ) 函数开始执行，并且在 main( ) 函数中结束。main( ) 函数可以调用其他函数，而其他函数不能调用 main( ) 函数，其他函数之间可以互相调用。

3）每一个函数均由两部分组成，即函数声明部分和函数体部分，其结构如下。

```
函数类型 函数名(形式参数表)    //函数声明部分(也称函数头)
{
    变量声明部分    ⎫
                    ⎬ 函数体
    可执行语句部分  ⎭
}
```

4）C 语句使用“;”作为语句的结束符。

5）在 C 程序中，大小写字母代表不同的含义。

6）“//”后面直到所在行结束的内容均为注释内容，用于对前面的语句或程序的功能进行说明。注释内容不会被程序执行，对程序运行结果不产生影响。注释可放在程序中的任何地方，若需对一个语句或对程序的功能加以说明，通常用“//”；若注释的内容为一段而非一行时，用“/* 注释内容 */”进行注释，其中“/*”和“*/”要成对出现，且

“/”和“＊”之间不允许出现空格。

7）C 程序书写格式自由。可以一行写一条语句，也可以一行写多条语句，还可以一条语句分几行写。通常，一行写一条语句，便于阅读。

4. C 程序的编写风格

C 程序编写格式灵活，若从编写清晰、便于阅读理解、易于维护的角度出发，在编写程序时最好遵循以下规则。

1）一个说明或一个语句占一行。

2）用“{}”括起来的部分，通常表示程序的某一层次结构。“{}”一般与该结构语句的第一个字母对齐。

3）用分层缩进的格式显示嵌套的层次结构，可以使层次看起来更加清晰，并增加程序的可读性。示例如下。

```
int main( )
{
    int x[10],i;
    int max;
    for(i=0;i<10;i++)
        scanf("%d",&x[i]);
    max=x[0];
    for(i=1;i<10;i++)
        if (x[i]>max)
            max=x[i];
    printf("max=%d\n",max);
    return 0;
}
```

4）在程序中适当加注释，有助于阅读、理解程序。

良好的程序设计风格有助于程序的维护，在学习程序设计的初期，应注意培养好的编写风格，养成良好的习惯，减少错误，从而提高编程及调试程序的效率。

关于 C 程序的运行环境及程序调试方法详见第 11 章。

习题 1

一、选择题

1. 以下不是算法特点的是（　　）。

   A. 确定性　　B. 有穷性　　C. 效率高　　D. 可行性

2. C 程序的基本组成单位是（　　）。

   A. 语句　　B. 函数　　C. 程序　　D. main( )函数

3. 以下叙述正确的是（　　）。

   A. C 语言比其他语言高级

   B. C 语言程序不用编译就可以直接运行

   C. C 语言是结构化的程序设计语言，是面向过程的语言

   D. C 语言是面向对象的程序设计语言

4. 关于 C 语言，下列叙述中正确的是（　　）。

   A. 计算机能直接运行 C 语言源程序

   B. C 语言源程序经编译后，生成的 obj 文件可以直接运行

C. C 语言源程序经编译、连接后，生成的 exe 文件可以直接运行

D. C 语言采用解释方式翻译源程序

5. 关于 C 程序，下列叙述中正确的是（　　）。

A. 程序是按照从上往下的顺序运行

B. 程序是从 main( ) 函数开始运行，并在 main( ) 函数中结束

C. C 程序中不区分大小写

D. 一个 C 程序只能有一个函数

二、填空题

1. 一个 C 程序有且只能有一个________函数，程序执行从__________开始，程序结束也从________结束。

2. C 语句以________ 作为结束标志。一行可以书写________语句。

3. 在 C 程序中，“/* ”和“ */”之间的内容为______，这部分内容计算机________。

4. 上机运行一个 C 语言源程序必须经过________ 、________、________和________ 4 个步骤。

5. 请用伪代码写出求两个整数平方和的算法描述：____________ 。

6. 一个程序的好的书写应按________格式。

第2章　数据类型、运算符及表达式

内容提要　用C语言编写程序解决一些实际问题时，首先遇到的就是各种数据的表示、存储、计算以及输入与输出。本章主要介绍C语言的各种数据类型、常量与变量、运算符和表达式以及数据的输入与输出。

目标与要求　了解数据类型的概念，掌握C/C++的基本数据类型；掌握常量、变量的概念及表示方法；重点掌握整型、实型、字符型数据的使用方法；掌握各种运算符的功能及优先级、结合方向；掌握表达式的书写格式和规则；掌握putchar()、getchar()、printf()和scanf()函数的基本使用方法。

2.1　数据类型

用户在处理不同问题时，会遇到各种不同表现形式的数据，这些不同表现形式的数据在计算机中会采用不同的存储方式，因而对其加工处理的方法也不相同。

2.1.1　C语言的数据类型

计算机中用数据类型来表示数据的存储和加工处理方法的属性。

C语言提供了丰富的数据类型，其分类如图2-1所示。最常用的是基本类型，基本数据类型及其说明如表2-1所示。

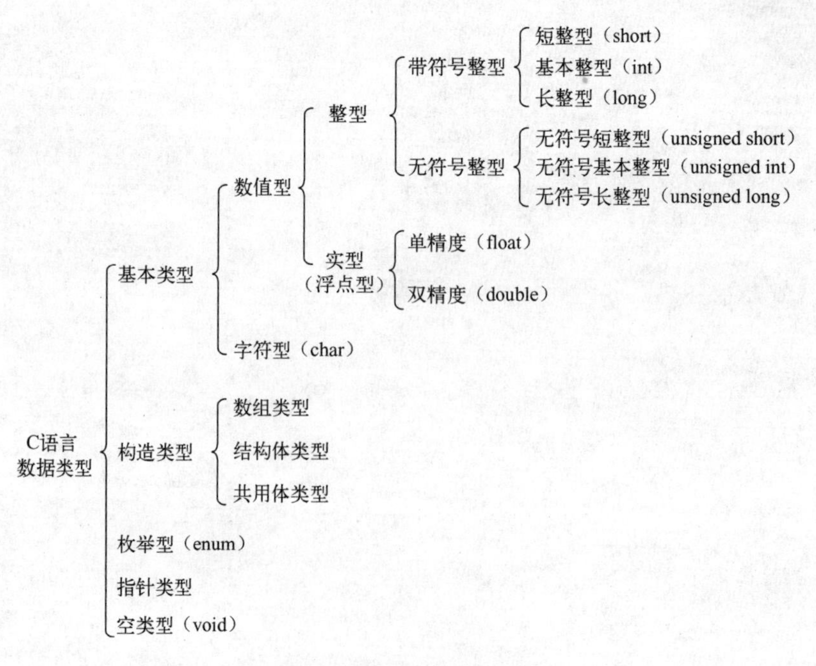

图2-1　C语言的数据类型

表 2-1　C 语言的基本数据类型及说明

数据类型及标识符		在 Turbo C 2.0 中		在 Visual C ++ 6.0 中	
		字节数	取值范围	字节数	取值范围
整型数据	有符号短整型（short）	2	(−32 768 ~ +32 767)	2	(−32 768 ~ +32 767)
	有符号整型（int）	2	(−32 768 ~ +32 767)	4	−2 147 483 648 ~ 2 147 483 647
	有符号长整型（long int）	4	−2 147 483 648 ~ 2 147 483 647	4	−2 147 483 648 ~ 2 147 483 647
	无符号短整型（unsigned short）	2	(0 ~ 65 535)	2	(0 ~ 65 535)
	无符号整型（unsigned int）	2	(0 ~ 65 535)	4	(0 ~ 4 294 967 295)
	无符号长整型（unsigned long）	4	(0 ~ 4 294 967 295)	4	(0 ~ 4 294 967 295)
实型数据	单精度（float）	4	$-10^{38} \sim 10^{38}$ 有效位：6 ~ 7 位		
	双精度（double）	8	$-10^{308} \sim 10^{308}$ 有效位：15 ~ 16 位		
	长双精度（long double）	8	$-10^{308} \sim 10^{308}$ 有效位：15 ~ 16 位		
字符型数据	字符型（char）	1	无符号数：0 ~ 255；有符号数：−128 ~ +127		
	字符串型	字符串型数据只有字符串常量，无字符串变量			

2.1.2　常量与变量

1. 常量

常量是指在程序的执行过程中其值不能被改变的量，分为直接常量和符号常量。

（1）直接常量

在程序中常数即为直接常量，简称常量。如：123、1.25、'*'、"abcd" 等都是直接常量。

（2）符号常量

在 C 程序中，如果一个直接常量被反复多次使用，则可以定义一个符号（标识符）来代替它，我们称这个能代替该直接常量的符号（标识符）为符号常量。符号常量是一类特殊的常量，其值在程序的运行过程中是不能改变的。符号常量必须先定义后使用。定义的方法是在程序的开头用下述命令。

```
#define　符号常量名　常量
```

符号常量仍代表的是常量，一旦定义不能对其再重新赋值。习惯上符号常量名用大写字母表示。使用符号常量可以提高程序的可读性，减少输入工作量，实现“一改全改”。

例如，在处理一个问题时，当问题规模 N 不能完全确定时，则可以先将其定义为一个符号常量 N，并赋予一个比较大的值，在程序中，凡是引用到该问题规模时，均可用 N 代替。定义方法如下。

```
#define　N　100                          //定义符号常量 N 代表问题规模 100
```

用这个 N 代表所处理问题的规模 100，在程序中凡引用到这个数据规模的地方均用 N 代替。假设处理问题的数据规模改变为 10 000 时，用户不需修改程序中的任何代码，只需直接将符号常量 N 的定义值改为 10 000 即可。

2. 变量

（1）变量的定义

在程序的运行过程中，其值可以被改变的量，称为“变量”。在程序中，通常用变量来存储输入的数据、计算的一些中间值以及最终的程序处理结果。

（2）变量名和变量值

变量是用来存储数据的，C 语言规定，每个变量都必须有一个符合 C 语言标识符命名规则的名字，这个名字称为变量名。变量名代表了内存中分配给它的存储单元，在这些存储单元中，存放该变量的值。程序中通常通过变量名获取该变量的值。

图 2-2 形象表示了变量、变量的存储单元以及变量值三者之间的关系。其中，x 是变量名，矩形框表示变量 x 所占的存储单元，框内的数值 39 是变量 x 的值。

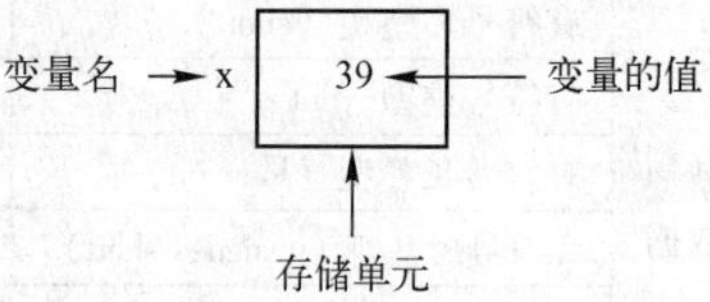

图 2-2　变量、变量的存储单元与变量的值之间的关系

(3) 标识符命名规则

程序中所有用到的变量、函数、符号常量等都必须有其合法的名字，以示区别。而所有名字都必须符合 C 语言标识符的命名规则。

C 语言标识符的命名规则如下。

1）只能以字母或下画线开头。

2）在第一个字符的后面，只能是字母、数字或下画线 3 种字符，其他字符均不可以使用。

3）区分字母的大、小写，大小写字母代表不同含义。

4）长度没有限制，但不宜过长。

5）保留字不能作为标识符使用。C 语言中把用于描述变量的存储类型、数据类型以及程序流程控制等的字符序列称为“保留字”或“关键字”，这些关键字已经赋予了特定的含义和用途，不能再作为用户自定义的标识符使用，如标识符不能使用 int、while、if、switch 等。C 语言常见关键字见附录 A。

给变量命名时，尽量做到“见名知义”，通常用小写字母表示。例如，year、name、age、r、a_1 等。当名称中含有多个单词时，通常使用骆驼命名法，即从第二个单词开始，每个单词的第一个字母大写，如 userName、myFunction 等。

【例 2-1】 判断下列哪些字符序列可以作为合法的用户自定义标识符使用。

```
ab    _1    B1    c_2    x.c    int    xy1    b1    1.c    Float    a+b    -a
```

解： 依据上述标识符命名规则，合法的标识符有：

```
ab    _1    B1    c_2    xy1    b1    Float
```

(4) 变量的类型

根据程序需要，一个变量的类型可以定义为 C 语言的任何一种数据类型。

当变量的类型声明后，编译系统会根据变量的数据类型为其在内存中分配相应数目且连续的存储单元，并且用该变量名标识该存储单元。

(5) 变量的定义

C 语言规定，变量必须先定义后使用。变量的定义，就是根据程序功能的需要，确定程序中用到的变量名、变量的类型。编译时，系统会根据其声明类型分配给它相应数目的存储单元。

变量定义的格式如下。

```
[存储类型符]  类型符  变量名1,变量名2,…;
```

其中，类型符为变量的数据类型，可以是 C 中的任何一种数据类型。变量名必须遵循标识符的命名规则。用户可在一个数据类型后定义多个同类型变量，各变量名之间用逗号分隔，最后是分号结束。

存储类型符在第 6 章函数中介绍，这里暂不介绍。

2.1.3 整型数据

1. 整型常量

值为整数的常量称为“整型常量”，简称“整常量”。

（1）整型常量的不同形式

在 C 程序中，整型常量有以下 3 种表现形式。

1）十进制形式：指通常意义下的十进制整数。例如，120、100、-178、0 等。

2）八进制形式：在八进制数中，只有数字 0~7。为了与十进制区分，在其前面加数字 0。如：0110、015、-026 是 3 个八进制整数，分别对应十进制数 72、13、-22。

3）十六进制形式：在十六进制数中，只能使用数字 0~9、字母 a~f 或 A~F。为了与其他进制区分，在数的前面加 0x，如：十进制整数 18、10、-17 用十六进制可分别表示成 0x12、0xA 和 -0x11。

（2）整型常量的类型区分

通常，整型常量用前缀表示进制，用后缀表示类型，一般从字面上就可以区别。整型常量的类型及其表示如表 2-2 所示。

表 2-2 整型常量的类型及其表示

类　型	表示方法	使用的进制	举　例
短整型、整型数	无后缀	十进制、八进制、十六进制	25、025、0x25
长整型数	加后缀 l 或 L		20L、020 L、0x20 L
无符号短整型、普通整数	加后缀 u 或 U		120u、0120u、0x20u
无符号长整数	加后缀 ul 或 UL 或 uL 或 Ul		260UL、0260uL、0x260ul

2. 整型变量

用于存放整型数据的变量称为整型变量，整型变量分为无符号和有符号两大类。例如：

```
short k,s;              //声明有符号的短整型变量 k 和 s
long a,b;               //声明有符号的长整型变量 a 和 b
int i,j;                //声明有符号的整型变量 i 和 j
unsigned int x,y;       //声明无符号的整型变量 x 和 y
```

说明：若不指定一个整数为无符号整数，则默认是有符号整数。

2.1.4 实型数据

1. 实型常量

值为实数的常量称为“实型常量”，简称实数，也称为浮点数。在 C 语言中，实型常量有单精度和双精度两种。

（1）实型常量的表现形式

在 C 程序中，实型常量只有十进制，没有八进制和十六进制。

实型常量有以下两种表现形式。

1）一般形式：由正/负号、整数部分、小数点和小数部分组成，而且必须有小数点。例如，3.14、-12.45、0.89、.456、123. 都是 C 语言中合法的实数。

在书写时，正数前面的“+”可以省略，整数部分和小数部分只可以省略其一，小数点不能省略。

2）十进制的指数形式：指用科学计数法表示的实型常量。在C语言程序中，科学计数法这样表示：

```
±尾数E±指数　　　或　　　±尾数e±指数
```

如12345.678可以表示成1.2345678e+4。

说明：尾数前的“±”表示数的正负，尾数表示数的有效位；“E”或“e”表示数的幂底为10；指数前面的“±”表示指数的正负。实型常量的指数形式由尾数、字母e（或E）和指数3部分构成。e（或E）必须要有，尾数部分可以是整数，也可以是实数，指数部分必须是整数（1~3位），尾数和指数前的“+”均可省略，尾数和指数部分均不能省略，字母e（或E）的前后及数字之间不得出现空格。

1.56e3、2.E-4、.15E+4、1e0等都是C语言中合法的指数形式实型常量，而.E-5、e2、3.16E、2.75e+3.0、1e、e+1等都是不合法的实型常量。

（2）float和double类型常量的区分方法

用户可以通过常量的后缀进行区分，后缀规定如下。

1）无后缀的实型常量，编译系统将其作为double来处理，为其分配连续8字节。

2）加后缀字母f或F的实型常量，将其作为float来处理，为其分配连续4字节。

例如，2.3456是双精度实数，存储时需要8字节；2145.3456f是单精度实数，存储时仅占4字节。

2. 实型变量

用于存放实型数据的变量，称为实型变量，也称为浮点型变量。实型变量分为单精度、双精度和长双精度。例如：

```
float x,y;                  //声明单精度实型变量x和y
double xa,ya;               //声明双精度实型变量xa和ya
long double x1,x2;          //声明长双精度实型变量x1和x2
```

2.1.5 字符型数据

1. 字符型常量

在处理一些问题时，经常会遇到编号、书名、出版社等具有文本特征的数据。这些数据有些由单个字符表示，有些由多个字符表示。单个字符表示的数据和多个字符表示的数据在C语言中对它们的定义及处理方式均不相同。

（1）直接字符型常量

直接字符型常量是用一对单引号括起来的单个字符。例如，'a'、'+'、'='、'0'和'\n'等。字符常量在内存中占用一字节的存储空间，在这字节中，存放的是该字符的ASCII码值，而不是该字符本身的符号。常见字符的ASCII码表见附录B。

说明：

1）大写字母和小写字母是不同的字符常量。例如，'a'和'A'不同。

2）字符可以是ASCII字符集中的任意字符。当数字被定义为字符常量之后，就不再表示原值。如，'2'和2是不同的常量，'2'是字符常量，2是整型常量；'2'在内存中存放的是其

ASCII码值50，而2在内存中放的就是整数2。

3)''和'␣'不同。''（一对连续的单引号）表示的是空字符，而'␣'则是空格字符（注：符号“␣”在本书中表示空格）。

（2）转义字符常量

对一些不可显示的控制符（如换行符、回车符、退格符等）和被用来赋予了别的含义的字符（如单引号、双引号、反斜杆等），需要用转义字符来表示。

C语言中的转义字符是以“\”开始的一个字符序列，“\”后面的字符不再表示原本的字符，而是转变成另外的意义。例如，'\n'、'\x42'和'\102'等都是字符常量，'\n'表示回车换行符，'\x42'和'\102'都表示'B'。C语言中常用转义字符如表2-3所示。

表2-3　C语言中常用转义字符

转义字符	ASCII码值	含　义
\a	7	鸣铃
\b	8	退格
\f	12	走纸换页
\n	10	回车换行
\r	13	回车
\t	9	横向跳到下一制表位位置
\v	11	竖向跳格
\\	92	反斜线符“\”
\'	39	单引号符
\"	34	双引号符
\ddd		1~3位八进制数所代表的字符
\xhh		1~2位十六进制数所代表的字符

需要强调的是，转义字符不论形式上有几个字符，本质上还是一个字符，占用1字节，若在字符串常量中出现，只能按一个字符对待。

（3）字符串常量

1）字符串常量的定义：用一对双引号括起来的字符序列，可以是0个字符，也可以是多个字符。例如，""、"12345"、"C program"、"1+2"等。在字符串常量中，可以使用转义字符。

2）字符串常量的长度：指其所包含的有效字符个数。字符串常量中若有转义字符，应看作一个字符。例如，"\\A\102C"代表的字符串是“\ABC”，故它的长度为4。

3）字符串常量在内存中存储：字符串常量在内存中占用一段连续的存储单元，按字符串中的字符顺序依次存放，一个字符占1字节，存储该字符的ASCII值，并且系统会在其末尾放一个'\0'（注：'\0'是一个ASCII码值为0的空操作符）作为字符串结束标记。因此，字符串常量在内存中占用的字节数是字符串长度加1。

例如，字符串常量"AB+CD"的长度是5，占6字节；"\\\102abc\x421"的长度是7，占8字节。

注意："A"与'A'不同。"A"是字符串常量，占2字节；'A'是字符常量，占1字节；""是合法的字符串常量，称为“空字符串”，长度为0，占1字节。

（4）符号常量

关于符号常量前面已经介绍过，这里要强调的是，符号常量后面的直接常量或表达式就是一个符号串，没有数据类型的区别，也不会在这里作类型是否正确的检验。在编译时，系统只是将程序中所有出现符号常量的地方用该符号串做简单替换，然后在编译时才进行是否合理或正确的检验，如：

```
#define PI 3.14.12F        //很显然这里的直接常量写错了
void main()
{
    printf("%f",PI);
}
```

编译时，在这个符号常量定义处并没有报错，但在语句“printf ("%f", PI);”处会报错，错误信息为：error C2143：syntax error ：missing')'before'constant'。

2. 字符型变量

用于存放字符型数据的变量，称为字符型变量。一个字符变量在内存中占1字节，只能存放1个字符。例如：

```
char ch1,ch2;                     //定义了字符型变量 ch1 和 ch2
ch1 ='a';    ch2 ='\106';          //分别对字符型变量 ch1 和 ch2 赋值
```

说明：C语言中没有字符串变量，字符串在C语言中是用一维字符数组来存放的。关于字符串的存放及有关操作在第4章中介绍。

2.1.6 变量的初始化

定义变量时，可以给变量赋初值，初值必须是常量或常量表达式，此操作称为变量的初始化。

变量初始化的一般格式如下。

```
数据类型  变量名1[ =初值1 ],变量名2[ =初值2 ]…;
```

例如：

```
int s =0;               //定义了1个整型变量 s,并且给 s 赋初值为 0
int i,j =2,k;           //定义了3个整型变量 i、j、k,且给 j 赋初值为 2
float x,y =10.0f +1.5f; //定义了2个单精度实型变量 x、y,且给 y 赋初值为 10.0f +1.5f
char ch1 ='A' +2,ch2;   //定义了2个字符型变量 ch1、ch2,且给 ch1 赋初值为'A' +2
```

特别注意的是，若未给变量赋初值，其值是不确定数据（垃圾数据，也称随机数）。

【例2-2】将数据5，1000L，-23，1500，24.76，0.0f，'E'以及无符号整数431存于计算机中。

分析可知，5、-23、1500为整数，可用整型变量来存放。1000L为长整型常量，要用长整型类型变量存放，24.76、0.0为实数，可用单精度实型变量来存放，'E'为字符常量用char型变量存放，而无符号数431则用unsigned int型变量存放。变量的定义及初始化如下。

```
int a =5,b = -23,c =1500;
long int n =1000L;
float x =24.76f,y =0.0f;
char ch ='E';
unsigned int u =431;
```

2.2 数据的输入与输出

数据的输入/输出是程序设计中最常用的操作。所谓输入，是指从计算机的外围设备

（键盘、鼠标、磁盘等）将数据输入到主机的过程，而输出是指将数据从主机送到外设（显示器、打印机、磁盘等）的过程。

2.2.1 C语言的输入与输出概述

C语言本身没有专门的输入/输出语句，输入/输出是通过调用系统的库函数来实现的。

C语言提供了丰富的库函数，每个函数实现特定的功能。C系统对库函数进行了分类存放，同一类函数的有关信息被包含在一个文件中，该文件称为“头文件”。在编程时，用户需要哪个函数，必须用包含命令将含有该函数的头文件包含在用户的源程序中。包含头文件的命令格式如下。

```
#include <头文件名>    或    #include "头文件名"
```

输入/输出函数均包含在“stdio. h”头文件中。在使用前必须用文件包含命令将头文件包含到使用输入/输出操作的函数的前面。包含输入/输出函数头文件的命令如下。

```
#include <stdio.h>    或    #include "stdio.h"
```

其中，文件包含命令中使用< >符号，系统自动到指定的目录中查找被包含的文件；使用" "符号，系统首先到当前目录中查找被包含的文件，如果没有找到，再到系统指定的目录中查找。

在stdio. h头文件中有两个格式输入和输出函数，即scanf( )和printf( )。这两个函数都可以一次输入或输出多个相同或不同类型的数据，还可以控制每个数据的输入/输出格式，这是两个使用最为方便和频繁的输入/输出函数。

2.2.2 数据的格式输出函数

1. printf( )函数

printf( )函数的格式如下。

```
printf("格式控制字符串",输出项表列);
```

功能：在标准输出设备（显示器）上按照格式控制字符串中指定的格式自左向右依次输出各输出项的值。

说明：

1）各个输出项之间用逗号隔开。

2）“格式控制字符串”用于指定各输出项的输出格式，可由格式字符串和非格式字符串两部分组成。

格式字符串是以%开头的字符串，在%后面跟有各种格式字符，用以说明输出数据的类型、形式、长度、小数位数等，如%d、%5.1f。

在格式控制字符串中常常会使用一些非格式字符串，也称普通字符，用以指出在输出时需要原样输出的字符，通常用于输出一些提示信息或起到间隔各个输出项的作用。

3）格式字符串与输出项之间应该一一对应，即顺序、类型、个数要一一对应且类型与格式匹配。例如：

```
printf("%d,%d\n",x,y);
printf("x=%d,y=%4d,s=%5.2f\n",x,y,(x+y)/2.0f);
```

不同的C语言编译系统，printf( )函数计算输出项的顺序不一样，Turbo C和Visual

C ++6. 0 的计算顺序为自右向左。

2. 不同数据类型的输出格式

(1) 整型数据的输出格式

1) 有符号整型数据的输出格式字符串。

```
%d——以十进制形式输出有符号整数
%ld——以十进制形式输出有符号长整型数
```

2) 无符号整型数据的输出格式字符串。

```
%u——无符号十进制形式输出整数格式
%o——无符号八进制形式输出整数格式
%x 或%X——无符号十六进制形式输出整数格式
%lu、%lo、%lx——分别为无符号十进制、八进制、十六进制形式输出长整型数据格式
```

3) 附加格式字符串。

```
%md——按 m 位(或列)输出整数。按右对齐输出,若有多余空格留在左边
% - md——按 m 位(或列)输出整数。按左对齐输出,若有多余空格留在右边
```

在附加格式中，数据的实际位数小于 m，按照左（右）对齐方式，多余位留出空格，+m 时多余空格留在左边，-m 时多余空格留在右边。若数据的实际位数大于 m 时，不受 m 位限制，按数据的实际位数输出。

【例 2-3】 分析阅读下面程序，请写出运行结果。程序如下。

```
#include <stdio.h>
int main()
{    int a = -12,b = 25,s;
     s = a + b;
     printf("%d + %d = %d\n",a,b,s);
     return 0;
}
```

运行程序，输出：

```
-12 +25 =13
```

【例 2-4】 阅读下面程序，写出运行结果。程序如下。

```
#include <stdio.h>
int main()
{    int a =100,b = -245;
     printf("a = %d,b = %2d\n",a,b);
     printf("%6d,%-6d,%d\n",a,b,a);
     return 0;
}
```

分析：程序中使用了%d、%2d、%6d 、%-6d 等输出格式。

运行程序，输出：

```
a =100,b = -245
␣␣␣100, -456␣␣,100
```

(2) 实型数据的输出格式

1) 格式字符串。

```
%f 或%lf——以十进制小数形式输出实数(单精度或双精度)
%e、%E——以 e(E)格式输出实数
%g、%G——自动选用%f 或%e 格式中输出宽度较短的一种
```

其中，%lf 输出双精度实数；%E、%G 与%e、%g 分别对应输出指数格式时是显示 E 还是 e。

2）附加格式字符串。

```
%m.nf——以十进制小数形式输出实数，数据的总宽度为 m 位，小数位为 n 位
```

%f 格式输出的数据默认小数点保留 6 位小数。在附加格式中，若数据的实际位数大于 m 位时，整数部分按实际位数输出，小数位数仍按 n 位输出。若仅指出小数位的输出位数，则用%.nf 格式。例如，输出 2 位小数，用%.2f 格式。

【例 2-5】阅读下面程序，写出运行结果。程序如下。

```
#include <stdio.h>
int main()
{   float a=123.23f,b=126.456f;
    printf("a=%f,b=%f\n a=%e,b=%.2f\n",a,b,a,b);
    return 0;
}
```

分析：程序中使用了%f、%e、%.2f 等输出格式。

运行程序，输出：

```
a=123.230003,   b=126.456001
a=1.232300e+002,   b=126.46
```

（3）字符型数据的输出格式

字符数据的输出，可使用 printf()函数，也可使用 putchar()函数（2.2.5 节中介绍）。printf()函数的格式字符串如下。

```
%c——按字符格式输出单个字符
%d——按十进制格式输出字符的 ASCII 码值
```

【例 2-6】编程输出字母 A、a 及其各自的 ASCII 码值。程序如下。

```
#include <stdio.h>
int main()
{   char c1='A',c2='a';
    printf("%c,%d\t %c,%d\n",c1,c1,c2,c2);
    return 0;
}
```

运行程序，输出：

```
A,65        a,97
```

2.2.3 数据的格式输入函数

1. scanf()函数

scanf()函数的格式如下。

```
scanf("格式控制字符串",变量地址表列);
```

功能：按照“格式控制字符串”中指定的格式读取从键盘输入的若干个数据，依次存入“变量地址表列”中对应的各变量中。

说明：

1）scanf()函数的格式字符串基本同 printf()函数。例如：

```
scanf("a=%d,b=%d,s=%f",&a,&b,&s);
scanf("%d %d %f",&a,&b,&s);          //输入两个整数和1个实数,但输入格式不同
scanf("%f,%f",&x,&y);                //输入两个实数
```

2）在使用scanf()函数时，要得到正确的数据，必须严格按照scanf()函数中指定的格式正确输入数据；否则，程序正确，但输入数据格式不正确，程序将得不到正确结果。

2. 各种类型数据的输入格式

（1）整数输入的格式

整数分为有符号整数和无符号整数，可按不同格式、进制输入。因此在输入数值时一定要搞清楚数据的输入格式。

1）整数的输入格式字符串。

```
%d——以十进制有符号形式输入整数
%u——以十进制无符号形式输入整数
%o——以八进制无符号形式输入整数
%x 或%X——以十六进制无符号形式输入整数
```

从键盘以%o、%x 格式输入整数时，整数前不需要加前缀0或0x，即直接输入八进制或十六进制数据。

2）整数常用的输入格式及方法举例。

以给整型变量a、b分别输入9和45为例，说明在不同格式下正确输入数据的方法。（注：↙代表回车键）

```
scanf("%d,%d", &a, &b); //正确输入数据的方法：9，45 ↙
scanf ("%d␣%d", &a, &b); //正确输入数据的方法：9␣45↙
scanf ("a=%d,b=%d", &a, &b); //正确输入数据的方法：a=9，b=45↙
scanf ("%d%d", &a, &b);
//正确输入数据的方法：9␣45↙    或者9（〈Tab〉键）45或者  9↙45↙
```

（各格式符之间无非格式字符时，输入的各数据之间以空格、〈Tab〉键或回车键间隔）

```
scanf("%1d%2d", &a, &b); //正确输入数据的方法：945↙
scanf ("%o,%x", &a, &b); //正确输入数据的方法：11，2d↙
```

（9的八进制数仍是11，45的十六进制数是2d）

【例2-7】 编写程序，实现下述功能：从键盘以十进制输入任意两个整数，按乘法题样式输出这两个整数及其乘积。例如，4*2=8。程序如下。

```
#include <stdio.h>
void main()
{    int a,b;
     scanf("%d,%d",&a,&b);
     printf("%d*%d=%d\n",a,b,a*b);
}
```

运行程序，输入：4，2↙

输出：

```
4*2=8
```

（2）实数输入的格式

1）实数的输入格式字符串。

```
%f——以十进制小数或指数形式输入实数给 float 类型变量
%lf——以十进制小数或指数形式输入实数给 double 类型变量
```

```
%e、%E、%g、%G——以十进制小数或指数形式输入实数给 float 类型变量
```

实型数据在输入时，没有%m. nf 格式。数据间隔的方法与整数输入相同。

2）实数常用输入格式及方法。

以给实型变量 x、y 分别输入 1. 1 和 2. 3 为例，说明在不同格式下正确输入数据的方法。

```
scanf("%f,%f", &x, &y); //正确输入数据的方法：1.1，2.3↙
scanf ("%f %f", &x, &y); //正确输入数据的方法：1.1 2.3↙
scanf ("%f %f", &x, &y);
//正确输入数据的方法：1.1␣2.3↙ 或 1.1（Tab 键）2.3↙ 或 1.1↙2.3↙
scanf ("x=%f, y=%f", &x, &y); //正确输入数据的方法：x=1.1, y=2.3↙
```

【例 2-8】 仿照【例 2-7】，写出求 123. 456 与任意一个实数和的程序。程序如下。

```
#include <stdio.h>
void main()
{   float x=123.456,y;
    scanf("%f",&y);
    printf("%.2f+%.2f=%f\n",x,y,x+y);
}
```

运行程序，输入：2. 18987↙

输出：

```
123.46+2.19=125.645871(试自己分析这个结果)
```

（3）字符型数据的格式输入

字符数据的输入，可使用 scanf( ) 函数，也可使用 getchar( ) 函数（2. 2. 5 节中介绍）。scanf( ) 函数的输入格式字符串。

```
%c—— 输入单个字符
```

【例 2-9】 编程从键盘输入任意一个小写字母，输出这个小写字母及对应的大写字母。

分析：小写字母比大写字母的 ASCII 码值大 32。因此，大写字母 = 小写字母 − 32。程序如下。

```
#include <stdio.h>
int main()
{   char c1,c2;
    scanf("%c",&c1);
    c2=c1-32;
    printf("%c,%c\n",c1,c2);
    return 0;
}
```

运行程序，输入：e↙

输出：

```
e,E
```

2. 2. 4 printf( ) 和 scanf( ) 函数的常用格式小结

printf( ) 和 scanf( ) 函数的常用格式及简单应用小结，如表 2-4 所示。

表 2-4　printf( )和 scanf( )函数的格式字符及应用举例

格式字符			说　明	举　例	输入/输出

整型	int	%d	十进制	int a,b;
				scanf("%d,%d",&a,&b);
				printf("%d,%d",a,b);
					输入：2，5
					输出：2，5

	unsigned	%u	十进制	int a=100; printf("%u",a);	输出：100
		%o	八进制	int a=97;printf("%o",a);	输出：141
		%x、%X	十六进制	int a=255;printf("%x",a);	输出：ff
	long	%ld、%lu	十进制	long a=1234567; printf("%ld",a);	输出：1234567
		%lo、%lx	八进制、十六进制		

实型	double	%lf	十进制
			小数形式
				double x,y;
				scanf("%lf,%lf",&x,&y);
				printf("%.2f,%.2f",x,y);
					输入：1.23，4.567
					输出：1.23，4.57

	float	%f	十进制
			小数形式
				float x,y;
				scanf("%f %f",&x,&y);
				printf("%f,%.2f",x,y);
					输入：1.23␣4.567
					输出：1.230000，4.57

		%e %E	十进制 指数形式	float x=123.456; printf("%e",x);	输出：1.234560e+002
		%g	e 和 f 中 较短一种	float x=12.3456789; printf("%g",x);	输出：12.3457
字符	char	%c	单个字符	char c=65;printf("%c",c);	输出：A
	字符串	%s	字符串	printf("%s","ABC"); printf("ABC");	输出：ABC 输出：ABC

2.2.5　单个字符型数据的非格式输入与输出

单个字符数据的输入与输出，也可使用 putchar( )和 getchar( )函数。putchar( )和 getchar( )函数是专门针对字符数据进行输入/输出的。

1. putchar( )函数

格式：

```
putchar(ch);
```

功能：输出一个字符到标准输出设备（显示器）的当前光标位置。ch 是要输出的字符，可以是字符型或整型的常量、变量或表达式。当 ch 为整数时，其值代表要输出的字符的 ASCII 码，范围为 0~255。

2. getchar( )函数

格式：

```
getchar();
```

功能：从标准输入设备（一般指键盘）输入一个字符。该函数是无参函数，且只能接收一个字符（包括控制字符），得到的字符可以赋给一个字符型变量或整型变量，也可作为表达式的一部分。

【例 2-10】输入一个字符，然后输出该字符及其 ASCII 码值。程序如下。

```
#include <stdio.h>
void main()
{   char c;
    c = getchar();                    //把从键盘输入的字符赋给字符变量 c 保存
    putchar(c); putchar('\t');        //用 putchar()函数输出字符
    printf("%c,%d\n",c,c);            //用 printf()函数输出字符和对应的 ASCII 码
}
```

运行程序，输入：A↙

输出：

```
A A,65
```

2.3 C 语言的运算符及表达式

C 语言拥有十分丰富的运算符，由这些运算符以及运算对象可以构造出实现不同功能的表达式。本节着重介绍算术运算符、赋值运算符、逗号运算符及其相应表达式。

2.3.1 基本概念

1. 运算符

用来表示各种运算的符号称为“运算符”，它规定了对数据的基本操作。

2. 运算对象

参加运算的量称为运算量或运算对象。有些运算符只需要 1 个运算对象，这种运算符称为“单目运算符”；有些需要两个运算对象，这种运算符称为“双目运算符”；最多的则需要 3 个运算对象，这种称为“三目运算符”。

3. 运算规则

每个运算符都代表了某种运算，都有自己特定的运算规则，在运算中必须严格遵守运算符的运算规则。C 语言中把运算符分为算术运算符、赋值运算符、关系运算符、逻辑运算符、条件运算符、逗号运算符和位运算符等。

4. 优先级

当表达式中有多个运算符时，先做哪个运算，后做哪个运算，必须遵循一定的规则，这种运算符执行的先后顺序，称为“运算符的优先级”。圆括号能够改变运算的执行顺序。

5. 结合性

对于优先级相同的运算符，由该运算符的结合性来决定它们的运算顺序。在 C 语言中，同级别运算符可以有两种结合性，一种是“自左向右”，即从左向右遇到谁就先运算谁；另一种是“自右向左”，即从右向左遇到谁就先运算谁。

6. 表达式及表达式的值

用运算符把运算对象连接起来的式子，称为“表达式”。按运算符的不同，C 语言的表达式可分为算术表达式、赋值表达式、关系表达式、逻辑表达式、条件表达式和逗号表达式等。每种表达式按照运算符所规定的运算规则进行运算，最终都会得到一个结果，这个结果被称为“表达式的值”。

在学习运用运算符和表达式时，应注意以下几点：①运算符的功能及运算对象的个数、

类型；②运算符的优先级、结合性（尤其要注意那些结合性为自右向左的运算符）；③运算结果的类型。附录 C 给出了 C 语言中的运算符分类、运算符符号表示、优先级（数字越小者，优先级越高）和结合性。

2.3.2 算术运算符和算术表达式

1. 基本算术运算符

基本算术运算符有 +（加）、-（减）、*（乘）、/（除）、%（模）和正负号（+/-），主要对数值型数据进行一般算术运算。其运算规则、运算对象、结合性等如表 2-5 所示。

表 2-5 算术运算符及其运算规则

对象数目	名 称	运算符	运算规则	运算对象类型	运算结果类型	结合性	举 例
单目	正	+	取正值	整型或实型	整型或实型	自右向左	+123，+x
	负	-	取负值				-a，-253
双目	加	+	加法			自左向右	10 + a
	减	-	减法				128 - a
	乘	*	乘法				2*a*b
	除	/	除法				a/b，a/2
	模	%	求余数	整型	整型		a%b，a%2

说明：

1）单目运算符（+/-）。两个单目运算符（+/-）都是出现在运算对象的前面，又称前缀运算符，其运算规则同一般的正、负号。

2）双目运算符中的 +、-、*。运算方法同数学上的加法、减法、乘法。

3）双目除运算（/）。该运算符的运算规则与运算对象的数据类型有关。如果两个运算对象都是整型，则结果是取商的整数部分，舍去小数，即做整除运算；如果两个运算对象中至少有一个是实型，那么结果则是实型，即是一般的除法。

4）双目模运算（%）。求两个整数相除之后的余数（即求余运算）。该运算符要求两边的运算对象必须是整型，结果是整除后的余数，符号与被除数相同。

例如：

```
16/3                    //结果为 5
14/(-3)                 //结果为 -4
14/3.0                  //结果为 4.666667
17%3、17%-3             //结果都是 2
-17%3、-17%-3           //结果都是 -2
```

5）优先级。单目运算符正/负号（+/-）高于双目运算符；双目运算符 *、/、%高于双目运算符 +、-。

6）结合性。同级单目运算符，自右向左；同级双目运算符，自左向右。

2. 算术表达式

由算术运算符将运算对象连接起来的式子为算术表达式。算术表达式在运算过程中要注意各个运算符的优先级是从高到低进行运算，同级别的双目运算符按从左到右的顺序进行运算，同级别的单目运算符按从右到左的顺序进行运算，圆括号可以改变优先级。

3. 自增、自减运算符

自增（++）、自减（--）运算符是 C 语言中最具特色的两个单目运算符。其功能是对运算对象实现加 1 或减 1 操作，然后把运算结果回存到运算对象中去。其特点是它们既能出现在运算对象之前，如 ++i、--i，这种称为“前缀运算符”，也能出现在运算对象之后，如 i++、i--，这种称为“后缀运算符”。前缀和后缀的运算规则不同。

前缀　++i：先使 i 值增 1，后使用增 1 后的 i 值进行相应的运算。

　　　--i：先使 i 值减 1，后使用减 1 后的 i 值进行相应的运算。

后缀　i++：先使用 i 的值进行相应的运算，后使 i 值增 1。

　　　i--：先使用 i 的值进行相应的运算，后使 i 值减 1。

说明：

1）++、--运算符是单目运算符，其优先级高于双目 +、-、*、/，结合性自右向左。

2）运算对象只有一个，且必须是变量，不能是表达式和常量。例如，++7、(a+b)--均为错误表达式。

3）特殊情况：当有多个 +、- 组成运算符串时，C 语言规定从左到右取尽可能多的符号组成运算符，在使用时应尽量加上括号，以明确运算关系和运算次序。例如：

```
a+++b     相当于  (a++)+b
a---b     相当于  (a--)-b
```

4）++、--运算符有副作用。建议最好不要在一个表达式中对同一个变量进行多次的 ++、--运算，以免出错。

5）上述前缀和后缀的不同运算只是该变量出现在表达式中时，参与运算的值不同，前缀用该变量增 1 或减 1 后的新值，而后缀用该变量增 1 或减 1 前的原值。若该变量的 ++ 或 -- 运算没有出现在表达式中，不论前缀还是后缀形式，它们没有区别，本质都是对该变量值自加 1 或自减 1。

【例 2-11】阅读分析下面程序，写出运行结果。程序如下。

```
#include <stdio.h>
void main()
{   int x=25,y=17,a,b;
    a=x/y;
    b=x%y;
    printf("%d,%d,%d,%d\n",x,y,a,b);
    printf("%d,%d,%d,%d\n",++x,--y,x,y);     //这里参数运算次序从右向左
}
```

运行程序，输出：

```
25,17,1,8
26,16,25,17
```

2.3.3 赋值运算符和赋值表达式

在 C 程序中，若要将某个值赋给一个变量，通常用赋值运算来实现。赋值运算是 C 程序中使用最为广泛的一种运算，可分为 3 种，即基本赋值运算符（简称赋值运算符）、算术自反赋值运算符和位自反赋值运算符。本节只介绍前两种。

1. 赋值运算符

赋值运算符是等号“=”。它是一个双目运算符，进行的是赋值操作，而不是数学上的“等号”。赋值号左边必须是变量名，赋值号右边的对象是表达式。

赋值运算符的功能是先计算赋值号右边表达式的值，再把计算的结果赋给（即存入）左边的变量。

赋值运算符的结合性是自右向左。其优先级较低，低于算术运算符、关系运算符和逻辑运算符，唯一高于逗号运算符。

2. 赋值表达式

赋值表达式是由赋值运算符把运算对象连接起来的式子。

1）赋值表达式一般形式：

```
变量名 = 表达式
```

使用时左边必须是变量名，右边可以是任意的表达式。例如：

```
x = 1、x = 2 + 3、x = a + 1、x = x + 1          //这些表达式均合法
x + 3 = 2、10 = a + x、x + 1 = x               //这些表达式均不合法
```

2）赋值表达式的运算规则：遵循赋值运算符的运算规则。即先计算赋值号右边表达式的值，再把计算的结果赋给左边的变量。

3）赋值表达式的值：在C语言中，赋值表达式的值是赋值操作之后左边变量所得到的值。例如，赋值表达式 x = 6 + 3 的值为9。

把赋值表达式的值可以再赋值给另一个变量，从而得到一个新的赋值表达式。例如：y = x = 12 + 13。此时表达式相当于 y = (x = 12 + 13)，y的值是25，表达式的值也是25。

【例2-12】设有语句"int a = 12, b = 13;"，执行了表达式 a = (b ++) + a 之后，a、b 的值是多少？表达式的值是多少？

解：从题中可知，a 的初值是12，b 的初值是13，b ++ 是后缀增1，故 b ++ 的值为13，b 的值是14，(b ++) + a 的值为25。因此，执行了表达式 a = (b ++) + a 之后，a 的值是25，b 的值是14，表达式的值是25。

3. 赋值语句

在赋值表达式的后面加上分号（即语句结束符），就变成了一个赋值语句。赋值语句的一般格式：

```
变量 = 表达式;
```

赋值表达式和赋值语句是不相同的，赋值表达式是一种表达式，可以出现在任何表达式允许出现的地方，而赋值语句则不能，它是一条语句，只能以语句的形式出现。通常在程序中是使用赋值语句来实现赋值操作的。

【例2-13】从键盘输入任意两个整数给两个整型变量，将其互换后再输出。

分析：

1）定义两个整型变量为 a、b，然后调用 scanf( ) 函数输入数据。

2）两个变量交换，需要借用另一个同类型的中间变量，设这个中间变量为 t。

程序如下。

```
#include <stdio.h>
void main( )
{   int a,b,t;                        //定义变量 a、b 及一个同类型的中间变量 t
    scanf("%d,%d",&a,&b);             //输入数据
    t = a; a = b; b = t;              //用3个赋值语句交换数据
    printf("\n a = %d,b = %d\n",a,b);
}
```

运行程序，输入：10，34↙

输出：

```
a = 34, b = 10
```

4. 算术自反赋值运算符

C 语言中提供了另一种赋值运算符，即把“运算”和“赋值”两个操作结合起来，以达到简化程序、提高运算效率的目的，这类运算符称为算术自反赋值运算符或复合赋值运算符。算术自反赋值运算符如下。

```
+= 、-= 、*= 、/= 、%=
```

算术自反赋值表达式应用举例：

```
a += b + c     等价于    a = a + (b + c)
a -= b + c     等价于    a = a - (b + c)
a*= b + c      等价于    a = a*(b + c)
a/= b + c      等价于    a = a/(b + c)
a%= b + c      等价于    a = a%(b + c)
```

说明：

1）算术自反赋值运算符都是复合运算符，在书写时，运算符中间不能有空格。

2）算术自反赋值运算符都是双目运算符，并且本质上都是进行赋值的，所以运算符左边只能是变量，右边可以是任意表达式。它和赋值运算符优先级相同，结合性是自右向左。

3）由于运算符“%”的限制，算术自反运算符“%=”也只能用于整型数据，即左、右两边的类型都只能是整型。

【例 2-14】 阅读下列程序段，程序运行结果是什么？

```
int a = 2, b = 3, c;
a*= 2;
b -= a;
c = a += b -= a;
printf("%d %d %d\n", a, b, c);
```

运行程序，输出：

```
-1   -5   -1
```

2.3.4 逗号运算符和逗号表达式

逗号运算符是 C 语言提供的又一种特殊运算符，它就是一个逗号“,”。利用逗号运算符可以把若干个表达式“连接”起来，构成一个完整的表达式，这样的表达式称为“逗号表达式”。

逗号表达式的一般形式：

```
表达式 1, 表达式 2, 表达式 3, …, 表达式 n
```

逗号表达式的执行过程：从左到右依次计算各表达式的值，并且把最右边表达式的值作为该逗号表达式的最终取值。也就是说，逗号表达式的值是其最后一个表达式的值。

说明：

1）逗号表达式中的表达式可以是任意的表达式。

2）逗号表达式的优先级最低，结合性为自左向右。

3）虽然逗号表达式的值是其最后一个表达式的值，但却不可直接运算最后一个表达式作为其结果。

【例 2-15】 设有 int a=5，b=8，表达式“a++，++b，a+b”的值是多少？

解： 这是一个逗号表达式，从左到右一一运算，得到表达式值为 15。

若不计算 a++ 和 ++b，直接计算表达式 a+b，结果却是 13，显然错误。

【例 2-16】 下列两个表达式所表示的意义一样吗？

1）b=(a,a/2)　　　　2）b=a,a/2

解： 1）是赋值表达式。它是将右边圆括号内的逗号表达式的值赋值给变量 b。整个表达式值为 b 的值，即 a/2。

2）是逗号表达式。其中，第 1 个表达式（b=a）是赋值表达式，作用是使变量 b 的值变为与 a 的值相同，第 2 个表达式（a/2）是算术表达式，逗号表达式的值为 a/2 的值，整个表达式的值也是 a/2 的值。

【例 2-17】 执行下面程序后，程序的输出结果是什么？程序如下。

```
#include <stdio.h>
int main()
{   int a=10,b=12;
    a=(a+1,a*2);
    printf("a=%d,b=%d\n",a,b);
    a++;
    --b;
    --b;
    printf("%d,%d\n",(a,b),(++b,a--));      //运算次序从右向左
    return 0;
}
```

运行程序，输出：

```
a=20,b=12
11,21
```

【例 2-18】 写出下面程序的运行结果。程序如下。

```
#include <stdio.h>
int main()
{   int a=21,b=021,c=0x21;
    double d;
    d=a+=b;
    printf("%d,%d,%d,%lf\t",a,b,c,d);
    printf("%d,%d\n",sizeof(b),sizeof(d));
    return 0;
}
```

分析： sizeof()为 C 语言的一个特殊的单目运算符，用于求出括号中表达式的数据类型所占用的字节数。在 Visual C++6.0 中，int 类型的数据占用 4 字节的内存空间。

运行程序，输出：

```
38,17,33,38.000000 4,8
```

2.4 数据类型转换和常用数学函数

在进行各种运算时，若遇到运算符两边的运算对象数据类型不相同时，要求将它们转换

为类型相同的数据才可以进行运算，这就需要进行数据类型的转换；当表达式运算中涉及一些数学函数时，可直接调用C语言库函数中提供的一些数学函数。

2.4.1 数据类型转换

C语言允许整型、实型、字符型数据混合运算，但不同类型的数据混合运算时，要遵循一个规则，即每个运算符两边的运算量必须是同一类型，当两边运算对象类型不同时，就必须进行类型转换。类型转换有两种方式，一种是自动转换，另一种为强制转换。

1. 自动类型转换

当表达式中的运算存在混合运算时，如4 * 2.5 +'a'，系统自动按“先转换，后运算”的原则进行。这时不同类型运算对象之间的转换是按自动转换方式进行，又称隐式转换，其转换规则如下。

1）在进行运算时，如果一个运算符两边的运算对象数据类型不同，则先转换成同一类型再进行运算。转换时按数据长度长的类型进行转换，以保证精度不降低（即就长不就短或就高不就低）。自动类型转换的规则如图2-3所示。

2）图2-3中横向向左的箭头，表示必须的转换。例如，char型和short型参与运算时，必须先转换成int型。

3）纵向向上箭头，表示不同级别类型的转换方向。例如，int型和double型进行运算，先将int型转换为double型，然后两个double型再运算。

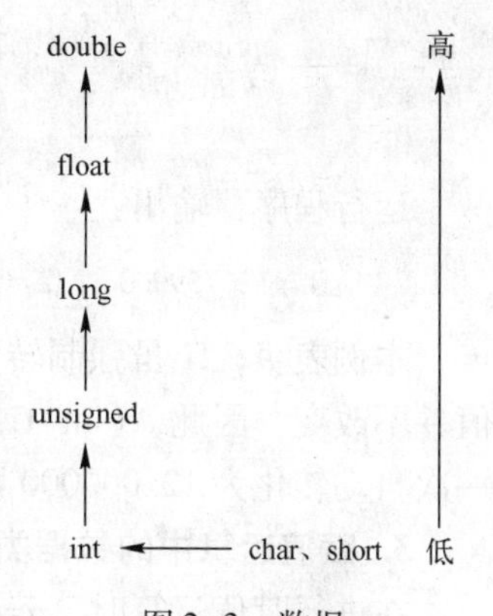

图2-3 数据类型间的自动转换

【例2-19】 分析表达式10 * 0.5 +'A' -25%2的运算过程和数据类型。

分析： 这是一个混合运算的表达式，按照运算符的优先级运算过程如下。

1）先计算10 * 0.5。先将整数10转换成double型，再进行乘法运算，结果为double型，值是5.0。

2）计算25%2，结果为int型，值是1。

3）计算5.0 +'A'。先将字符'A'转换成int型65，再将65转换成double型65.0，然后进行加法运算，结果为double型，值是70.0。

4）计算70.0 -1。先将1转换成double型1.0，再进行减法运算，结果为double型的69.0，表达式的最终结果也是double型，值是69.0。

2. 强制类型转换

在C语言中，利用强制类型转换运算符可以将一个表达式的值强制转换成指定类型，又称显式转换。强制类型转换的一般形式：

```
(类型说明符)表达式
```

其功能是把表达式的运算结果强制转换成类型说明符所表示的类型。例如：

```
(float)x          //x的值强制转换为float类型的一个临时量,x的值不变
(float)(x+y)      //x+y的和值强制转换为float类型的一个临时量,x、y的值都不变
(int)(a+b)        //a+b的和值强制转换为int类型的临时量,a、b值都不变
(int)a+b          //a的值强制转换为int类型的临时量与b相加,a的值本身不变
```

有关强制转换运算的说明如下。

1）类型说明符和要转化的量都必须加括号，若转化的量是一个常量或变量时可以不加括号。如(int)(a+b)与(int)a+b是完全不同的两种结果。

2）实型量强制转换为整型量时，直接舍去其后所有小数，不进行四舍五入。

3）当把数据长度长的计算结果转换存入数据长度短的变量中时，可能会影响到数据的精度，因为超长部分被截掉了。

4）无论是强制转换还是自动转换，都只是为了本次运算的需要而对数据进行的临时性转换，它产生一个临时的中间值去参与运算，而不改变原数据及其类型。

【例2-20】强制类型转换的应用。

```
#include <stdio.h>
int main()
{   float f1 = 12.759F,f2;
    f2 = (int)f1;        //此语句会有一个警告,但不影响运行
    printf("f1 = %f, f2 = %f\n",f1,f2);
    return 0;
}
```

运行程序，输出：

```
f1 = 12.759000,   f2 = 12.000000
```

本例表明，f1虽强制转为int型，但只在运算中起作用，是临时的，而f1本身的类型及值并不改变。因此，(int)f1的值为12（舍去了小数部分），赋值给float型的变量f2时，再一次自动转化为12.000000赋值给f2，而f1的值仍为12.759。

3. 赋值运算中的数据类型转换

在进行赋值运算时，若“=”两边的数据类型不一致，同样存在着转换，转换也是系统自动进行的。系统会自动把“=”右边表达式的数据类型转换成左边变量的类型，然后赋给左边的变量，即“就左不就右”。

说明：

1）在使用赋值语句时，应尽量使赋值语句两边的类型一致，即根据要存放的数据类型及大小，定义类型匹配的变量。

2）若赋值语句两边的类型不能一致，虽然系统能够自动进行转换，但在有些编译系统中（如Visual C++6.0），编译时会给出警告（Warning）性错误提示。

3）建议在程序设计时，若出现赋值语句两边的类型不能一致，请使用强制类型转换运算符使两边的类型保持一致。

【例2-21】下列程序是计算半径为r的圆面积，试对程序的结果进行分析。程序如下。

```
#include <stdio.h>
#define PI 3.14F
void main()
{   int r = 2,area1;
    float area2;
    area2 = r * r * PI;
    area1 = (int)(area2);
    printf("Area1 = %d,Area2 = %f\n",area1,area2);
}
```

运行程序，输出：

```
Area1 = 12,   Area2 = 12.560000
```

分析：

1）int 型变量 r 存放半径，其值为 2。float 型变量 area2 存放圆的面积。它所保存的面积值就是原计算结果 12.56F。

2）int 型变量 area1 也存放圆的面积，但其值是将面积原计算结果强制转化为 int 型的结果，即 12。

2.4.2 数学函数及 C 语言的合法表达式

1. 常用数学函数

在解决实际问题时，经常会涉及一些数学函数的计算。各种版本的 C 编译系统都提供了大量的库函数，其中包括丰富的数学函数。在程序设计时，表达式中出现的数学函数完全可以调用 C 语言的 math 库函数来实现。但要注意，使用 math 库函数一定要在程序开头加头包含命令：

```
#include <math.h>
```

常用数学函数、随机数函数如表 2-6 所示，其他更多函数参见附录 D。

表 2-6 常用数学函数

数学形式	C 语言形式	函数原型	函数功能	头文件
$\|x\|$	abs(x)	int abs(int x)	求整数 x 的绝对值	math.h
	fabs(x)	double fabs(double x)	求 x 的绝对值	
$\sqrt{x}$	sqrt(x)	double sqrt(double x)	求$\sqrt{x}$的值，x 的值≥0	
e^x	exp(x)	double exp(double x)	求 e^x 的值	
x^y	power(x,y)	double power(double,double)	求 x^y 的值	
lnx	log(x)	double log(double x)	求 lnx 的值	
sinx	sin(x)	double sin(double x)	x 单位为弧度	
cosx	cos(x)	double cos(double x)	x 的单位为弧度	
time	time()	time_t time(NULL)	取系统的当前时间	time.h
随机数函数	rand()	int rand(void)	产生一个 0~32767 的随机整数	stdlib.h
随机数种子数	randomize()	void randomize()	产生一个随机数的种子数，使 rand() 函数在每次运行程序时产生的随机数不同	
初始化随机数发生器	srand()	void srand(unsigned int)		

说明：

1）在使用这些函数时，要注意被调用的数学函数的类型、函数形参的类型、函数形参的个数以及函数形参的单位。

2）在 Turbo C 中，初始化随机数发生器可以使用 randomize() 函数或 srand() 函数。在 Visual C++6.0 中，初始化随机数发生器只能使用 srand() 函数。

【例 2-22】编程，随机产生一个 10~100（包括 10 但不包括 100）的整数，输出这个数。

分析： 利用 rand() 函数可以产生一个 0~32 767 的随机整数，rand()%90 即是 0~89 的随机整数，再加 10 即可得到 10~99 的随机整数。程序如下。

```
#include <stdio.h>
#include <stdlib.h>
#include <time.h>
void main()
{   int x;
    srand((unsigned)time(NULL));  //调用初始化随机数发生器
    x = 10 + rand()%90;
    printf("x = %d\n",x);
}
```

运行程序，输出：（结果仅供参考，因是随机数，每次运行的结果不一样）

```
x = 56
```

试将上述程序中的语句“srand((unsigned) time(NULL));”去掉，多次运行该程序，查看运行结果，以体会函数srand()的作用。

2. C语言的合法表达式

由常量、变量、运算符、函数等组成的符合C语言语法规则的式子，称为C语言表达式。在程序设计时，通常要将数学式子转换为C语言的合法式子才能进行计算。转换的原则大致如下。

1）当分子或分母是表达式时，要加圆括号。

2）函数转换时，自变量一定要加圆括号。

3）左右括号要对称，当有多重括号时，只能使用圆括号嵌套配对。

4）三角函数的自变量要变换为弧度。

5）适当转换数据类型，以免产生误差。

【例2-23】 已知a，b的值为实型，将数学式子$\frac{a-b}{a+b}+\frac{1}{3}$转化为C语言表达式。

解： 由于a，b的值为实型，运算结果为实型。故C语言表达式应为

```
(a-b)/(a+b)+1/3.0
```

【例2-24】 将下列数学表达式转化为C语言合法表达式。

1）$\frac{x+y}{4(a+b)}+(x+y)\cdot\sin 45°$　　2）$x_1=\frac{-b+\sqrt{b^2-4ac}}{2a}$

解： C语言合法表达式如下。

1）(x+y)/(4*(a+b))+(x+y)*sin(45*3.14/180)

2）x1=(-b+sqrt(b*b-4*a*c))/(2*a)

习题2

一、选择题

1. 以下选项中，不合法的字符常量是（　　）。

A. '\b'　　B. "b"　　C. 'b'　　D. \x78

2. 下列选项中，合法的变量名是（　　）。

A. a-2　　B. a.2　　C. a_2　　D. a+1

3. 下列运算符中，要求两边必须都是整数的是（　　）。

A. *　　B. /　　C. %　　D. ==

4. 下列（　　）是不合法的转义字符。

A. '\n'　　B. "\n"

C. '\105'　　D. '/'

5. 十六进制整数 0x64 转换成十制数是（　　）。

A. 98　　B. 99

C. 120　　D. 100

6. 下列变量声明语句中，不正确的是（　　）。

A. int a，b，c;　　B. int a = b = 1;

C. int a = 1，b;　　D. int a，b = 1;

7. 设有语句“char c;”，要将字符 a 赋给变量 c，下列语句中正确的是（　　）。

A. c = 'a';　　B. c = '97';

C. c = "a";　　D. c = a;

8. 十进制数 75 转换成十六进制数是（　　）。

A. 4A　　B. 4B

C. 4C　　D. 4D

9. 设有语句“int k = 0;”，不能给变量 k 增 1 的表达式是（　　）。

A. k ++　　B. k += 1

C. ++ k　　D. k + 1

10. 设有“int a = 4，b = 5，t;”，以下不能正确交换两变量值的语句组是（　　）。

A. a = b;　b = a;　　B. t = b，　b = a，　a = t;

C. t = a;　a = b;　b = t;　　D. t = b;　b = a;　a = t;

11. bit 的意思是（　　）。

A. 字　　B. 字长　　C. 字节　　D. 二进制位

12. 若有以下定义:

```
char a; int b;
float c; double d;
```

则表达式 a * b/d - c 值的类型为（　　）。

A. float　　B. int　　C. char　　D. double

13. 下面符号常量和文件包含定义中正确的是（　　）。

A. #include PRICE　3　　B. #define PRICE 3

C. #include stdio. h　　D. #include（stdio. h）

14. 设以下变量均为 int 类型，则值不等于 7 的表达式是（　　）。

A. (x = y = 6, x + y, x + 1)

B. (x = y = 6, x + y, y + 1)

C. (x = 6, x + 1, y = 6, x + y)

D. (y = 6, y + 1, x = y, x + 1)

15. 若有语句 int k = 7，x = 12；则值为 3 的表达式是（　　）。

A. x%= (k%= 5)　　B. x%= (k - k%5)

C. x%= k - k%5　　D. (x%= k) - (k%5)

二、填空题

1. 字符串结束标志是________。假设要把"Hello"存入一个字符数组，则该数组长度应该至少为________。

2. C 语言中的标识符只能由 3 种字符组成，分别是________、________和________，且第一个字符必须是________。C 语言中规定的保留字，即________不可作为变量名。

3. 在 C 语言中，一个 char 型数据在内存中占________节；一个 int 型数据在内存中占________字节；一个 float 型数据在内存中占________字节。

4. 语句"# define A 123 "的作用是________。

5. 在 C 语言中，"abc\10112 + 34\n"在内存中占____字节。

6. 能正确计算 $x = \sqrt{\frac{a^2 + 3b}{a * b + 4}} + \sin(a * b - 3)$ 的语句是________。

7. 表达式 5/2 + 17/3.0 - 17%3 的值是________，该表达式是______类型。

8. 设有"float a，b;"，执行了语句"a = 2.6，b = a + 13/2;"后，b 的值为______。

9. 执行了表达式"a = 12，a + 3"后，a 的值为________。

10. 设有"int x = 12，y = 23;"则计算并输出 x、y 平均值的一条语句是______。

11. 在内存中"A"占用______字节，存储'a'要占用______字节。

12. 在 C 语言中，不同运算符之间运算次序存在________的区别，同一种运算符之间的运算存在________的规则。

三、阅读下面程序，写出运行结果，并回答题后问题

1. 若输入的数据为"11，33↙"，下面程序的输出结果：________

```
#include <stdio.h>
int main()
{   int x1,x2,t;
    scanf("%d,%d",&x1,&x2);
    printf("x1 = %d,x2 = %d\n",x1,x2);
    t = x1; x1 = x2; x2 = t;
    printf("x1 = %d,x2 = %d\n",x1,x2);
    return 0;
}
```

若将输入语句改为"scanf("x1 = %d,x2 = %d",&x1,&x2);"，正确输入数据的方法为________________。

2. 下面程序的输出结果：________

```
#include <stdio.h>
int main()
{
    char s1 ='3',s2 ='A';
    printf("%c,%c\n%d %d\n",s1,s2,s1,s2);
    return 0;
}
```

3. 下面程序的输出结果：________

```
#include <stdio.h>
int main()
{
    int i,j,m,n;
    i =8; j =10; m = ++i; n =j ++;
```

```
        printf("%d,%d,%d,%d\n",i,j,m,n);
        return 0;
}
```

4. 下面程序的输出结果：________

```
#include <stdio.h>
int main()
{       char c1 ='a',c2 ='b',c3 ='c',c4 ='\101',c5 ='\116';
        printf("c1:%c c2:%c c3:%c\n",c1,c2,c3);
        printf("c4 =%c\n c5 =%c\n",c4,c5);
        return 0;
}
```

四、程序设计题

1. 从键盘输入一个学生3门课程的成绩（带1位小数），求该生的总分和平均分。

2. 键盘输入任意一个3位数，分别以正序和逆序方式输出它的各位数字。如123，正序显示：1　2　3，逆序则显示：3　2　1。

3. 某水果超市里，各水果单价：苹果7元/kg，香蕉5.6元/kg，梨5元/kg，橘子4.4元/kg。现有某顾客买了每种水果各若干kg（假设每种都买），试用程序计算该顾客应付多少钱？若顾客交给你一个钱数（并不一定等于应付钱数），请显示出应找顾客的钱数。

4. 从键盘输入任意两个整数，将其互换后输出。

第3章　结构化程序设计

内容提要　任何一个复杂的程序都是由3种基本结构构造而成。这3种基本结构是顺序结构、选择结构、循环结构。本章主要介绍结构化程序设计的3种基本结构在C语言中的实现，同时重点介绍有关这3种结构的程序设计方法。

目标与要求　了解选择结构和循环结构语句的语义和语法；掌握顺序结构、选择结构、循环结构的程序设计方法；能够根据不同的实际问题，分析并找到解决问题的思路，灵活运用所学知识编写出正确的程序。

3.1　顺序结构程序设计

顺序结构的程序是按自上而下的顺序执行各条语句，这是最基本也是最简单的一种程序结构。

3.1.1　C程序中的语句分类

一个C程序由若干条C语句组成，每个C语句完成一个特定的操作。C语言的语句可分为5大类，即表达式语句、流程控制语句、函数调用语句、复合语句和空语句。

1. 表达式语句

在表达式的后面加上分号即构成表达式语句，任何表达式都可加上一个分号而构成一个表达式语句。最典型最常见的是赋值语句，例如：

```
a = 1;
c = a + b;
```

2. 流程控制语句

流程控制语句用来控制程序的流程，C语言有9种控制语句，它们分别是

1）if（）…else…

2）for（）…

3）while（）…

4）do…while（）

5）continue

6）break

7）switch

8）return

9）goto

3. 函数调用语句

函数调用语句是由一个函数调用加一个分号构成。例如：

```
scanf ("%d",&x);
```

4. 复合语句

用一对花括号“{ }”将多个语句括起来组成一个复合语句。例如：

```
{ t=x; x=y; y=t; }
```

注意：复合语句中最后一个语句后的分号不能省略。

5. 空语句

仅由分号组成的语句叫空语句，空语句什么也不执行。例如：

```
while (x<=5);
```

这时圆括号后的分号表明循环体就是个空语句。若循环条件（x<=5）开始就为真，这个由一条空语句构成的循环体就会导致该循环构成死循环。因此，空语句虽说什么都不执行，但并不意味着程序中可以随便放置分号。

3.1.2 顺序结构

顺序结构表示程序中的各操作是按照它们出现的先后顺序执行，其流程如图3-1所示，图中的语句A和语句B表示两个处理操作。顺序结构是最简单也是最基本的结构，可以说，任何问题的解决过程从宏观来看，都是顺序执行的。

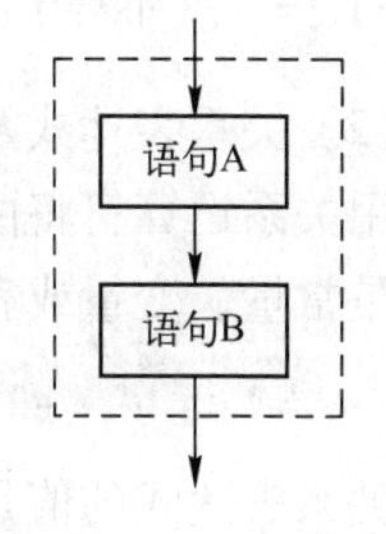

图3-1 顺序结构

【例3-1】 编程计算 $dit=\sqrt{ab^2+4ac}$，设a，b，c为正整数，要求dit值保留2位小数。

分析：

1）需要调用库函数中的开平方根函数，故需增加“#include math.h”头包含命令。

2）因开平方根函数sqrt()的值为double类型，故变量dit应定义为double类型。

程序如下。

```
#include <stdio.h>
#include <math.h>
int main ()
{   int a,b,c;
    double dit;
    scanf("%d%d%d",&a,&b,&c);
    dit=sqrt (a*b*b+4*a*c)   ;
    printf ("a=%d,b=%d,c=%d\n",a,b,c);
    printf ("dit=%.2lf\n",dit);
    return 0;
}
```

运行程序，输入：1 2 3 ↙

输出：

```
a=1,b=2,c=3
dit=4.00
```

3.2 选择结构程序设计

顺序结构中，各个语句是按照它们的物理次序顺序执行的，而我们经常会碰到需要根据某个条件表达式的真假值选择执行不同操作的问题，即改变程序中语句的执行顺序，这就需要用到选择结构。

3.2.1 条件和条件表达式

C语言中按“非0为真，0为假”原则判断一个非逻辑性的表达式的真假含义，因此，任何表达式均可作为选择结构中表示条件的条件表达式。关系表达式和逻辑表达式是最常用的条件表达式。

1. 关系运算符和关系表达式

(1) 关系运算符及其运算优先级

C语言提供了下述6种关系运算符：

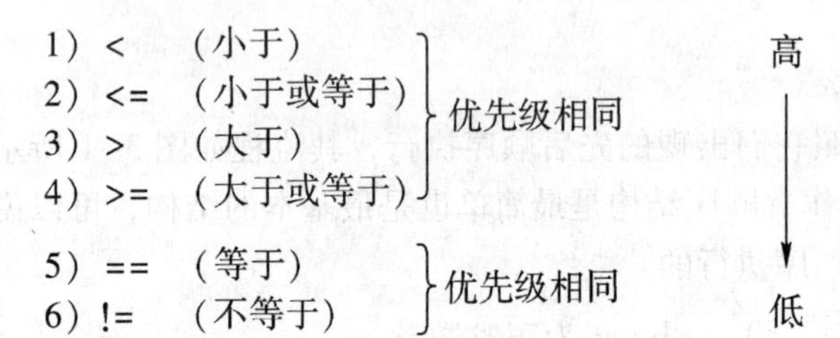

(2) 关系表达式及关系表达式的值

用关系运算符将两个运算对象连接起来所构成的表达式，称为关系表达式。连接的对象可以是常量、变量或者各种表达式。例如：

```
'a' <='b',a+2 !=0,a%2 ==1,a>b   ,(a==3)>(b==1)
```

关系表达式的值是一个逻辑值“真”或“假”。由于C语言没有专门的逻辑型数据来表示真假，因而用整数“1”表示逻辑“真”，用“0”表示逻辑“假”。

【例3-2】设有语句“int a=12, b=17, c=25;”，试分析下列表达式的值。

1) a+1 <b　　2) (a>b--) !=c　　3) a>b>c

4) (++a<b) +c　　5) 'a' +1 =='b'　　6) (a=1) <= (b=2)

分析：（注意关系运算符优先级低于算术运算符）

1) 表达式的值为1。先计算a+1，值为13，计算13 <b，得值1。

2) 表达式的值为1。先计算括号内的关系运算，得值0，计算0!=c，得结果1。

3) 表达式的值为0。从左到右，先计算a>b的值，再将结果与c比较。

4) 表达式的值为26。先计算++a，将所得的值与b比较，再将结果加c。

5) 表达式的值为1。先计算97+1，将结果与98比较。

6) 表达式的值为1。先执行a=1，再执行b=2，然后比较二者的值。

2. 逻辑运算符和逻辑表达式

(1) 逻辑运算符及其运算符优先级

C语言提供了下述3种逻辑运算符：

其中，“!”是单目运算符，结合方向为自右至左，“&&”和“‖”是双目运算符。“!”的优先级高于“&&”，而“&&”高于“‖”。

（2）逻辑运算规则

各种逻辑运算的真值表如表 3-1 所示。

表 3-1　逻辑运算的真值表

a	b	! a	! b	a && b	a ‖ b
1 或非 0	1 或非 0	0	0	1	1
1 或非 0	0	0	1	0	1
0	1 或非 0	1	0	0	1
0	0	1	1	0	0

（3）逻辑运算与算术运算和关系运算的优先次序

逻辑运算符与算术运算符、关系运算符的优先级排序如下。

()→　→+、-(取正负)、++、--→ *、/、%→+、-→<=、<、>、>=→==、!=→&&→‖

（4）逻辑表达式和逻辑表达式的值

逻辑表达式是用逻辑运算符将一个或多个表达式连接起来的式子。例如，闰年的判断条件是能被 4 整除但不能被 100 整除或者能被 400 整除的年份。用逻辑表达式可表示为

(year%4 ==0) && (year%100 !=0) ‖ (year%400 ==0)

逻辑表达式的值只有两个：逻辑真值（1）或假值（0）。

（5）任意表达式“真”“假”的判别方法

在进行逻辑运算时，若表达式本身具有逻辑意义自然取其真假值，若遇到表达式本身并不具有逻辑意义时（如：运算量为常量、变量或数学表达式），而其所处的位置又必须确定其真假意义，这种情况 C 语言规定按“非 0 为真，0 为假”原则确定其真假。

【例 3-3】设有语句“int　x = 10，y = 15;”，求下列表达式的值。

1）!（x < y）　　　　2）x && y > 0

3）x < 3 && y > 10　　　　4）'c' + 2 ‖ x - y

解：

1）先算括号内 x < y，再做非运算。故表达式值为 0。

2）先判断 y > 0 的值，值为 1，x 非 0 也是 1，故表达式值为 1。

3）x < 3 的值为 0，y > 10 的值为 1，故表达式值为 0。

4）'c'的 ASCII 值加 2 后不等于 0，x - y 的值也非 0，故表达式值为 1。

特别地，用 C 语言的表达式表示数学上 $x \in [a,b]$，正确的应该是：x >= a && x <= b，不可以写为：b >= x >= a（错误）。

【例 3-4】请写出正确表达各题要求的 C 语言表达式。

1）判断字符变量 ch 是否为大写字母。

2）判断 3 个实数 a、b、c 能否组成一个三角形。

3）判断一个整数 x 是否为奇数。

4）假设 a 不等于 0，若想用求根公式求解一元二次方程 $ax^2 + bx + c = 0$ 的实数根，则写出判断有实数根的条件表达式。

解：

1）英文大写字母，即介于'A'~'Z'之间。可直接用字符常量或者用ASCII码表示这个范围，因此正确的C语言表达式为

```
(ch>='A'&& ch<='Z')    或    ch>=65 && ch<=90
```

2）三条边构成三角形的充分必要条件是“任意两边之和大于第三边且三条边长都必须大于0”，因此正确的C语言表达式为

```
a>0 && b>0 && c>0 && a+b>c && a+c>b && b+c>a
```

3）整数x若是奇数，则其除以2的余数为1（或不等于0），故正确的C语言表达式为

```
x%2 ==1 或    x%2 !=0
```

4）该一元二次方程若有实数根，必须满足$b^2-4ac>=0$，故正确的C语言表达式为

```
b*b-4*a*c>=0
```

（6）逻辑表达式“短路”现象

在进行逻辑表达式的计算时，表达式中的所有运算并不一定都会被执行。当某个运算完成后，整个表达式已经能确定真假结果时，其后剩余的运算就不再计算。这种现象称为“逻辑短路”，具体情况如下。

1）逻辑与运算（&&）的短路情况：对于“表达式1 && 表达式2”，若表达式1的值为假时，此时整个表达式已确定为假，表达式2就不再计算。只有表达式1为真（非0）时，才需要计算表达式2的值以确定整个表达式的真假值。

2）逻辑或运算（||）的短路情况：对于“表达式1 || 表达式2”，当表达式1的值为真（非0）时，整个表达式的值就为真，因此，表达式2就不用再计算了。只有当表达式1为假（0）时，才需要计算表达式2的值，以便确定整个表达式的真假值。

【例3-5】分析阅读下面程序，写出运行结果。程序如下。

```
#include <stdio.h>
int main()
{    int a=0,b=1,c=2,d=0;
     c=a && (b++); d=b || (--a);
     printf("%d,%d,%d,%d\n",a,b,c,d);
     return 0;
}
```

分析：在执行“c=a && (b++)”语句时，因为a为0，即为假，整个表达式的结果已确定为假（0），因此，不再做b++的运算，b的值保持不变，仍为1，c的值变为0。

在执行“d=b || (--a)”语句时，同理，变量b的值使表达式的结果为真（1），因此，不再做--a的运算，变量a的值仍为0，而d的值被改变为1。运行结果为

```
0,1,0,1
```

3. 条件运算符及其表达式

（1）条件运算符

条件运算符是C语言中唯一的一个三目运算符，由“?”和“:”构成。

（2）条件表达式的一般形式

```
表达式1？表达式2:表达式3
```

其中，表达式1、表达式2、表达式3可以是任何符合C语法规定的表达式，但不能是语句。例如：

```
(a>b) ? (max=a):(max=b)          ( 正确 )
(a>b) ? (max=a;):(max=b;)        ( 错误 )
```

(3) 条件表达式的运算规则

1) 求解表达式1。

2) 判别表达式1的值。若表达式1的值为真（非0），则求解表达式2，并将表达式2的值作为整个条件表达式的值；若表达式1的值为假（0），则求解表达式3，并将表达式3的值作为整个条件表达式的值。其运算过程如图3-2所示。

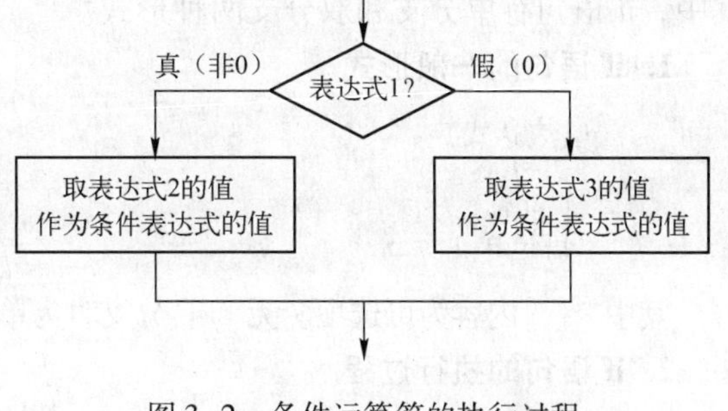

图3-2　条件运算符的执行过程

(4) 条件运算符的优先级与结合性

条件运算符的优先级高于赋值运算符，但低于关系运算符、逻辑运算符和算术运算符。其结合性为自右向左（即右结合性）。

【例3-6】从键盘输入任意两个实数，使用条件表达式找出其中较小的一个数并输出。程序如下。

```
#include <stdio.h>
int main ()
{   float a,b,min;
    scanf ("%f%f",&a,&b);
    min=(a<b) ? a:b;
    printf ("The min number is%f\n",min);
    return 0;
}
```

【例3-7】从键盘输入一个字符，若为小写字母，则将其转换成大写字母输出，若为大写则转为小写，若为其他字符则直接输出。程序如下。

```
#include <stdio.h>
int main ()
{   char ch;
    scanf ("%c",&ch);          //大小写字母的 ASCII 码值相差 32
    ch=(ch>='A'&& ch<='Z') ? (ch+32):((ch>='a'&& ch<='z') ? (ch-32):ch);
    printf ("%c\n",ch);
    return 0;
}
```

运行程序，输入：A↙

输出：

```
a
```

运行程序，输入：b↙

输出：

```
B
```

运行程序，输入：5↙

输出：

```
    5
```

3.2.2 if 语句

在 C 语言中，实现选择结构有两个语句，一个是 if 语句，一个是多分支的 switch 语句。其中，if 语句有单分支和双分支两种形式。

1. if 语句的一般形式

```
if (表达式)
  语句 A;
  [ else
  语句 B;]
```

其中，[ ]内容为可选项。无 else 分支时为单分支 if 语句，有 else 分支时为双分支 if 语句。

2. if 语句的执行过程

（1）单分支 if 语句

先计算表达式的值，当表达式的值为非 0（即“真”）时，执行语句 A，之后执行 if 后的其他语句；若表达式的值为 0（即“假”）时，则直接转去执行 if 后的其他语句。执行过程如图 3-3a 所示。

（2）双分支 if 语句

先计算表达式的值，当表达式的值为非 0（即“真”）时，执行语句 A；若表达式的值为 0（即“假”）时，执行语句 B。执行完语句 A 或语句 B 后，继续执行该 if 语句后的其他语句。执行过程如图 3-3b 所示。

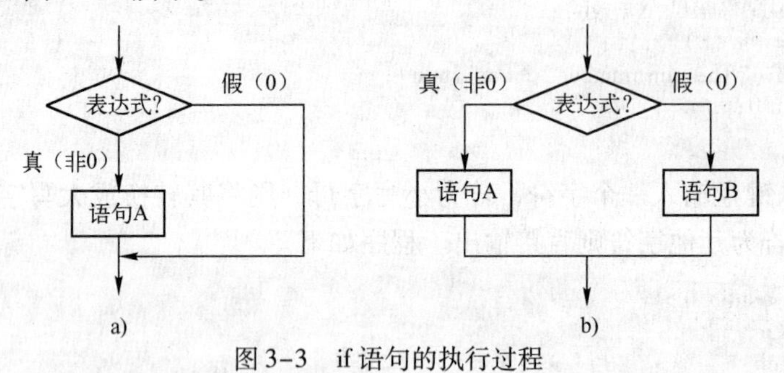

图 3-3　if 语句的执行过程

a）单分支 if 语句的执行过程　b）双分支 if 语句的执行过程

说明：

1）if 语句中的表达式必须用一对圆括号括起来，该表达式一般为关系或逻辑表达式，也可以是其他类型的表达式（如常量、变量或赋值表达式等），表达式的真假意义按“非 0 为真”判定。

2）对于双分支的 if 语句，else 必须与 if 配对使用，不能单独使用。

3）语句 A 和语句 B 必须是单条语句，若为多条语句时，必须使用复合语句形式（即加花括号）。

【例 3-8】 从键盘输入两个整数 x 和 y，将小数放于 x 中，大数放于 y 中，然后按从大到小的顺序输出两个数。

分析： 小数要放入 x 中，大数要放入 y 中，若 x > y 时要将 x，y 互换，两个变量值互换要借用另一个同类型的变量实现。程序如下。

```
#include <stdio.h>
int main ()
{   int x,y,t;
    printf ("\n Enter x,y:");                    //输出提示信息
    scanf ("%d%d",&x,&y);                        //输入两个整数
    if (x>y)
    {   t=x;                                     //若x>y,互换x,y的值
        x=y;
        y=t;
    }
    printf ("%d, %d\n",y,x);
    return 0;
}
```

运行程序，显示：Enter x，y：

输入：5　12↙

输出：

```
12, 5
```

说明：该例中当x>y时，需要执行的不是1个语句，而是3个语句，这时必须用一对花括号“{}”将要执行的3个语句括起来，形成一个复合语句。同时，要注意两数互换的3个赋值语句的次序，变量名的前后衔接要形成一个首尾相接的环且第一个变量名一定是第三方变量名。

3. if语句的嵌套

所谓if嵌套是指在if语句的两个分支“语句A”或者“语句B”中，又包含了一个完整的if语句。

if语句嵌套的一般形式如下。

```
┌ if (      )
│   ┌ if (      )      语句1 ┐
│   └ else             语句2 ┘ 内嵌
└ else
    ┌ if (      )      语句3 ┐
    └ else             语句4 ┘ 内嵌
```

说明：

1）上述格式中每一个分支中的语句，都只能是C语言的单条语句，当需要多条语句时，则一定要用{}括起来形成一条复合语句。

2）if语句嵌套时，else子句与if的匹配原则：else子句总是与它前面、距它最近且尚未匹配的if配对，组成一个完整的if语句。

3）在if语句嵌套中，为明确嵌套层次关系，建议将内嵌的if语句（不论其是单分支还是双分支）都用一对{}括起来。

4）if语句允许多层嵌套，但嵌套的层数不宜太多。嵌套层数一般不要超过3层。

【例3-9】有下列数学分段函数，编程实现对于输入的任意实数x，计算对应函数值y。

$$y=\begin{cases} x+5 & x<=10 \\ x^2+x-1 & 10<x<15 \\ \sqrt{x^3-20} & x>=15 \end{cases}$$

分析：

1）该程序出现了3个分支，要用到if语句的嵌套。

2）需要开平方根，因此要调用sqrt( )函数，故还要加“math. h”的头文件。程序如下。

```
#include <stdio.h>
#include <math.h>
void main( )
{   double x,y;
    printf ("请输入自变量 x 的值:");
    scanf ("%lf",&x);
    if (x<=10)
        y=x+5;
    else if (x>=15)
            y=sqrt (x*x*x-20);
        else
            y=x*x+x-1;
    printf ("x=%.2f y=%.2f\n",x,y);
}
```

运行程序，显示：请输入自变量x的值：

输入：15↙

输出：

```
x=15.00   y=57.92
```

3.2.3 switch语句

if语句嵌套可以实现多分支选择结构，但嵌套层次多于3层时，程序的结构以及易读性开始变差。因此一般并不建议使用多于3层的if嵌套，嵌套层次较多时建议使用switch语句实现。

1. switch语句格式

switch语句的一般形式：

```
switch (表达式)
{   case 常量表达式1：语句组1;
    case 常量表达式2：语句组2;
      …
    case 常量表达式n：语句组n;
    [ default :语句组n+1;]
}
```

2. switch语句执行过程

1）先计算switch后面括号中表达式的值。

2）自上而下将该表达式的值与每个case子句后面的常量表达式的值进行比较，若与某一case子句后的常量表达式值相等，就执行该case子句后的语句组，然后不再进行任何比较判断，继续执行其后所有case子句后的语句组，直到switch语句结束。

3）若表达式的值与所有case子句后的常量表达式的值都不相等，则执行default后面的语句组，然后结束。

说明：

1）switch 后面的“表达式”必须用“( )”括起来。表达式的类型只能是整型或字符型。

2）各 case 子句中的常量表达式中不能出现变量，其值必须是整型或字符型常量，且与 case 之间要留有空格，各 case 子句中常量表达式值不能重复出现。

3）各 case 子句中的语句组可以是一个语句，也可以是一组语句，加或者不加“{ }”均可，因为下一个 case 的出现也就是上一个 case 的结束。

4）default 子句是可选项，可以省略。各 case 子句和 default 子句的先后次序可以调换。

5）在执行了某个 case 子句后，不希望再执行其后的其他 case 子句后的语句组，则应在该 case 子句的语句组后加上 break 语句，以终止 switch 语句。

6）多个 case 分支可共用一个语句组，这时前面分支的语句可以空着不写，而将该语句组放在最后一个分支上即可。

【例 3-10】 有 5 个人在一个部门上班，每天上班时都要履行签到手续，即报上自己的工号后，大屏幕上显示“ *** 已经报到!”，其中“ *** ”是他们的姓名，而他们的号码分别从 1 到 5 号。编程完成某一个人的签到过程。

分析： 因为有 5 个人，故就有 5 种可能，可以使用 switch 来实现。程序如下。

```
#include  <stdio.h>
void main ( )
{    int num;
     printf ("Input your number(1 ~5):");
     scanf ("%d",&num);
     switch (num)
     {    case 1: printf ("王 林已经签到 !\n"); break;
          case 2: printf ("李小波已经签到 !\n"); break;
          case 3: printf ("赵天意已经签到 !\n"); break;
          case 4: printf ("杜成刚已经签到 !\n"); break;
          case 5: printf ("胡国栋已经签到 !\n"); break;
          default: printf ("工号输入错误 !\n");
     }
}
```

运行程序，显示：Input your number (1 ~5)：

输入：2 ↙

输出：

```
李小波已经签到 !
```

试将上述程序中每个分支中的 break 去掉，看程序运行结果，以体验 break 语句在 switch 语句中的作用。

【例 3-11】 已知某超市为了奖励员工的销售积极性，实行按当月销售总额进行提成奖励制度，其提成比例计算方法如下。

```
 sales < 10000               没有提成
{10000 <= sales < 20000      按 10%提成
 20000 <= sales < 30000      按 15%提成
 30000 <= sales < 50000      按 18%提成
 sales >= 50000              按 20%提成
```

已知某个员工在某月的销售总额，试编程计算其提成比例（注意，只按总额一次性计算，在哪个范围就按哪个比例提成，且以 * * %形式显示结果）。

分析：销售总额的取值有太多种可能，几乎不可能一一列出。分析可知，上述提成都是以 10000 为倍数进行分段，故对销售总额除以 10000 取整（小数可忽略不计），则可以将无法列出的可能性划归为有限的几种情况，从而可用 switch 语句实现提成的计算。

销售额与提成比例的对应关系，如表 3-2 所示。

表 3-2 【例 3-11】销售总额及提成比例对应关系表

销售总额（sales）	（int）（销售总额/10000）	提成比例
0 ~10000（不含 10000）	0	d = 0%
10000 ~ 20000（不含 20000）	1	d = 10%
20000 ~ 30000（不含 30000）	2	d = 15%
30000 ~ 50000（不含 50000）	3，4	d = 18%
50000 及以上	5 以及以上整数	d = 20%

程序如下。

```
#include <stdio.h>
int main ()
{   float sales;
    float d = 0;
    int grade;
    printf ("请输入销售额:");
    scanf ("%f",&sales);
    if (sales >= 0)
    {   if(sales >= 50000)   //50000 及其以上时 grade 均取 5
            grade = 5;
        else
            grade = (int) (sales/10000);
        switch (grade)
        {   case 0: d = 0.0f; break;
            case 1: d = 0.10f; break;
            case 2: d = 0.15f; break;
            case 3:
            case 4: d = 0.18f; break;
            case 5: d = 0.20f; break;
        }
        printf ("本月提成比例为:%d%%\n",(int) (d * 100));   //%%用于显示一个%
    }
    else
        printf ("The sales input error!\n");
    return 0;
}
```

运行程序，显示：请输入销售总额：

输入：48900 ↙

输出：

```
本月提成比例为:18%
```

3.3 循环结构程序设计

用顺序结构和选择结构可以解决简单的、没有重复的问题。但在程序设计中，经常需要将一段代码依据一定的条件重复执行多次，这就需要用到循环结构。

3.3.1　循环结构概述

一般来说，一个完整的循环结构通常由4部分组成：循环的初始化、循环控制条件、循环体、循环变量的改变。

其中，循环的初始化是指在进入循环前，给循环变量和有关的变量赋初值；循环控制条件是指重复执行循环体所需的条件；循环体是指需要重复执行的代码部分；循环变量的改变则起到使循环变量的值向着循环结束的方向改变，从而避免产生“死循环”。

所谓“**死循环**”是指在循环结构中，循环控制条件一直为真（非0值），使循环结构不能执行有限次后正常结束。

C语言提供了下列几种常用的循环语句。

```
while 语句
do…while 语句
for 语句
```

3.3.2　while 语句

1. while 语句

（1）while 语句的一般格式

```
while（表达式）
    语句;
```

（2）while 语句的执行过程

1）计算表达式的值。

2）若表达式值为真（非0），则执行循环体语句，然后转步骤1）继续；若为假（0），则转步骤3）。

3）循环结束，执行 while 语句后的语句。

while 语句的执行过程如图3-4所示。

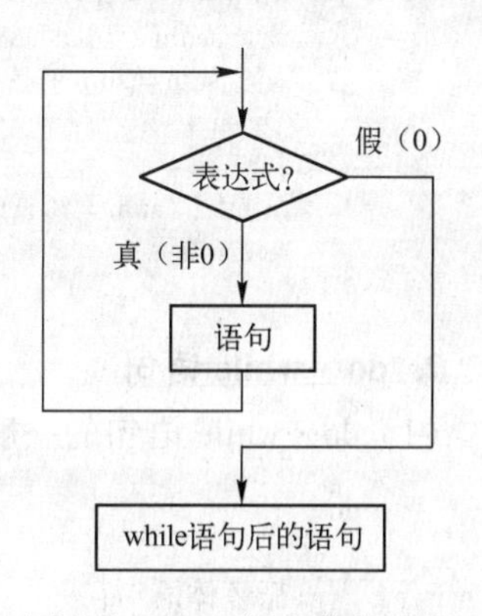

图3-4　while 语句执行过程

说明：

1）“表达式”是循环控制条件，它可为任意的表达式，常用关系表达式或逻辑表达式。如果不是关系表达式或逻辑表达式，则其真假意义按“非0为真”进行判断。表达式要用一对圆括号括起来，且圆括号后不要加分号，除非循环体就是空语句。否则易形成死循环。

2）“语句”是循环体，它只能是单条语句，若循环体需要执行多个语句时，则必须用“{}”括起来构成一个复合语句。

3）在表达式中一般有某个变量，它的值决定着循环条件的真假，通常称这个变量为循环变量。在 while 语句的循环体中，应该有改变循环变量的语句，使循环控制表达式的值向着循环结束的方向改变，避免出现死循环。

while 语句可概括为“先判断，后执行”。

【例3-12】 计算 $s = 1 + 2 + 3 + \cdots + 100$。

分析： 该问题需要将1~100的每一个数累加。设变量i的取值为1~100，对于这个范围的每一个 i，都执行“s = s + i;”语句。当然起始应先执行“s = 0;”。程序如下。

```
#include <stdio.h>
int main()
{    int s = 0,i;                    //定义变量并对 s 初始化
     i = 1;                          //循环的初始化
     while (i <= 100)                //循环的控制条件
     {    s = s + i;                 //循环体
          i = i + 1;                 //循环变量的改变
     }
     printf ("s = %d",s);            //循环结束后,输出
     return 0;
}
```

思考：

1）计算 1 ~ n 的和，程序如何修改？

2）若开始没有“s = 0;”语句，程序的运行结果正确吗？

3）若循环体没有“i = i + 1;”语句，这个循环能结束吗？

【例 3-13】 计算从键盘输入的任意 n 个整数的和。

分析：本题并没有指出需要求和的整数的确定个数，故一般定义一个符号常量 N 来描述问题的规模（其代表的直接常量暂时定为 10）。方法是采用循环结构，输入一个数累加一个数，直到输入的数据个数够 N 个为止。当然对于存放和的变量应该先清 0。程序如下。

```
#include <stdio.h>
#define N 10
int main()
{    int i = 1,sum = 0,x;
     while (i <= N)
     {    scanf ("%d",&x);
          sum = sum + x;
          i ++;
     }
     printf ("sum = %d\n",sum);
     return 0;
}
```

2. do…while 语句

（1）do…while 语句的一般格式

```
do
{
     循环体语句;
}
while (表达式);              //注意:句末有分号
```

（2）do…while 语句的执行过程

先执行一次循环体，再计算表达式的值并判断其真假，当表达式的值为真（非 0）时，继续执行循环体语句，之后再继续判断表达式的真假。如此循环，直到某一次表达式为假（0）时，结束循环。

do…while 语句的执行过程如图 3-5 所示。

例如，用 do…while 语句计算 1 ~ 100 之和的程序段为

```
sum = 0; i = 1;
do
```

```
    {  sum = sum + i;
       i++;
    } while (i <= 100);
```

do…while 语句可概括为“先执行，后判断”。因此，用 do…while 语句编写程序时，需要谨慎考虑第一次执行循环体是否正确，以防出错。

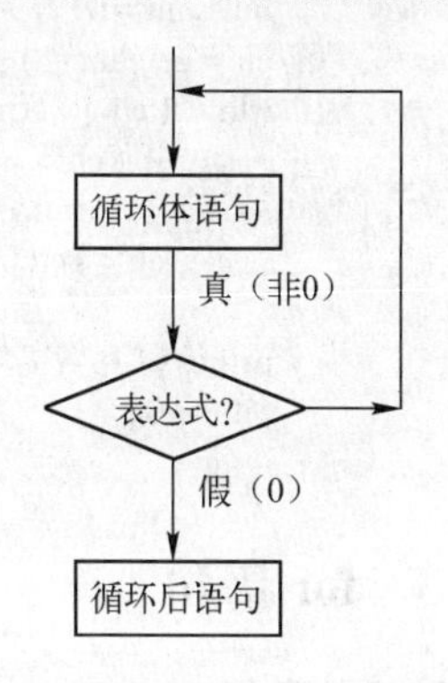

图 3-5　do…while 语句的执行过程

【例 3-14】 用 while 语句实现计算：$s = 1 - 2 + 3 - 4 + \cdots + (-1)^{(n+1)} n$。

分析： 本题目涉及一个正负项交替出现的问题。利用数学上正数的相反数是负数，而负数的相反数是正数，通常在程序中设置整型变量，如 t = 1（开始时赋值 1 还是 -1 取决于第一项的正负）。每循环一次，都执行“t = -t;”语句，从而使 t 的值交替出现 1 和 -1，每次将 t 与对应的项进行相乘，从而实现交替出现正负项。项数 n 仍定义为符号常量。程序如下。

```
#include <stdio.h>
#define N 100
int main()
{   int i = 1, t = 1, s = 0;
    while (i <= N)
    {   s = s + i * t;
        t = -t;
        i++;
    }
    printf ("s = %d\n", s);
    return 0;
}
```

【例 3-15】 用 do…while 语句实现输出下列数列的前 6 项。

1　12　123　1234　12345　123456

分析： 该数列的通项公式为：$p_n = p_{n-1} \times 10 + n$，输出前 6 项，可用循环结构实现。程序如下。

```
#include <stdio.h>
void main()
{   int n = 1, pn = 0;
    do
    {   pn = pn*10 + n;
        printf ("%d\t", pn);
        n++;
    } while (n <= 6);
    printf ("\n");
}
```

【例 3-16】 从键盘输入若干字符，编程统计其中的数字字符个数，以回车符作为输入结束的标记。

分析： 每输入一个字符，首先判断是'\n'吗？若是就结束，若不是，再判断是数字字符吗？若是，统计个数加 1，否则继续输入一下个字符，继续上述过程。程序如下。

```
#include <stdio.h>
int main()
{    char ch;
     int num =0;
     ch = getchar ();
     while (ch !='\n')
     {     if (ch >='0'&& ch <='9')
                num ++;
           ch = getchar ();
     }
     printf ("数字字符个数为:%d\n",num);
     return 0;
}
```

3.3.3 for 语句

1. for 语句

(1) for 语句的一般格式

```
for (表达式 1;表达式 2;表达式 3)      语句;
```

(2) for 语句的执行过程

1) 计算表达式 1。

2) 计算表达式 2 并判断其值。若表达式 2 的值为真（非0），则执行循环体语句，然后执行步骤 3)；若为假（0），则转到步骤 5)。

3) 计算表达式 3。

4) 转到步骤 2)。

5) 结束循环，转去执行 for 的下一条语句。

for 语句的执行过程如图 3-6 所示。

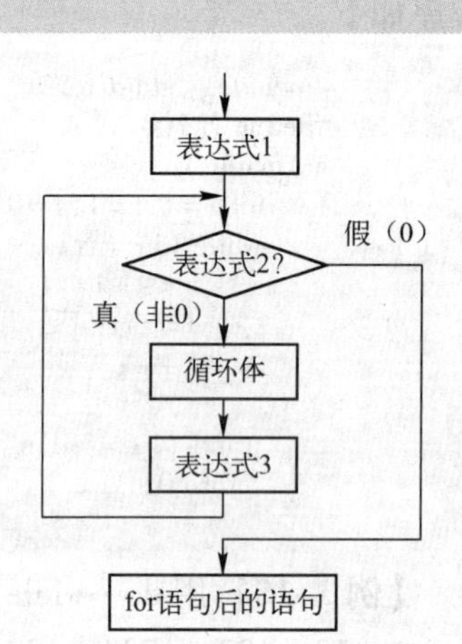

图 3-6 for 语句的执行过程

说明：

1) 表达式 1 通常用于给循环变量赋初值，表达式 2 常用于给出循环控制的条件，表达式 3 常用于改变循环变量的值。

2) 语句是循环体语句。只能是单条语句，若循环体中需要执行多条语句时，应加“{}”构成一条复合语句。

3) 上述 3 个表达式均可以是任意类型的表达式，根据需要 3 个表达式均可省略，但 3 个表达式之间的分号不可省略。

【例 3-17】 用 for 循环计算 1 ~ 100 的和。程序如下。

```
#include <stdio.h>
void main()
{    int s =0,i;
     for (i =1;i <=100;i ++)
          s = s + i;
     printf ("s =%d",s);
}
```

以计算 1 ~ 100 的和为例，下面给出 for 语句的其他几种等价形式。

1) 省略表达式 1。程序如下。

```c
#include  < stdio. h >
void main( )
{   int s =0,i =1;              //省略表达式 1 后,循环变量赋初值通过变量初始化实现
    for( ;i <= 100;i ++ )
        s = s + i;
    printf ("s = %d",s);
}
```

2）省略表达式2后，循环的结束就依靠循环体内的条件语句来完成。当条件满足时，执行循环体；当条件不满足时，使用 break 语句结束循环。程序如下。

```c
#include  < stdio. h >
void main( )
{   int s =0,i;
    for (i =1;     ;i ++ )       //分号不可省略
        if (i <= 100)
            s = s + i;          //把循环结束的判断放在循环体内并用 if 语句
        else
            break;              //此处的 break 语句用于终止循环
    printf ("s = %d",s);
}
```

3）省略表达式3。程序如下。

```c
#include  < stdio. h >
void main( )
{   int s =0,i;
    for (i =1;i <= 100;  )                  //分号不可省略
    {   s = s + i;
        i ++;          //省略表达式 3 后,将其变为表达式语句移到循环体内实现原来的功能
    }
    printf ("s = %d",s);
}
```

4）3 个表达式全省略。程序如下。

```c
#include  < stdio. h >
void main( )
{   int s =0,i; i =1;
    for (   ;   ;  )                 //分号不可省略
    {   if(i <= 100)                 //循环体有 2 条语句,需要加花括号
            s = s + i;
        else
            break;
        i ++;
    }
    printf ("s = %d",s);
}
```

上述各种形式只是说明 for 语句中 3 个表达式均可以省略，但并不提倡那样做，因为构成循环的三要素并没有省略，只是变换了位置，且这种位置变化使程序结构不简洁。通常尽可能地按 for 语句的常规格式设计程序，以免出错。

【例 3-18】 从键盘输入任意 10 个整数，求其中的最大数并输出。

分析：求一组数的最大数，常采用一种类似于“打擂台”的算法。即设一个存放最大数的变量 max，先将输入的第 1 个数存放到 max 中，从第 2 个数开始，每输入一个数，就将该数与 max 中的值比较，将较大者放入 max 中，直到最后一个数比较完为止，最后 max 中的数就是这一组数中的最大数。从第 2 个数开始，对输入的每一个数的处理过程都是相同

的，故需要循环9次。本例使用for语句实现，程序如下。

```
#include <stdio.h>
int main()
{   int max,x,i;
    scanf("%d",&x);
    max=x;
    for(i=2;i<=10;i++)
    {   scanf("%d",&x);
        if(x>max)
            max=x;
    }
    printf("max=%d\n",max);
    return 0;
}
```

运行程序，输入：9　7　6　8　25　4　29　0　3　9↙

输出：

```
max=29
```

2. 3种循环语句的比较

while、do…while、for语句都可以实现循环结构，但略有区别。只有区分它们之间的差异，才能在编程中灵活运用。

（1）while语句的执行特点

进入循环前，先判断循环条件是否为真，若为真才执行循环体语句，若为假则执行循环后的其他语句。因此，当循环开始循环条件就为假时，循环体语句一次都不会被执行。

（2）do…while语句的执行特点

进入循环前，不论循环条件是真是假，都先执行一次循环体，之后再判断循环条件的真假，决定是否继续循环还是退出循环。因此，使用do…while语句实现循环结构时，就必须事先考虑清楚，第一次执行循环体是否正确。

（3）for语句的执行特点

在许多计算机语言中，for语句主要用于实现循环次数固定的情况，但在C语言中，for语句可实现的循环同while一样，二者完全可以互换。

3.3.4 break语句和continue语句

在循环结构中，当循环条件为假时循环正常结束。但在某些情况下，在循环还未正常结束时需要提前终止循环。有时又需要在本轮循环还未执行到循环体的最后一条语句时提前终止本轮循环，使流程转向下一轮循环开始处。C语言提供了break语句和continue语句实现这两种功能。

break语句在switch语句中已经用过，它可以使程序流程跳出switch语句，转去执行switch后的下一条语句。在循环结构中，它也可以提前结束循环语句，转去执行循环语句后的语句。

1. break语句

break语句的一般格式：

```
break;
```

说明：在循环语句中使用 break 语句，功能是结束当前循环语句，立即转去执行循环语句的下一条语句。通常循环中一定在某个条件成立时才会执行 break 语句。

【例 3-19】输入任意一组（最多 50 个）整数求和，当第一次遇到和值不小于 200 时，立即终止这个过程。输出之前所有输入的整数的和。

分析：输入一个数累加一个数，立即判断此时累加和是否已经大于等于 200，若成立，则立即提前结束循环，输出这个累加和。若不成立，则继续输入下一个数。循环正常结束是输入 50 个数并求和。程序如下。

```
#include <stdio.h>
void main()
{   int i,sum=0,x;
    for (i=1;i<=50;i++)
    {   scanf ("%d",&x);
        sum=sum+x;
        printf ("%4d",x);
        if (sum>=200)    //如果累加和大于 200
            break;       //使用 break 跳出循环
    }
    printf ("\nsum=%d\n",sum);
}
```

运行程序，输入：54　56　58　40　37　21↙

输出：

```
54  56  58  40
sum=208
```

【例 3-20】从键盘输入任意一个整数，判断其是否为素数，若是输出“＊ is a prime”，否则输出“＊ is not a prime”。其中＊代表那个输入的整数。

分析：在数学上，素数（即质数）是指除了 1 和它本身之外不能被其他任何整数整除的自然数。在算法上，判断一个自然数 n 是否为素数的方法：让 n 依次除以 2 ~ n－1 间的所有整数，若都不能整除，那么 n 就是素数；只要 n 能被 2 ~ n－1 间的某个数整除，则 n 就不是素数。而判断从 2 ~ n－1 的数能否整除 n 是一个循环过程，当循环中有一个数整除了 n，就应该立即中止循环，因此要用到 break 语句。

值得注意的是，如果 n 不能被 2 ~ n－1 的某个数整除，这时循环是正常结束；如果 n 能被 2 ~ n－1 之间的某个数整除，这时循环是通过 break 语句结束。因此，在循环语句后，可以通过循环控制变量的取值情况进行判断。程序如下。

```
#include <stdio.h>
void main()
{   int i,n;
    scanf ("%d",&n);
    for (i=2;i<n;i++)
        if (n%i==0)
            break;
    if (i==n)
        printf ("%d is a prime. No\n",n);
    else
        printf ("%d is not a prime. \n",n);
}
```

运行程序，输入：57↙

输出：

```
57 is not a prime.
```

说明：实际上，判断 n 是否为素数，只需测试从 2 到 n/2 或 $\sqrt{n}$ 之间的所有整数能否整除 n 即可。这样可以减少循环次数，从而提高程序的运行效率。

2. continue 语句

continue 语句的一般格式：

```
continue;
```

说明：continue 语句可以结束本轮循环，即不再执行循环体中 continue 语句之后的语句，直接将流程转到下一轮循环开始处。对于 while 和 do…while 语句，continue 转向 while 后的条件判断处，而对于 for 语句，continue 是转向表达式 3 的计算处。

【例 3-21】 输入 10 个整数，求其中正数的和。

分析：循环中判断每一次输入的数 n，若是非正数则执行 continue 语句，继续下一个数的输入；若是正数则求和，然后再输入下一个数。两种程序如下。

程序 1：

```
#include <stdio.h>
int main()
{    int n,i,s=0;
     for (i=1;i<=10;i++)
     {    scanf ("%d", &n);
          if (n>0)
               s=s+n;
     }
     printf ("s=%5d\n",s);
     return 0;
}
```

程序 2：

```
#include <stdio.h>
int main()
{    int n,i,s=0 ;
     for(i=1;i<=10;i++)
     {    scanf ("%d",&n );
          if (n<=0) continue;
          else s=s+n;
     }
     printf ("s=%5d\n", s );
     return 0;
}
```

3.3.5 循环的嵌套

在一个循环体内又包含了另一个完整的循环结构，称为循环嵌套。其中，第 1 层循环叫"外循环"，外循环体内嵌入的循环叫"内循环"，循环嵌套可以是多层，层次的多少根据实际需要确定。

3 种循环语句（while 语句、do…while 语句和 for 语句）都可以互相嵌套。互相嵌套的形式多样，以下几种都是合法的形式。

```
1) ┌→for( ; ; )        2) ┌→while( )          3) ┌→while( )
   │  {…                   │  {…                  │  {…
   │  ┌→for( )             │  ┌→for( )           │  ┌→while( )
   │  └─   {…}             │  └─   {…}           │  └─   {…}
   │     …                 │     …               │     …
   └─}                     └─}                   └─}
```

注意：C 语言中循环嵌套要层次分明，不允许出现嵌套层次的交叉，下列循环嵌套是错误的。

```
          ┌──▶ for( ; ; )
          │    { ...
for循环语句 │  ┌──▶for
          │  │     { ...      for循环
          │  └──  }
          └──── }
```

【例 3-22】输出 4 行：1　2　3　4。

分析：每一行都是输出连续的 4 个数，可以用一个循环来完成。输出相同的 4 行，就需要将这个循环连续执行 4 次即可。这时需要用到两层的循环形成循环嵌套，注意每一行输出后要输出一个换行符。程序如下。

```
#include <stdio.h>
int main()
{   int i,j;
    for (i=1;i<=4;i++)
    {   for (j=1;j<=4;j++)
            printf ("%4d",j);
        printf ("\n");
    }
    return 0;
}
```

【例 3-23】输出九九乘法表。

分析：九九乘法表有 9 行 9 列，因此要用到二重循环，其中内循环完成一行内容的输出，外循环控制 9 行的输出。由于每一行乘法式子的个数恰好等于该行的行数，故内循环的循环变量的取值范围从 1 到本行的行数。程序如下。

```
#include <stdio.h>
int main()
{   int i,j;
    for (i=1;i<=9;i++)
    {   for (j=1;j<=i;j++)
            printf ("%d*%d=%-4d",i,j,i*j);
        printf ("\n");
    }
    return 0;
}
```

运行程序，输出：

```
1*1=1
2*1=2  2*2=4
3*1=3  3*2=6   3*3=9
4*1=4  4*2=8   4*3=12  4*4=16
5*1=5  5*2=10  5*3=15  5*4=20  5*5=25
6*1=6  6*2=12  6*3=18  6*4=24  6*5=30  6*6=36
7*1=7  7*2=14  7*3=21  7*4=28  7*5=35  7*6=42  7*7=49
8*1=8  8*2=16  8*3=24  8*4=32  8*5=40  8*6=48  8*7=56  8*8=64
9*1=9  9*2=18  9*3=27  9*4=36  9*5=45  9*6=54  9*7=63  9*8=72  9*9=81
```

【例 3-24】给定 N 的值，求 $1+(1+2)+(1+2+3)+\cdots+(1+2+\cdots+N)$ 的值。

分析：上述问题共有 N 项，第 i 项是计算 1 ~ i 的和，因此可以用一个循环来完成，而求整个 N 项的和则可以用另一个外层循环来实现。程序如下。

```
#include <stdio.h>
#define N 10
```

```
int main( )
{   int i,j,s,sum =0;
    for (i =1;i <= N;i ++)
    {   s =0;
        for (j =1;j <= i;j ++)
            s = s + j;
        sum = sum + s;
    }
    printf ("sum =%d\n",sum);
    return 0;
}
```

当然，上述程序并不是解决该问题最好的算法。第 i 项可表示为 $p_i = p_{i-1} + i$。故程序用单重循环也可实现。程序如下。

```
#include <stdio.h>
#define N 10
int main( )
{   int i,sum =0,p =0;
    for (i =1;i <= N;i ++)
    {   p = p + i;
        sum = sum + p;
    }
    printf ("sum =%d\n",sum);
    return 0;
}
```

【例 3–25】判断谁在说谎：谜语博士遇到 3 个人，分别来自诚实族和说谎族。诚实族的人永远说真话，说谎族的人永远说假话。现在谜语博士要判断他所遇到的 3 个人分别来自哪个民族的。为此，博士分别问了他们 3 个问题，以下是他们的对话。

问："你们是什么族?"

第 1 个人说："我们全都来自诚实族。"

第 2 个人说："反正我们 3 个人中来自诚实族的不是 1 个"

第 3 个人说："我们 3 个中有 2 个来自诚实族。"

请根据他们的回答用 C 语言程序判断他们分别是哪个族的。

分析：假设这 3 个人分别为 a、b、c

$$a = \begin{cases} 0, & \text{a 为说谎族} \\ 1, & \text{a 为诚实族} \end{cases}$$

对于 b，c 也取同样的意义。若第 1 个人是诚实族，则他说的话是真话，可表示为：a && a + b + c == 3，若第 1 个人是说谎族，则他说的话就是假话，可表示为：! a && a + b + c != 3。而第 1 个人不是诚实族就是说谎族。故对第 1 个人的推理可翻译为

```
a && a + b + c == 3 || ! a && a + b + c != 3
```

同样地，对第 2 个人和第 3 个人的推理可翻译为

```
b && a + b + c != 1 || ! b && a + b + c == 1。
c && a + b + c == 2 || ! c && a + b + c != 2。
```

但问题的解只有确定的一组，而这一组解一定能使上述 3 个人的推理表达式同时为真。程序如下：

```
#include <stdio. h>
void main( )
{   int a,b,c;
    for (a=0;a<=1;a++)
        for (b=0;b<=1;b++)
            for (c=0;c<=1;c++)
                if ((a && a+b+c==3 || ! a && a+b+c!=3) &&
                            (b && a+b+c !=1 || ! b && a+b+c==1) &&
                            (c && a+b+c==2 || ! c && a+b+c !=2))
                {   printf ("a is %s . \n",(a==1 ?"honest":"liar"));
                    printf ("b is %s . \n",(b==1 ?"honest":"liar"));
                    printf ("c is %s . \n",(c==1 ?"honest":"liar"));
                }
}
```

运行程序，输出：

```
a is liar .
b is honest .
c is honest .
```

3.3.6 循环结构应用举例

【例 3-26】 给小学生出 1～100 的加减乘除运算测试题，每次出 10 道。每次测试的运算由小学生自己决定，运算的数据由计算机随机产生；显示每道题目后，由小学生马上作答，并对所输入的答案进行正确性判定。10 道题目完成后即测试结束，给出本次测试共做对的题数。要求：对于除法所出的试题答案不能出现小数，减法不能出现负数答案。

分析：

1）先显示出菜单，供小学生选择他想做的运算，并按他的选择，在屏幕上一一显示出相同运算的 10 道题目，每道题后，要求小学生立即输入答案，系统对该题的答案进行正确性判定。

2）因为有 10 道测试题，每一题的出题过程完全类同，故用一个循环实现。

3）由于除法要求必须能整除，减法要求必须为正数答案，但随机产生的数据并不能保证满足这种要求，因此，当产生的数不满足要求时就需要重新生成试题。故还需要一个内层循环。程序如下。

```
#include <stdio. h>
#include <stdlib. h>
#include <time. h>
#define N 10
int main( )
{   int i,a,b,se,an,answer,count=0;
    srand((unsigned) time(NULL));
    system ("cls");                          //清屏
    printf ("1. 加法\n");
    printf ("2. 减法\n");
    printf ("3. 乘法\n");
    printf ("4. 除法\n");
    printf ("请选择测试的运算并在每一个题后直接输入答案!");
    scanf ("%d",&se);
    switch (se)
    {   case 1:for (i=1;i<=N;i++)
               {
```

```
                printf ("第%d 道为:",i);
                a = rand ()%99 + 1;
                b = rand ()%99 + 1;
                printf ("%d + %d = ",a,b);
                an = a + b;
                scanf ("%d",&answer);
                if (an == answer)
                    count ++;
            }
            break;
case 2:for (i = 1;i <= N;i ++)
            {   printf ("第%d 道为:",i);
                a = rand ()%99 + 1;
                b = rand ()%99 + 1;
                if (a > b)
                {   printf ("%d - %d = ",a,b);
                    an = a - b;
                }
                else
                {   printf ("%d - %d = ",b,a);
                    an = b - a;
                }
                scanf ("%d",&answer);
                if (an == answer)
                    count ++;
            }
            break;
case 3:for (i = 1;i <= N;i ++)
            {   printf ("第%d 道为:",i);
                a = rand ()%99 + 1;
                b = rand ()%99 + 1;
                printf ("%d*%d = ",a,b);
                an = a*b;
                scanf ("%d",&answer);
                if (an == answer)
                    count ++;
            }
            break;
case 4:for (i = 1;i <= N;i ++)
            {   printf ("第%d 道为:",i);
                a = rand ()%99 + 1;
                b = rand ()%99 + 1;
                while (a%b != 0 && b%a != 0)
                {
                    a = rand ()%99 + 1;
                    b = rand ()%99 + 1;
                }
                if (a%b == 0)
                {   printf ("%d/%d = ",a,b);
                    an = a/b;
                }
                else
                {   printf ("%d/%d = ",b,a);
                    an = b/a;
                }
                scanf ("%d",&answer);
                if (an == answer)
                    count ++;
            }
```

```
            break;
        }
    printf ("你一共答对了%d 道题! \n",count);
    return 0;
}
```

【例 3-27】求两个任意整数的最大公约数。

分析:

1) 求两个整数的最大公约数，在此介绍“辗转相除法”。即让一个整数除以另一个整数，若余数为 0，则除数就是这两个整数的最大公约数；若余数不为 0，则以除数作新的被除数，以余数作新的除数，继续相除……直到余数为 0 为止，此时的除数即为两数的最大公约数。

例如，求 98 和 18 的最大公约数的过程，如图 3-7 所示。

大数	小数	余数r	
98	18	8	（r不等于0）
18	8	2	（r不等于0）
8	2	0	（r等于0）

98和18的最大公约数为2

图 3-7　辗转相除法求 98 和 18 的最大公约数的过程

2) 从键盘输入的两个正整数分别放在变量 num1、num2 中，r 中存放每次计算所得的余数。

3) 循环开始前的准备工作：将 num1 和 num2 分别赋值给 m1 和 m2。

4) 计算余数 r = m1%m2。

5) 若余数 r == 0，则结束，m2 中的值就是所求的最大公约数。

6) 若 r!=0，则执行：m1 = m2；m2 = r;，然后转步骤 4）继续。

程序如下。

```
#include <stdio.h>
int main( )
{   int num1,num2,r,m1,m2;
    printf ("请输入两个整数:");
    scanf ("%d%d",&num1,&num2);
    m1 = num1;
    m2 = num2 ;
    r = m1%m2;                          //第一次求两数相除的余数
    while (r !=0)                       //如果余数 r 的值为 0,结束循环,m2 就是最大公约数
    {   m1 = m2;                        //将除数作下一次的被除数
        m2 = r;                         //将余数作下一次的除数
        r = m1%m2;                      //求两数相除的余数
    }
    printf ("%d 和%d 的最大公约数是:%d\n",num1,num2,m2);
    return 0;
}
```

运行程序，显示：请输入两个整数：

输入：98　18 ↙

输出：

```
98 和 18 的最大公约数是:2
```

【例 3-28】线性方程组的求解。我国古代数学家在《算经》中出了这样一道题：“鸡翁一，值钱五；鸡母一，值钱三；鸡雏三，值钱一；百钱买百鸡。问鸡翁、鸡母、鸡雏各几只？”

分析：设鸡翁、鸡母、鸡雏各 x、y、z 只，数学模型为

$$\begin{cases} x + y + z = 100 \\ 5x + 3y + z/3 = 100 \end{cases}$$

显然，这是一个不定方程组，其方程的解有 0 个或多个。计算机程序中对这类问题通常采用“穷举法”解决。所谓“穷举法”，就是对问题的所有可能情况一一进行测试，从中找出满足条件的所有解的一种方法。

本题中 x、y、z 的取值范围及应满足的条件分别为：x 取值范围为 0 ~ 20，y 取值范围为 0 ~ 33，当 x、y 取值确定时，z 的取值为 100 - x - y。

由于总钱数应为 100，即满足 5 * x + 3 * y + z/3 = 100 且 z 必须能被 3 整除。程序如下。

```
#include <stdio.h>
int main()
{   int x,y,z;
    printf("鸡翁 鸡母 小鸡\n");          //输出表头
    for(x=0;x<20;x++)                   //鸡翁的取值范围
    {  for(y=0;y<33;y++)                //鸡母的取值范围
       {  z=100-x-y;                     //小鸡数量
          if((z%3==0) && (5*x+3*y+z/3==100))
              printf("%3d%8d%8d\n",x,y,z);
       }
    }
    return 0;
}
```

运行程序，输出：

```
鸡翁  鸡母  小鸡
 0    25    75
 4    18    78
 8    11    81
 12    4    84
```

思考：【例 3-28】中为什么要使 z 必须能被 3 整除？

【例 3-29】 找出 n ~ m 的所有素数，按每行 10 个输出。

分析：素数的判定方法在【例 3-20】中已经介绍过。依照素数的判定方法，对 n ~ m 的数逐个判断，若是素数则输出此数。因此，需要用双重循环结构实现。

要求每行输出 10 个数，通常会设一个计数变量如 count（整型），初值为 0，用来记录当前已输出的数据个数。每次输出一个数据后，立即执行“count++;”，每当 count 发生改变都要判断 count 的值是否为 10 的倍数，若是，则输出一个回车符。程序如下。

```
#include <stdio.h>
#include <math.h>
#define n 100
#define m 200
void main()
{   int i,j,count=0;
    double t;
    for(i=n;i<=m;i++)
    {  t=sqrt(i);
       for(j=2;j<=t;j++)
```

```
            if (i%j==0) break;
        if (j>t)
        {  printf ("%-5d",i);
            count++;
            if (count%10==0)
                printf("\n");
        }
    }
}
```

运行程序，输出：

```
101  103  107  109  113  127  131  137  139  149
151  157  163  167  173  179  181  191  193  197
199
```

【例 3-30】 利用公式：$\pi/4 \approx 1-1/3+1/5-1/7+\cdots$，求 π 的近似值，直到某一项的绝对值小于 10^{-6} 为止。

分析：

1）可以看出上述式子出现一正一负的项，因此按【例 3-14】介绍的方法设计。

2）若项数为 n，则每一项的绝对值的通项公式为 1.0f/(2*n-1)。

3）循环体。计算一个新的项，将该项加入到和变量 sum 中。

4）循环控制条件为 1.0f/（2*n-1）>= 10^{-6} 。

5）循环结束时，sum*4 即为 π 的一个近似值。

程序如下。

```
#include <stdio.h>
int main()
{   int temp=1;
    float sum=0,pi,p=1.0,n=1;
    while (p>=1e-6)
    {   sum=sum+p*temp;
        temp= -temp;                //为下一项准备正负号
        n++;
        p=1.0f/(2*n-1);             //计算新项的绝对值
    }
    pi=sum*4;                       //求 π 的近似值
    printf ("pi=%f\n",pi);
    return 0;
}
```

运行程序，输出：

```
pi=3.141594
```

习题 3

一、选择题

1. C 语言对嵌套 if 语句的规定：else 总是与（　　）。

   A. 其之前最近的 if 配对　　　　B. 第一个 if 配对

   C. 缩进位置相同的 if 配对　　　D. 其之前最近的且尚未配对的 if 配对

2. 能正确表示逻辑关系“a≥10 或 a≤0”的 C 语言表达式是（　　）。

A. a >= 10 or a <= 0　　　　B. a >= 0 | a <= 10

C. a >= 10 && a <= 0　　　　D. a >= 10 || a <= 0

3. 在下面的条件语句中（其中 S1 和 S2 表示 C 语句），在功能上与其他 3 个语句不等价的是（　　）。

A. if（a）　S1 else S2；　　　　B. if（a == 0）S2；　else　S1；

C. if（a != 0）s1；else S2；　　　　D. if（a == 0）S1；else S2；

4. 设有"int　x，a，b；"，错误的 if 语句是（　　）。

A. if（a = b）　x ++；　　　　B. if（a = < b）　x ++；

C. if（a - b）　x ++；　　　　D. if（x）　x ++；

5. 设有"int　a = 3，b = 8；"，判断 a 和 b 不相等的正确表达式是（　　）。

A. a < > b　　B. a ≠ b　　C. b == a　　D. a != b

6. 以下关于 switch 语句和 break 语句的描述中，正确的是（　　）。

A. 在 switch 语句中必须使用 break 语句

B. 在 switch 语句中，可以根据需要使用或不使用 break 语句

C. break 语句只能用于 switch 语句中

D. break 语句是 switch 语句的一部分

7. while 循环中，while 后的表达式的值决定了循环体是否被再次执行。为了能使循环经过有限次执行后正常终止，在循环中则必须要有改变此表达式的值的操作，使其在有限次循环后值变为（　　），否则，将产生死循环。

A. 0　　B. 1　　C. 成立　　D. 2

8. 语句"while（！E）；"括号中的表达式！E 等价于（　　）。

A. E == 0　　B. E != 1　　C. E != 0　　D. E == 1

9. 执行语句"int　k = 1；while（k ++ < 10）；"后，变量 k 的值是（　　）。

A. 10　　B. 11　　C. 9　　D. 无限循环，值不定

10. 对于以下程序段，下面描述中正确的是（　　）。

```
int k = 2;
while (k = 0)
{   printf ("%d",k);
    k --;
}
```

A. while 循环执行 10 次　　　　B. 循环是无限循环

C. 循环语句一次也不执行　　　　D. 循环体语句执行一次

11. 以下程序段的循环次数是（　　）。

```
for (i = 2;i == 0;)      printf("%d",i --);
```

A. 无限次　　B. 0 次　　C. 1 次　　D. 2 次

12. 执行语句"for（i = 1；i ++ < 4；）；"后变量 i 的值是（　　）。

A. 3　　B. 4　　C. 5　　D. 不定

13. 下面程序的输出结果是（　　）。

```
#include <stdio.h>
void main()
{   int i,sum = 0;
```

```
    for (i=1;i<=3;sum++) sum+=i;
    printf("%d\n",sum);
}
```

A. 6　　B. 3　　C. 0　　D. 死循环

14. 下列关于循环语句的描述，不正确的是（　　）。

A. 循环语句由循环条件和循环体两部分组成

B. 循环语句可以嵌套，即在循环体中可以用循环语句

C. 循环语句的循环体可以是一条语句，也可以是复合语句，还可以是空语句

D. 任何一种循环语句，它的循环体至少要被执行一次

二、填空题

1. 判断 x 是一个任意两位数的 C 语言表达式是____________________。

2. 在 C 语句中，条件表达式的值用________代表“真”，________代表“假”。

3. 用条件表达式可计算 y + |x|的值：x >=0？________：________。

4. 判断 ch 是字母的表达式是____。

5. 若有“int x =1,y =2,z =3;”，则表达式(x < y？ x:y) ==z ++的值是________。

6. C 语言中的 3 个循环语句分别是________语句、________语句和________语句。至少执行一次循环体的循环语句是________。

7. while 语句的特点是________，do - while 语句的特点是________。

8. break 语句的功能是________，continue 语句的作用是________。

9. break 语句还可用于____________语句中。

三、程序阅读题

1. 下面程序运行后，如果从键盘输入 5，则输出结果：______________

```
#include <stdio.h>
void main()
{   int x;
    scanf("%d",&x);
    if(x--<5)
        printf("%d\n",x);
    else
        printf("%d",x++);
}
```

2. 下列程序段运行后 n 的值：______________

```
int n=10;
switch(n+1)
{     case 10: n++; break;
      case 11: ++n;
      case 12: ++n; break;
      default: n++;
}
```

3. 有以下程序，程序运行后的输出结果：______________

```
#include <stdio.h>
void main()
{   int x=1,x1=1,x2=5;
    x=(x1>x2 ? x1:x2);
    printf("%d\n",x);
}
```

4. 下面程序的输出结果：______________

```
#include <stdio.h>
void main()
{   int a=1,b=0,c=0;
    if(a<b)
        if(b<0)
            c=1;
        else
            c++;
    printf("%d\n",c);
}
```

5. 下面程序的输出结果：______________

```
#include <stdio.h>
void main()
{   int a=1,b=2,c=3,d=4,e=0;
    if(a>b)
        e=1;
    else if(b)
        e=2;
    else if(c!=d) e=3;
    else e=3;
    printf("e=%d\n",e);
}
```

6. 下面程序的输出结果：______________

```
#include <stdio.h>
void main()
{   int n=8;
    while(n>4)
    {
        n--;
        printf("%d",n);
    }
}
```

7. 下面程序的输出结果：______________

```
#include <stdio.h>
void main()
{   int x=9;
    do
    {   x--;
        printf("%d\t",x--);
    }while(!x);
}
```

8. 若输入：4　7　11　10　3　5　15　4　10　0，输出结果：______________

```
#include <stdio.h>
#define N 10
void main()
{   int i=1,x,s=0;
    while(i<=N)
    {   scanf("%d",&x);
        if(x%5==0) break;
        s=s+x;
    }
```

```
    printf("s=%d\n",s);
}
```

9. 下面程序的输出结果：________

```
#include <stdio.h>
void main()
{   int k=4,n=0;
    for( ;n<k;n++)
    {   if(n%3 !=0)
            continue;
        k--;
    }
    printf("%d,%d\n",k,n);
}
```

10. 下面程序的输出结果：________

```
#include <stdio.h>
#define N 4
void main()
{   int i,j,x,s=0;
    for( i=1;i<=N;i++)
    {   x=0;
        for(j=1;j<=i;j++)
            x=x*10+j;
        s=s+x;
    }
    printf("s=%d\n",s );
}
```

四、编程题

1. 已知三角形的三边长，求三角形面积。

2. 编程求解方程 $ax^2+bx+c=0$ 的根（设 $a\neq0$）。系数 a、b、c 的值由键盘输入。

3. 输入一个整数 x 值，计算分段函数 y 的值。

$$y=\begin{cases}x^2-1 & (x\leqslant1)\\ \sqrt{x^3-1} & (x>1)\end{cases}$$

4. 给定一个整数，判断它是否为素数，若是输出 1，否则输出 0。

5. 编程求 1～100 所有能被 3 整除的数之和。

6. 编程求 $1+1/3+1/5+1/7+\cdots+1/(2n-1)$ 的值，n 值从键盘输入。

7. 从键盘输入一串字符，以回车符作为输入结束标志。分别统计出其中英文字符、数字字符和其他字符的个数。

8. 某人第一天买了 2 个桃子，从第二天开始，每天买的桃子数都是前一天的 2 倍，直至购买的桃子总个数最接近 100 但不超过 100 个为止，计算需要多少天？

9. 有如下数列，试计算前 20 项之和。

$$\frac{2}{1},\ \frac{3}{2},\ \frac{5}{3},\ \frac{8}{5},\ \frac{13}{8},\ \frac{21}{13},\ \cdots$$

10. 求 $s=a+aa+aaa+\cdots+aa\cdots a$ 的值，其中 a 是 0～9 的数字，最后一项为 n 个 a。n 由键盘输入。例如，a=3，n=5 时，s=3+33+333+3333+33333。

11. 试找出所有的“水仙花数”。所谓“水仙花数”是指一个 3 位数，其各位数字立方之和恰好等于该数本身，如 153、370、407 等。

12. 利用下列公式计算键盘输入的任意一个实数 x 的正弦函数值。当加到某一项的绝对值小于 10^{-6}时，终止计算。

$$y=\sin(x)\approx x-\frac{x^3}{3!}+\frac{x^5}{5!}-\frac{x^7}{7!}+\frac{x^9}{9!}+\cdots+\frac{(-1)^{n+1}\cdot x^{2n-1}}{(2n-1)!}$$

13. 编写一个程序，判断某一年份是否为闰年。

14. 用牛顿迭法求下列方程 $2x^3-4x^2+3x-6=0$ 在 1.5 附近的根。

15. 给一个正整型，判断它是几位数，并分别打印出它的正序的各位数字和逆序的各位数字。如输入 123，则显示：

```
3 位数
正序数字为:1    2    3
逆序数字为:3    2    1
```

16. 一个小球从 100 m 自由落下，每次落地后反弹回原来的一半高度再落下，求它在第 5 次落地时共经过了多少米？第 10 次反弹多高？

17. 一个数如果恰好等于它的因子之和，称这个数为“完数”，如：6 = 1 + 2 + 3，因此 6 为完数。编写程序找出 1000 以内的所有完数，并按下列格式输出。

```
6 its factors are 1,2,3
```

18. 设计程序，打印如下图案：

```
         *
      *  *  *
   *  *  *  *  *
*  *  *  *  *  *  *
   *  *  *  *  *
      *  *  *
         *
```

第4章　数　　组

内容提要　在工程应用中经常需要对大量相同类型的数据进行处理。数组是一组相同类型变量的集合，计算机为这样的一组变量分配一组地址连续的存储单元，这一特性使得数组中的每一个变量可以用相同的数组名和不同的下标标识。

目标与要求　领会一维数组、二维数组、字符数组的概念和在计算机内存中的存储方式；掌握一维数组、二维数组、字符数组的定义和初始化方法；掌握对数组元素的引用方法；掌握字符数组与字符串的相同和不同之处；掌握使用数组常用的编程技巧。

4.1 数组的引入

在实际编程中，常常需要对一组类型相同的多个数据进行处理。如果使用简单变量，处理起来程序会很烦琐，甚至有些无法实现。

【例4-1】 输入5个整数，再将其逆序输出。

方法1： 可以用a、b、c、d、e这5个变量来存放5个整数。程序如下。

```
#include <stdio.h>
void main()
{   int a,b,c,d,e;
    scanf("%d%d%d%d%d",&a,&b,&c,&d,&e);
    printf("%d,%d,%d,%d,%d\n",e,d,c,b,a);
}
```

方法2： 可以用x1、x2、x3、x4、x5这5个变量来存放5个整数。输入和输出都只涉及一个变量，因此需要5个输入语句和5个输出语句。程序如下。

```
#include <stdio.h>
int main()
{   int x1,x2,x3,x4,x5;
    scanf("%d",&x1);
    scanf("%d",&x2);
    scanf("%d",&x3);
    scanf("%d",&x4);
    scanf("%d",&x5);
    printf("%d,",x5);        注意这种有规律的变化,使用数组后就可以利用循环实现。
    printf("%d,",x4);
    printf("%d,",x3);
    printf("%d,",x2);
    printf("%d,",x1);
}
```

试想，如果输入的数据不是5个，而是100个甚至更多，方法1和方法2的程序基本不可取。这种采用过多的单个变量的程序，会有如下问题。

1）过多的变量使程序易读性差。

2）过多的变量名也极易出错。

3）一定程度上也限制了程序的结构化（如不能循环处理）。

为了有效地解决相同类型批量数据的处理问题，C 语言引入了数组。

4.2 一维数组及其应用

数组的维数是指标识数组中不同数组元素所用到的下标的个数。一维数组对应一组类型相同且有着线性逻辑关系的数据。

4.2.1 数组的概念

数组是指一组数目固定、数据类型相同的若干个元素的有序集合。它们按照一定的先后顺序排列而成，使用统一的数组名和不同的下标来唯一标识数组中的每一个元素。这一组数称为一个数组，每个数据称为一个数组元素。

一个数组在内存中占用一段连续的空间，按顺序存放，数组名就是数组的首地址，即数组中第一个元素的地址。每个元素的存取是通过数组名和下标来实现的，其作用同变量，有时也将其称为带下标的变量。一个数组中的不同元素具有相同的数组名和不同的下标。

在程序中，用数组来取代同类型的多个变量，将数组和循环结构结合起来，利用循环对数组中的元素进行操作，可使算法大大简化，程序容易实现，工作效率明显提高。

数组有一维数组和多维数组，常用的是一维数组和二维数组。

4.2.2 一维数组的定义

一维数组是指只有一个下标的数组。定义一维数组的一般形式：

```
数据类型符  数组名[常量表达式],…;
```

例如：

```
int a[10],b[2+5];     //定义了2个整型数组,a数组有10个元素,b数组有7个元素
```

说明：

1）数据类型符指数组的数据类型，也是数组中所有元素的类型，可以是整型、实型、字符型、指针、结构体和共用体等类型。在同一数组中，各个元素的类型必须相同。

2）数组名必须是合法的 C 语言标识符，它是数组元素共用的、统一的名字。

3）[ ]是定义数组的标志，不可省略。[ ]中只能是一个整型常量或整型常量表达式（一般用整型常量），它指出了数组中元素的个数，即数组的大小。

4）C 语言中，数组元素的下标是从 0 开始的。例如：int a[10]；其中，数组 a 有 10 个元素，分别是 a[0]，a[1]，a[2]，a[3]，a[4]，…，a[9]，a 数组的每个元素只能存放一个整型数据，不能存放其他类型的数据。

5）数组在内存中占用的总字节数：数组的数据类型所占字节数 × 数组元素个数。例如，设有语句“float x[5];”，其中，数组 x 有 5 个元素，分别是 x[0]，x[1]，x[2]，x[3]，x[4]，在内存中，每个元素占 4 字节，数组 x 共占用了 20 字节的连续存储空间。

4.2.3 一维数组的初始化

数组元素的使用同普通变量一样，可以在定义数组时对数组元素进行初始化，也可以在程序中通过赋值语句给数组元素赋值。一维数组的初始化形式：

```
数据类型符  数组名[常量表达式] = {初值1,初值2,…,初值n};
```

即将所有初值按顺序写在一对{}中，各初值之间用逗号间隔。编译时，系统将{}中的初值按顺序赋给数组中的各元素。例如：

```
int a[10] = {1,2,3,4,5,6,7,8,9,10};
```

a数组中各元素的位置及初始化后的内容，如图4-1所示。

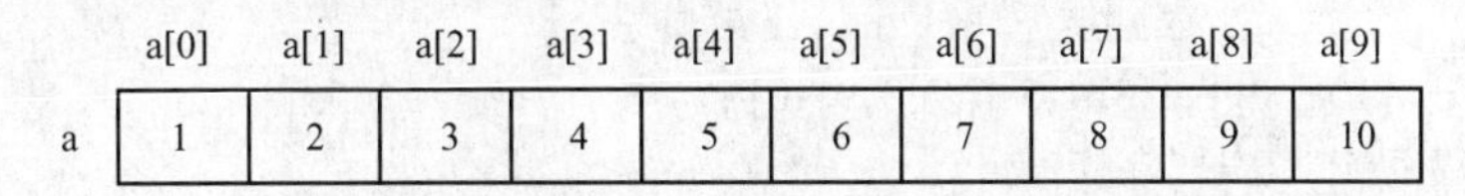

图4-1 数组a中各元素的位置及初始化后的内容

说明：

1）{}中初值的个数不能超过数组的大小。初值可以是常量表达式。

2）若{}中初值的个数小于数组的大小，则未得到初值的数组元素，将会自动“清零”，即数值型数组元素的初值为0，字符型数组元素的初值为空字符。

3）初始化时，若给数组中的所有元素赋初值，此时可以省略[ ]内的常量表达式，数组大小默认为初值的个数。

4）若没有对数组初始化，则数组元素的值是不确定的。

5）C语言规定除了在定义数组时用初始化的方法为数组整体赋值之外，不能在其他情况下对数组进行整体赋值。例如：

```
int a[6] = {1,2,3,4,5,6};      //对所有元素初始化
float b[5] = {1.0f,2.8f};      //仅给b[0]、b[1]初始化,b[2]~b[4]初值为0.0f
int c[] = {1,2,3};             //对所有元素初始化,数组默认有3个元素
int d[6];
d[6] = {1,2,3,4,5,6};          //错误,不能在定义之外对数组整体赋值
```

4.2.4 一维数组元素的引用

C语言规定，数组必须先定义，后使用。使用时只能逐个引用数组中的各个元素，不能一次整体引用数组中的所有元素。对数组元素引用的形式：

```
数组名[下标]
```

例如，设有：int a[10],i=1;则下面语句对数组元素的引用都是正确的。

```
a[1]=5; a[3]=i; a[i+3]=a[i*3]+10; a[i]=a[a[3]]+10;(正确)
```

说明：

1）下标值表示了一个数组元素在数组中的位置，它可以是整型常量或整型表达式（可以包含变量），只能用[ ]括起来，不可用( )。

2）C语言规定，所有数组元素的下标都是从0开始的。在引用数组元素时，引用的下标要在数组的定义范围之内，不要越界。上例中数组a元素的引用范围：a[0]~a[9]。

3）C语言中，数组名代表数组在内存中的首地址，是个地址常量。数组名并不能代表整个数组中所有元素。

提示：C语言编译系统不进行数组越界检测，倘若数组引用越界，编译时系统不会给出错误信息。运行这种含有下标越界的程序，可能结果不正确，或者破坏了系统程序或其他应

用程序的数据。

【例 4-2】 用初始化方法使数组 a 的 10 个元素值分别为 1,2,3,4,5,6,7,8,9,10，然后将数组元素按顺序输出。

分析： 数组 a 有 10 个元素，分别是 a[0] ~ a[9]。设置一个循环变量 i，用来表示数组 a 中的元素下标，i 的取值范围为 0 ~ 9，增量为 1。程序如下。

```
#include <stdio.h>
int main()
{   int i,a[10] = {1,2,3,4,5,6,7,8,9,10};
    for(i = 0;i < 10;i ++)
        printf("%4d",a[i]);
    printf("\n");
    return 0;
}
```

【例 4-3】 从键盘输入 10 个整数，然后按逆序输出。输出时各个数据之间用逗号分隔，最后一个数据后没有逗号。

分析： 逆序输出只是将元素从后往前一一输出，并不改变元素在内存中的存放顺序。程序如下。

```
#include <stdio.h>
int main()
{   int i,flag = 0,a[10];
    for(i = 0;i < 10;i ++)                        //输入数据
        scanf("%d",&a[i]);
    for(i = 9;i >= 0;i --)                        //按逆序输出数据
    {   if(flag == 0)
        {   printf("%d",a[i]);
            flag = 1;
        }
        else
            printf(",%d",a[i]);
    }
    return 0;
}
```

运行程序，输入：3 1 17 13 14 5 16 7 18 9↙（也可用回车符间隔数据）

输出：

```
9,18,7,16,5,14,13,17,1,3
```

【例 4-4】 产生 10 个 100 ~ 300 的随机整数，输出这 10 个数，逆置存放后再次输出。

分析： 逆置存放是改变元素在内存中的存放顺序，即把第 1 个数和最后 1 个数交换位置，再把第 2 个数和倒数第 2 个数交换位置，依次类推，直到位于中间位置的数交换位置后结束。程序如下。

```
#include <stdio.h>
#include <stdlib.h>
#include <time.h>
#define N 10
int main()
{   int x[N],i,t;
    srand(time(NULL));                            //随机数种子
    for(i = 0;i < N;i ++)
        x[i] = 100 + rand()%201;                  //产生随机数
```

```
    for(i=0;i<N;i++)
        printf("%5d",x[i]);              //输出原序内容
    printf("\n");
    for(i=0;i<N/2;i++)                   //逆置
    {   t=x[i];
        x[i]=x[N-1-i];
        x[N-1-i]=t;
    }
    for(i=0;i<N;i++)
        printf("%5d",x[i]);              //输出逆置后的内容
    printf("\n");
    return 0;
}
```

4.2.5 一维数组应用举例

1. 最值算法

【例4-5】 求一组数中的最大数及其所在位置。数据为3,5,13,1,8,6,15,9,2,10。

分析： 求一组数中的最大数或最小数，算法第3章已介绍。利用数组，此算法代码更加简洁。算法描述如下。

1）把数组中的第1个元素（即a[0]）赋给变量max，并将其下标（即0）赋给变量w。

2）将a[1]~a[9]的每一个元素依次与max比较，若某个a[i]>max，则将a[i]的值赋给max，并将其下标i赋给w。

3）比较结束，max中的数即为最大数，w中的数即是最大数的下标。

程序如下。

```
#include <stdio.h>
int main()
{   int i,a[10]={3,5,13,1,8,6,15,9,2,10},max,w;
    for(i=0;i<10;i++)
        printf("%4d",a[i]);                        //输出数据
    max=a[0]; w=0;                                 //第一个数赋值给max
    for(i=1;i<10;i++)        //从第2个数开始,a[i]与max比较,满足条件就更新max、w
        if(a[i]>max)
        {     max=a[i]; w=i; }
    printf("\nmax=%d, w=%d\n",max,w+1);            //输出max及max所在位置w
    return 0;
}
```

运行程序，输出：

```
3   5   13   1   8   6   15   9   2   10
max=15,  w=7
```

2. 找某值的顺序查找算法

【例4-6】 在一组数中查找值为x的数据，若找到，则输出其所在的位置，若没有找到，则输出“no”。x从键盘输入，一组数据为3,5,13,1,8,6,15,9,2,10。

分析： 顺序查找就是对数组进行遍历，按数组元素的下标次序，将元素逐个与x比较，判断其是否为要找的数。在比较过程中，一旦找到了，则立即终止查找过程；当与最后一个元素比较仍不相等时，表明查找失败。

方法1 程序如下。

```
#include  <stdio.h>
#define N 10
int main()
{     int i,a[N] = {3,5,13,1,8,6,15,9,2,10},x;
      scanf("%d",&x);                          //输入欲找的数据
      for(i=0;i<N;i++)                         //遍历数组
          if(a[i]==x)                          //如果找到则退出循环
              break;
      if(i>=N)                                 //循环结束后根据 i 的取值范围确定查找结果
          printf("no\n");
      else
          printf("%d\n",i+1);
      return 0;
}
```

方法 2　程序如下。

```
#include  <stdio.h>
#define N 10
int main()
{     int i,a[N] = {3,5,13,1,8,6,15,9,2,10},x;
      scanf("%d",&x);                             //输入欲找的数据 x
      for(i=0;i<N;i++)                            //遍历数组
          if(a[i]==x)                             //如果找到则直接输出并结束程序
          {       printf("%d\n",i+1); return 0; }
      printf("no\n");                             //循环结束,查找失败
      return 0;                                   //程序结束
}
```

提示：

1）读者可仔细体会方法 1 和方法 2 的不同处，方法 2 在后面函数章节中使用较多。

2）顺序查找法的平均比较次数是 N/2 次，当 N 值较大时，算法的效率不高。

3. 找某值的二分法查找算法

【例 4-7】 在一组顺序排列的数中找值为 x 的数，找到则输出其所在的位置，否则输出“no”。x 从键盘输入，一组数据为 1,2,3,5,6,8,9,11,13,15。

分析：因这一组数据按升序已经排序，故可采用二分查找法（又称折半查找法）。

算法描述：查找过程都是从 start 开始到 end 结束的下标范围内进行，其中定义如下。

```
int a[N] = {1,2,3,5,6,8,9,11,13,15},start=0,end=N-1;
```

1）当 start <= end 时，计算中间元素下标 mid = (start + end)/2，转步骤 2；否则，说明查找失败，输出“no”，转步骤 4 结束。

2）判断 a[mid] == x 是否成立，若成立，说明找到了，输出 mid + 1（位置值），转步骤 4 结束；否则转步骤 3。

3）判断 a[mid] > x 吗？若成立，说明查找范围应该在前一半中，从而更新 end 的值为 mid - 1，转步骤 1 继续。否则说明查找范围应该在后一半中，更新 start 的值为 mid + 1，转步骤 1 继续。

4）程序结束。

由此可看出，二分查找法每次可以去掉一半数据，适合于 N 较大时的查找，但数据事先要按升序或降序排好序。程序如下。

```c
#include <stdio.h>
#define N 10
int main()
{   int start,end,mid,a[N] = {1,2,3,5,6,8,9,11,13,15},x;
    scanf("%d",&x);                       //输入欲查找的数据
    start = 0;end = N - 1;
    while(start <= end)
    {   mid = (start + end)/2;
        if(a[mid] == x)
        {   printf("%d\n",mid + 1);      //查找成功,输出位置,程序结束
            return;
        }
        else
            if(a[mid] > x)
                end = mid - 1;            //查找范围为更改为前一半数据
            else
                start = mid + 1;          //查找范围更改为后一半数据
    }
    printf("no\n");                       //查找失败
    return 0;
}
```

提示：二分查找法的优点是比较次数少，查找速度快，平均性能好；缺点是要求待查数据事先有序。

4. 选择排序算法

对一组数据进行排序，算法很多，常用“选择法”和“冒泡法”，两种算法各有优缺点。

【例 4-8】用选择法对一组整数进行升序排序（从小到大）。一组数据：3,5,13,1,8,6,15,9,2,11。

分析：假设一组整数（N 个）放在 a 数组的 a[0] ~ a[N - 1]中，算法描述如下。

1）第 1 趟：在 N 个元素（a[0] ~ a[N - 1]）中，找出最小值元素及其下标，将最小值元素与第 1 个元素进行交换，即 a[0]与最小值元素交换。

2）第 2 趟：第 1 个元素（即 a[0]）不再参加排序。从 a[1] ~ a[N - 1]中找出最小值元素及其下标，将最小值元素与第 2 个元素进行交换，即 a[1]与最小值元素交换。

3）依此类推，经过 N - 1 趟排序，N 个数即按升序排列。

程序如下。

```c
#include <stdio.h>
#define N 10                                  //定义符号常量N,设N为10
int main()
{   int i,j,min,w,t,a[N] = {3,5,13,1,8,6,15,9,2,11};
    for(i = 0;i < N - 1;i ++)                 //变量 i 控制循环的趟数
    {   min = a[i]; w = i;                    //找每一趟中的最大数及位置
        for(j = i + 1;j < N;j ++)             //变量 j 控制每一趟中比较的次数
            if(a[j] < min) { min = a[j]; w = j; }
        if(w != i) { t = a[i]; a[i] = a[w]; a[w] = t; } //交换 a[i] 和 a[w]
    }
    printf("排序后的数列:\n");
    for(i = 0;i < N;i ++)                     //输出排序后的数列
        printf("%5d",a[i]);
    printf("\n");
    return 0;
}
```

运行程序，输出：

```
排序后的数列:
1    2    3    5    6    8    9    11    13    15
```

5. 冒泡排序算法

【例 4-9】用冒泡法对 6 个数据按升序排序。数据：6,9,2,5,3,1。

分析：假设一组整数（N 个）放在 a 数组的 a[0] ~ a[N-1] 中，“冒泡排序法”算法描述如下。

1）第 1 趟：N 个数据（a[0] ~ a[N-1]），从前往后每两个相邻的数进行比较，即 a[0]与 a[1]、a[1]与 a[2]、a[2]与 a[3]、……、a[N-2]与 a[N-1]进行比较，如果前面的数大，后面的数小，则交换这两个数。经过这样一趟比较、交换，最大数被放到了数列的最后（a[N-1]中）。第 1 趟排序后的数列：6,2,5,3,1,9。

2）第 2 趟：最大数 a[N-1]不参加排序，剩余 N-1 个数据（a[0] ~ a[N-2]）参加排序，方法同上。第 2 趟排序后的数列：2,5,3,1,6,9。

3）依此类推，经过 N-1 趟排序，N 个数即按升序排列。排序过程如图 4-2 所示。

第1趟	第2趟	第3趟	第4趟	第5趟	
6	6	2	2	2	1
9	2	5	3	1	2
2	5	3	1	3	3
5	3	1	5	5	5
3	1	6	6	6	6
1	9	9	9	9	9

图 4-2　冒泡排序算法排序过程图示

“冒泡排序算法”的程序如下。

```
#include <stdio.h>
#define N 6
int main()
{   int a[N] = {9,6,2,5,3,1},i,j,t;
    for(i=1;i<=N-1;i++)                    //6 个数排序,共需比较 5 趟
        for(j=0;j<=N-1-i;j++)              //j 控制每趟中需参与比较的元素的下标范围
            if(a[j]>a[j+1])
                { t=a[j];a[j]=a[j+1];a[j+1]=t; }   //交换 a[j] 和 a[j+1]
    for(i=0;i<N;i++)
        printf("%4d",a[i]);
    printf("\n");
    return 0;
}
```

6. 数列求解

【例 4-10】利用数组求 Fibonacci 数列的前 20 项并按每行 5 个数输出。Fibonacci 数列：1，1，2，3，5，8，13，21，34，55，…。

分析：Fibonacci 数列的第 1 项、第 2 项均为 1，从第 3 项开始，每一项的值总是其前两项值之和，因有多项数据，故需要用一维数组存放。若数组的下标从 0 开始，则有：f[0] = f[1] =1，f[i] =f[i-2] +f[i-1](i>=2)。由于要计算到第 20 项，数值可能较大，故将存放 Fibonacci 数列的数组定义为 long 类型。

程序如下。

```
#include <stdio.h>
void main()
{   int i;
    long f[20] = {1,1};
    for(i=2;i<20;i++)                      //从第 3 项开始计算
        f[i]=f[i-2]+f[i-1];
```

```
    for(i=0;i<20;i++)
    {   if (i%5==0)
            printf("\n");                  //控制换行,每行输出5个数据
        printf("%12ld",f[i]);             //长整型数据也可按%d 格式输出
    }
    printf("\n");
}
```

运行程序，输出：

```
        1           1           2           3           5
        8          13          21          34          55
       89         144         233         377         610
      987        1597        2584        4181        6765
```

7. 插入/删除数据

【例 4-11】 在一个数列的指定位置之后插入一个数据。已知数列：1,4,3,9,5,8,7,2,6,10，插入的位置由键盘输入。

分析：

1）在一个数列的指定位置之后插入一个数据，需要从指定位置之后开始将所有数据顺次后移一个位置，把插入位置空下来，然后将要插入的数据放入其中即可。

2）数据后移时，有多种方法。最简单的方法是从最后一个数据处开始后移，直到指定位置后，即将 b[i]→b[i+1]（注意：数列在数组中的下标从 0 开始）。

3）声明数组时，数组的长度需在数列原长度的基础上加 1，为插入的数据预留空间。

程序如下。

```
#include <stdio.h>
#define N 10
int main()
{   int i,b[N+1]={1,4,13,9,5,8,7,2,6,10},n,x;
    printf("the source order is:\n");
    for(i=0;i<N;i++)
        printf("%4d",b[i]);                         //输出插入前的数列
    printf("\n Please input insert position,data:");   //提示信息
    scanf("%d,%d",&n,&x);                          //输入插入位置及数据
    for(i=N-1;i>=n;i--)
        b[i+1]=b[i];                               //后移数据
    b[n]=x;                                        //插入数据
    printf("the result is:\n");
    for(i=0;i<N+1;i++)                             //输出插入后的数列
        printf("%5d",b[i]);
    return 0;
}
```

运行程序，显示：

```
the source order is:
1    4    13    9    5    8    7    2    6    10
Please input insert position,data:
```

输入：3,222 ↙

输出：

```
the result is:
1    4    13    222    9    5    8    7    2    6    10
```

提示：删除数据与插入数据相反，它只是需要从指定位置开始之后的所有数据顺次前移一个位置，且数据个数减 1。

8. 进制转换——十进制转二进制

【例 4-12】 输入一个十进制正整数 n（int 类型），转换为一个二进制数。

分析：

1）一个 int 类型的正整数，其二进制数最多有 32 位，故需要用一个能存放 32 个整数的一维数组来存放结果。

2）将十进制整数转换为二进制数，采用除 2 取余法，直到商为 0 为止。每次取得的余数放在一维数组中，最先得到的余数为最低位，最后得到的余数为最高位。

3）把数组中的结果转置或者逆序输出。

程序如下。

```
#include <stdio.h>
#define N 32      //定义 N 为 32 是因为一个整数占用 4 字节(32 位二进制数)
int main()
{   int i=0,b[N]={0},n,j;
    scanf("%d",&n);
    do                                    //十进制转换为二进制
    {   b[i++]=n%2;
        n=n/2;
    }while(n!=0);
    for(j=i-1;j>=0;j--)                   //逆序输出
        printf("%d",b[j]);
    printf("\n");
    return 0;
}
```

思考：想一想，这个进制转换算法中的循环为什么用 do-while，可不可以换成 while 循环或 for 循环？请输入 0 试一试，答案即可明了。

4.3 二维数组及其应用

二维数组能够体现矩阵中数据之间的关系，简化以行和列方式组织的一组数据的处理过程。

4.3.1 二维数组的定义

有两个下标的数组称为二维数组。定义二维数组的一般形式：

```
类型说明符    数组名[常量表达式 1][常量表达式 2],…;
```

例如：

```
int a[3][4];                  //a 为 3 行 4 列的整型数组
float b[6][6];                //b 为 6 行 6 列的实型数组
```

说明：

1）与一维数组相同的是，所有数据元素的类型相同，且由数组类型说明符确定。

2）与定义一维数组相比，二维数组增加了一个[常量表达式 2]。通常，将“常量表达式 1”称为行下标，表示二维数组的行数；将“常量表达式 2”称为列下标，表示二维数组的列数。二维数组的数组元素个数 = 常量表达式 1 的值 × 常量表达式 2 的值。

3）C 语言中每一维的下标都从 0 开始。

上面定义的数组 a，有 3 行 4 列，共 12 个元素，这些元素按行列形式排成的数组及元素之间的关系，如图 4-3 中的表格部分所示。

	第 0 列	第 1 列	第 2 列	第 3 列	
a — a[0] —	a[0][0]	a[0][1]	a[0][2]	a[0][3]	第 0 行
a[1] —	a[1][0]	a[1][1]	a[1][2]	a[1][3]	第 1 行
a[2] —	a[2][0]	a[2][1]	a[2][2]	a[2][3]	第 2 行

图 4-3　二维数组及元素之间的关系

说明：

1）在 C 语言中，可以把一个二维数组看作特殊的一维数组。例如，在图 4-3 中，可以把 a 数组看作由 3 个元素 a[0]、a[1]、a[2]组成的一个一维数组，而 a[0]、a[1]、a[2]又分别包含了各自的 4 个元素，即可将 a[0]、a[1]、a[2]分别看作为包含 4 个元素的一维数组。其间的关系如图 4-4 所示。

2）二维数组在内存中也占用一片连续的存储区域。C 语言中二维数组元素的存放顺序是按行存放的，即在内存中先顺序存放第一行元素，再接着存放第二行元素。二维数组在内存中的存放顺序，如图 4-4 所示。

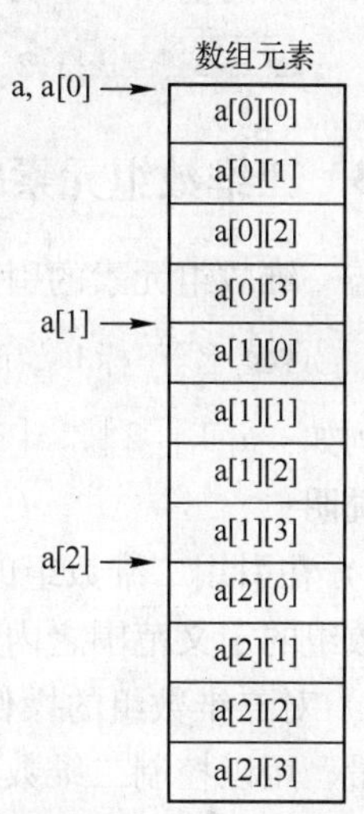

图 4-4　数组 a[3][4]的存放顺序

4.3.2　二维数组的初始化

二维数组有行和列的区分，可使用以下方法对二维数组进行初始化。

（1）按行对二维数组元素进行初始化

例如：

```
int a[2][3] = {{1,2,3},{4,5,6}};
```

则 a 数组：$\begin{pmatrix} 1 & 2 & 3 \\ 4 & 5 & 6 \end{pmatrix}$

（2）按元素排列顺序对各数组元素赋初值

例如：

```
int b[3][4] = {1,2,3,4,5,6,7,8,9,10};
```

则 b 数组：$\begin{pmatrix} 1 & 2 & 3 & 4 \\ 5 & 6 & 7 & 8 \\ 9 & 10 & 0 & 0 \end{pmatrix}$

（3）只对部分元素赋初值

若只对部分元素赋初值，未赋初值的元素为 0。例如：

```
int c[3][4] = {{3,5},{8},{7,0,2}};
```

则 c 数组：$\begin{pmatrix} 3 & 5 & 0 & 0 \\ 8 & 0 & 0 & 0 \\ 7 & 0 & 2 & 0 \end{pmatrix}$

提示：若对所有元素赋了初值，即完全初始化，则数组定义时可不指定第一维的大小，但必须指定第二维的大小。例如：

```
int d[][3] = {1,2,3,4,5,6},e[][3] = {1,2,3,4,5};
```

则 d 数组：$\begin{pmatrix}1 & 2 & 3\\4 & 5 & 6\end{pmatrix}$，e 数组：$\begin{pmatrix}1 & 2 & 3\\4 & 5 & 0\end{pmatrix}$

在定义二维数组时，若省略第一维的大小，此时系统会根据初值的个数及第二维的大小确定第一维的值，即一行一行地存放，但第二维的大小不可省略。例如：

```
int d[2][] = {1,2,3,4,5,6}; 或 int d[][] = {1,2,3,4,5,6};  //都是错误的
```

4.3.3 二维数组元素的引用

与一维数组元素的引用相类似，二维数组元素的引用形式：

```
数组名[下标1][下标2]
```

例如：a[1][2]，a[i+1][2]等。

说明：

1）在引用二维数组的元素时，下标 1、下标 2 可以是整型常量或整型表达式，其值都应在数组的定义范围之内。

2）对二维数组的操作采用双重循环来实现。一般把数组的“下标 1”作为外循环的循环变量，用以控制二维数组的行数，把“下标 2”作为内循环的循环变量，用以控制二维数组的列数。例如：

```
int a[3][4] = {{1,2,3,0},{4,5,6},{7,8,9,10}},i,j;
for(i=0;i<=2;i++)                   //输出 3 行 4 列的整型数组 a
{    for(j=0;j<=3;j++)
         printf("%5d",a[i][j]);
     printf("\n");
}
```

4.3.4 二维数组应用举例

1. 矩阵的转置

【例 4-13】将一个 2 行 3 列的矩阵转换为另一个 3 行 2 列的矩阵。

分析：此题目在数学上是求一个矩阵的转置矩阵，即将第 i 行变为第 i 列。转换的表达式：b[j][i]=a[i][j]。

程序如下。

```
#include <stdio.h>
int main()
{    int a[2][3] = {{1,2,3},{4,5,6}},b[3][2],i,j;
     printf("array a:\n");
     for(i=0;i<=1;i++)                    //输出 a 矩阵
     {    for(j=0;j<=2;j++)
              printf("%4d",a[i][j]);
          printf("\n");
     }
     for(i=0;i<=1;i++)                    //求转置矩阵
          for(j=0;j<=2;j++)
```

```
            b[j][i] = a[i][j];                       //行列交换
        printf("array b:\n");
        for(i=0;i<=2;i++)                            //输出 b 矩阵
        {   for(j=0;j<=1;j++)
                printf("%4d",b[i][j]);
            printf("\n");
        }
        return 0;
    }
```

运行程序，输出：

```
array  a:
1  2  3
4  5  6
array  b:
1  4
2  5
3  6
```

2. 二维数组的最值求解

【例 4-14】 在一个 3×4 的数组中，编程求解最小值及所在的位置（行号和列号）。

分析：

1）求二维数组中最小元素值及其所在行号和列号，算法基本同一维数组的算法。

2）将数组中的第 1 个元素先赋给变量 min，并让变量 row 和 col 记录起始行号、列号，然后用数组的每个元素和 min 进行比较，将值小的元素赋给 min，并由 row 和 col 记录对应的行号与列号，一直比较到最后一个元素。min 中的数值即为最小值元素，row 和 col 中的数值即为最小值元素所在的行号、列号。

程序如下。

```
#include <stdio.h>
int main()
{   int a[3][4]={{2,-2,30,0},{10,5,-8,-64},{1,2,54,-33}};
    int i,j,row,col,min;
    for(i=0;i<3;i++)                          //输出数组
    {   for(j=0;j<4;j++)
            printf("%4d",a[i][j]);
        printf("\n");
    }
    min=a[0][0];row=0; col=0;                 //求最小数及位置
    for(i=0;i<3;i++)
        for(j=0;j<4;j++)
            if(min>a[i][j]) { min=a[i][j]; row=i; col=j;}
    printf("min=%d,row=%d,col=%d\n",min,row+1,col+1);
    return 0;
}
```

3. 二维数组行、列求和

【例 4-15】 设有如下数据，请编程计算各行、各列之和及总和，并按右边样式输出。

数据如下：

4	6	1	8
3	7	2	6
8	5	4	9

输出样式：

4	6	1	8	19
3	7	2	6	18
8	5	4	9	26
15	18	7	23	63

分析：

1）对于行列形式的数据，用二维数组存储和处理很方便。由于要存放各行、各列的和，故应将数组定义得大一些，可将数组定义为 a[4][5]。其中，第 5 列用于存放每行的和，第 4 行用于存放每列的和。

2）按行求和。由于有 3 行，故可用循环结构实现，循环变量 i 的变化范围为 0 ~ 2。由于每行有 4 个元素，每行的和可用循环累加的方法（注意，每行累加时，应该从 0 开始），最后将和放到每行的第 5 列。

3）按列求和。按列求和与按行求和方法类似，不同的是，外循环是列的变化，内循环是行的变化。最后，按行、列形式输出。

程序如下。

```
#include <stdio.h>
int main()
{   int a[4][5] = {{4,6,1,8},{3,7,2,6},{8,5,4,9}},i,j;
    for(i=0;i<=2;i++)                       //按行求和
    {   for(j=0;j<=3;j++)
            a[i][4] += a[i][j];
    }
    for(j=0;j<=4;j++)                       //按列(第1~5列)求和(包括总和)
    {   for(i=0;i<=2;i++)
            a[3][j] += a[i][j];
    }
    for(i=0;i<=3;i++)
    {   for(j=0;j<=4;j++)
            printf("%4d",a[i][j]);
        printf("\n");
    }
    return 0;
}
```

运行程序，输出：

```
4   6   1  8   19
3   7   2  6   18
8   5   4  9   26
15  18  7  23  63
```

4. 对二维数组的某一列数据进行排序

【例 4-16】 设有 5 行 4 列数据，计算每行的和，并将和放入每行的第 5 列，然后对第 5 列数据按降序排序，最后按矩阵格式输出整个数据。

分析：

1）按行求和算法已讲，故数组定义为 a[5][5]（第 5 列用于存放每行的和）。

2）二维数组按列排序与一维数组排序算法相同。设有 5 个数据需要排序，则

在一维数组中的表示为 a[0]、a[1]、a[2]、a[3]、a[4]

在二维数组中的表示为 a[0][4]、a[1][4]、a[2][4]、a[3][4]、a[4][4]

分析两个数组中的元素，不难发现，一维数组中的元素若用 a[i]表示，则二维数组中第 5 列的对应元素就用 a[i][4]表示。按一维数组写出 5 个数据的排序程序，然后将 a[i]换成 a[i][4]、a[j]换成 a[j][4]即可。

3）排序算法中需要移动数据，与一维数组不同的是，二维数组的排序中不能只交换第

5列数据，而应交换这一行的所有列的数据。即在排序交换a[j][4]和a[j+1][4]时，应将两行的各列数据全部交换。

程序如下。

```
#include <stdio.h>
int main()
{   int a[5][5]={{1,1,1,1,0},{2,2,2,2,0 },{3,3,3,3,0},
                 {4,4,4,4,0},{5,5,5,5,0}},i,j,t,k;
    for(i=0;i<5;i++)                          //按行求和
        for(j=0;j<4;j++)
            a[i][4]+=a[i][j];
    for(i=1;i<5;i++)                          //5个数据,排序4趟
        for(j=0;j<5-i;j++)
            if(a[j][4]<a[j+1][4])
                for(k=0;k<=4;k++)             //交换第j行和第j+1行第0~4列数据
                {   t=a[j][k];
                    a[j][k]=a[j+1][k];
                    a[j+1][k]=t;
                }
    for(i=0;i<=4;i++)
    {   for(j=0;j<=4;j++)
            printf("%4d",a[i][j]);
        printf("\n");
    }
    return 0;
}
```

运行程序，输出：

```
5    5    5    5    20
4    4    4    4    16
3    3    3    3    12
2    2    2    2    8
1    1    1    1    4
```

5. 数阵求解

【例4-17】 编程，用循环结构生成如图4-5所示数阵，然后将其输出。

分析：此种格式的输出算法可以参见第3章【例3-22】介绍的算法，本例题用另一种方式完成。观察数阵，可知共6行，每行最多有2×6-1个元素。因此可定义一个二维数组，数组中的元素内容如图4-6所示。首先让二维数组的所有元素均为零，然后按自然数由小到大的顺序向里填值。第一行的数值在列的中间位置，以后每一行的起始数值均从这个位置向前移一个。输出这个二维数组时，遇零则不输出。

程序如下。

```
#include <stdio.h>
#define N 6
#define M (2*N-1)
int main()
{   int i,j,b[N][M]={0},n=1,w;
    for(i=0;i<N;i++)
    {   w=M/2-i;                    //计算每一行第1个数值的列下标位置
        for(j=0;j<=i;j++)
        {   b[i][w]=n;
            n++; w=w+2;
        }
```

```
    }
    for(i = 0;i < N;i ++ )
    {    for(j = 0;j < M;j ++ )
         {    if(b[i][j] != 0)
                   printf( "%2d" ,b[i][j]);
              else
                   printf("   ");
         }
         printf("\n");
    }
    return 0;
}
```

```
          1
        2   3
      4   5   6
    7   8   9   10
  11  12  13  14  15
16  17  18  19  20  21
```

图 4-5　例题【4-17】数阵

	0	1	2	3	4	5	6	7	8	9	10
0	0	0	0	0	0	**1**	0	0	0	0	0
1	0	0	0	0	**2**	0	**3**	0	0	0	0
2	0	0	0	**4**	0	**5**	0	**6**	0	0	0
3	0	0	**7**	0	**8**	0	**9**	0	**10**	0	0
4	0	**11**	0	**12**	0	**13**	0	**14**	0	**15**	0
5	**16**	0	**17**	0	**18**	0	**19**	0	**20**	0	**21**

图 4-6　二维数组存储数阵后的元素内容

6. 杨辉三角形

【例 4-18】 输出如图 4-7 所示的杨辉三角形（要求输出前 10 行）。

分析： 仔细观察图 4-7 所示的杨辉三角形，其特点是对角线上元素及第 1 列元素都为 1，其余元素为其正上方元素及左上方元素之和。

```
1
1   1
1   2   1
1   3   3   1
1   4   6   4   1
1   5   10  10  5   1
…   …   …   …   …
```

图 4-7　杨辉三角形

程序如下。

```
#include <stdio.h>
#define N 10
int main()
{    int y[N][N],m,n;
     for(m = 0;m < 10;m ++ )
     {    y[m][0] = 1;
          y[m][m] = 1;
          for(n = 1;n <= m - 1;n ++ )
               y[m][n] = y[m - 1][n - 1] + y[m - 1][n];
     }
     for(m = 0;m < 10;m ++ )
     {    for(n = 0;n <= m;n ++ )
               printf( "%4d" ,y[m][n]);
          printf("\n");
     }
     return 0;
}
```

4.4　字符数组

字符数组的特殊性在于可用来存储字符串。一维字符数组可以存储一个字符串，二维字符数组可以存储多个字符串。

4.4.1 字符串与字符数组

字符串即字符串常量，指用双引号括起来的一个字符序列，如："abc"。在内存中，按顺序存放，一个字符占 1 字节，最后放一个字符串结束标记'\0'。'\0'代表 ASCII 码为 0 的字符，是一个不可显示的字符。

字符数组是数据类型为 char 的数组，用于存放一组字符型数据，一个数组元素存放一个字符，一个一维字符数组可以存放多个字符或一个字符串，一个二维字符数组可以存放多个字符串。

如果在字符数组中存放字符串，在程序中往往依靠检测'\0'的位置来判定字符串是否结束，而不是根据数组的长度来决定字符串的长度。

在 C 语言中，借助字符数组或借用字符型指针变量实现对字符串的处理。

4.4.2 一维字符数组的定义与初始化

1. 一维字符数组的定义

字符数组的定义方法与数值型数组类似，其一般形式：

```
char 数组名[常量表达式];
```

例如：

```
char st[6];    //定义字符数组 st 有 6 个元素,数组的 6 个元素分别为:st[0] ~ st[5]
```

说明：

1）字符数组中的一个元素只能存放一个字符，如字符数组 st 只能存放 6 个字符。

2）元素的下标从 0 开始。

2. 一维字符数组的初始化

同普通一维数组一样，一维字符数组也可以进行初始化。

1）用字符常量进行完全初始化：用字符常量对字符数组的全部元素初始化，此时可以省略一维的大小。例如：

```
char str1[3] = {'Y','e','s'}; 或: char str1[] = {'Y','e','s'};
```

字符数组 str1 中有 3 个元素，初始化后各元素的值，如图 4-8 所示。注意：str1 中无字符串结束标志。

2）用字符常量对字符数组的部分元素初始化：若只对字符数组中的部分元素初始化，未初始化元素的初值为空字符，即'\0'。例如：

```
char str2[6] = {'O','K'};
```

字符数组 str2 中有 6 个元素，初始化后各元素的值如图 4-9 所示。

	str1[0]	str1[1]	str1[2]
str1	Y	e	s

图 4-8　字符数组完全初始化

	str2[0]	str2[1]	str2[2]	str2[3]	str2[4]	str2[5]
str2	O	K	\0	\0	\0	\0

图 4-9　字符数组部分元素初始化

3）用字符串常量初始化：用字符串常量可以对字符数组进行完全初始化，也可只对部分元素初始化。例如：

```
char str3[ ] = {"Yes"}; 或 char str3[ ] = "Yes";
char str4[6] = {"Yes"}; 或 char str4[6] = "Yes";
```

字符数组 str3 中有 4 个元素，str4 中有 6 个元素。初始化后的结果，如图 4-10 所示。

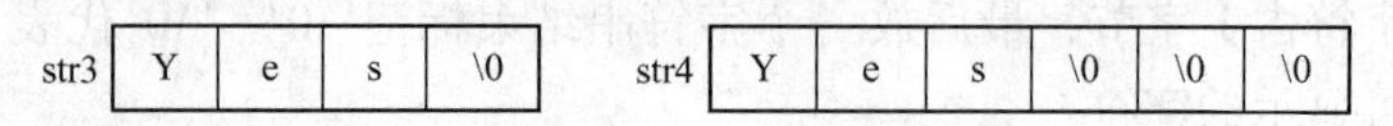

图 4-10　用字符串常量初始化后的数组元素值

其中，str3、str4 分别等价于：

```
char str3[ ] = {'Y','e','s','\0'}; 或 char str3[4] = {'Y','e','s','\0'};
char str4[6] = {'Y','e','s','\0','\0','\0'};
```

说明：

1）用字符串常量初始化字符数组时，字符数组的长度至少要比字符串的最大长度多 1，因为，在字符串的后面还要存放字符串结束标志'\0'。

2）由于 C 语言没有数组越界检测，当字符串的长度超过了数组定义时的大小，字符串将占用数组以外的内存空间，如果占用的是操作系统或其他应用程序的空间，那么后果可能将很严重。因此，在数组的应用中，数组引用不要越界。

3）建议用字符串常量初始化字符数组，这样既方便、快捷，又便于编程时对字符串的处理，但要把字符数组定义得足够大。

4.4.3　二维字符数组的定义与初始化

1. 二维字符数组的定义

一个一维字符数组可以存放一个字符串，当有多个字符串需要存放时，可用二维字符数组。通常，一行存放一个字符串。二维字符数组的定义方法基本同一维字符数组。例如：

```
char s1[3][6],s2[10][50];
```

说明：

1）定义了一个有 3 行 6 列的二维字符数组 s1 和 10 行 50 列的二维字符数组 s2。

2）二维字符数组行、列的下标都从 0 开始。

2. 二维字符数组的初始化

二维字符数组的初始化方法如下。

```
char s1[3][6] = {{'R','e','d'},{'G','r','e','e','n'},{'B','l','u','e'}};
char s1[3][6] = {"Red","Green","Blue"};
char s1[ ][6] = {"Red","Green","Blue"};
```

二维字符数组 s1 的 3 种初始化方法等价，初始化后的结果，如图 4-11 所示。

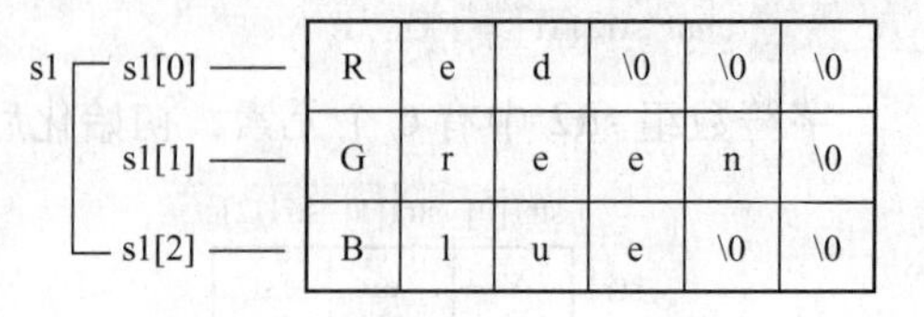

图 4-11　二维字符数组及初始化

4.4.4　字符串输入/输出函数

字符数组的特殊性在于可以用于存储字符串，而实际应用中多为字符串的使用。字符串的输入与输出可用下述几种方法实现。

1. 用 printf( ) 函数输出字符串

(1) %c 格式的用法

用“%c”格式一次可以输出一个字符，结合循环结构，可输出一串字符。用法见下例。

【例 4-19】用“%c”格式输出一串字符。程序如下。

```
#include <stdio.h>
int main()
{   char s1[10] = "China";
    int i;
    for(i=0;s1[i] !='\0';i++)          //循环条件也可用 s1[i] 表示(非 0 为真)
        printf("%c",s1[i]);
    return 0;
}
```

(2) %s 格式的用法

用“%s”格式可以一次性输出一个字符串，其语句形式为

```
printf("%s",数组名或地址表达式);
```

说明：

1）“%s”对应的输出项可以是字符数组名或字符数组元素的地址。

2）从地址表达式指定的地址开始输出字符串，直到遇到第一个'\0'为止。注意，不输出这个字符串结束标志'\0'。

【例 4-20】用“%s”格式输出一个字符串。程序如下。

```
#include <stdio.h>
void main()
{   char s2[10] = "China\0Ok";           //s2 初始化后的内容,如图 4-12 所示
    printf("%s\t",s2);                   //s2 是数组名
    printf("%s",&s2[3]);                 //&s2[3]是数组元素的地址
}
```

	s2[0]	s2[1]	s2[2]	s2[3]	s2[4]	s2[5]	s2[6]	s2[7]	s2[8]	s2[9]
s2	C	h	i	n	a	\0	O	k	\0	\0

图 4-12 【例 4-20】字符数组初始化后的内容

运行程序，输出：

```
China na
```

2. 用 scanf( ) 函数输入字符串

(1) %c 格式的用法

用“%c”格式一次可以输入一个字符，结合循环结构，可输入多个字符或一串字符。用法见下例。

【例 4-21】用“%c”格式输入一串字符，遇回车键结束输入。程序如下。

```
#include <stdio.h>
void main()
{   char s2[20];  int i;
    for(i=0;i<=9;i++)
    {   scanf("%c",&s2[i]);
        if(s2[i]=='\n') break;
    }
```

```
    s2[i] ='\0';                //此时必须手工方式在其末尾放入'\0'
    printf("%s\n",s2);          //输出字符数组 s2,遇'\0'结束
}
```

运行程序，输入：qwer 123↙

输出：

```
qwer 123
```

思考：程序中语句“s2[i] ='\0';”的作用是什么？若去掉，程序的输出结果会如何？

(2) %s 格式的用法

用“%s”格式可以一次输入一个字符串，其语句形式：

```
scanf("%s",数组名或地址表达式);
```

说明：

1）用“%s”格式输入的字符串遇空格或回车键结束输入。因此，不能用“%s”格式输入含有空格的字符串。

2）“%s”格式对应的输入项可以是字符数组名或字符数组元素的地址。

【例 4-22】 用“%s”格式输入一个字符串，然后将其输出。程序如下。

```
#include <stdio.h>
int main()
{   char s3[20];
    scanf("%s",s3);
    printf("%s",s3);
    return 0;
}
```

运行程序，输入：how are you↙

输出：

```
how
```

说明：s3 数组只接受了第一个空格之前的字符，所以，输出的是 how。

【例 4-23】 用“%s”格式输入多个字符串。程序如下。

```
#include <stdio.h>
int main()
{   char s1[5],s2[5],s3[5];
    scanf("%s%s%s",s1,s2,s3);
    printf("%s,%s,%s\n",s1,s2,s3);
    return 0;
}
```

运行程序，输入：how are you↙ （s1、s2 和 s3 的内容如图 4-13 所示）

输出：

```
how,are,you
```

s1	h	o	w	\0	\0
s2	a	r	e	\0	\0
s3	y	o	u	\0	\0

图 4-13 字符数组 s1、s2 和 s3 的内容

3. 用 gets()函数输入字符串

C 语言提供了丰富的字符串处理函数，其中的 gets()函数和 puts()函数专门用于字符串的输入与输出，非常方便。这两个函数也包含在“stdio.h”头文件中。

gets( )函数调用格式如下。

```
gets(字符数组名或地址表达式);
```

说明:

1）该函数功能是接收从键盘输入的字符串，以回车键作为字符串输入的结束标志，输入的字符串从指定的起始地址开始存放。

2）gets( )函数能够输入一个完整的句子，即含有空格的字符串。

3）gets( )的参数要求是地址表达式（存放字符串的起始地址）。

例如，若有声明语句“char str[20];”，则:

```
gets(str[0]);          //错误
gets(&str[0]);         //正确
gets(str);             //正确,也是常用的方式
```

在接收输入的字符串时，存放字符串的字符数组要足够大，否则容易引起数组越界操作，导致程序错误。

【例 4-24】利用 gets( )函数输入一个句子，然后输出。程序如下。

```
#include <stdio.h>
int main()
{   char s4[20];
    gets(s4);
    printf("%s",s4);
    return 0;
}
```

运行程序，输入：how are you↙（s4 的内容如图 4-14 所示）

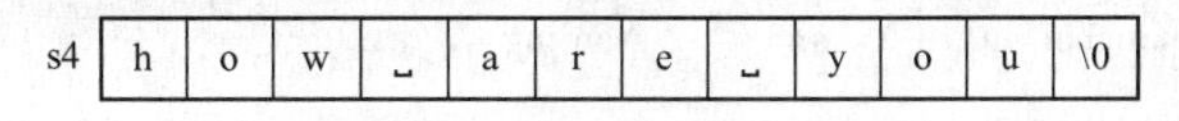

s4	h	o	w	␣	a	r	e	␣	y	o	u	\0

图 4-14　字符数组 s4 的内容

输出:

```
how are you
```

4. 用 puts( )函数输出字符串

用 puts( )函数可以将一个字符串输出到屏幕上。puts( )函数调用格式如下。

```
puts(字符数组名或地址表达式);
```

说明:

1）puts( )在将字符串输出到屏幕时，遇第 1 个字符串结束符'\0'，即结束输出。输出时不包括结束符'\0'，但将'\0'转化为'\n'，即输出第 1 个'\0'之前的所有字符后，再输出一个换行。

2）puts( )的参数要求是地址表达式（输出字符串的起始地址）。

【例 4-25】利用 puts( )函数输出一个字符串。程序如下。

```
#include <stdio.h>
void main()
{   char s5[20] = "China\0Good";
    printf("%s @@@",s5);
    puts(s5); puts(&s5[6]);
}
```

运行程序，输出：

```
China @@@ China
Good
```

5. 多个字符串的输入与输出（二维字符数组的应用）

【例 4-26】 有 4 个城市的名称需要从键盘输入并存放，请编程实现此功能并输出这些城市的名称。

分析：4 个城市的名称需要用二维字符数组来存放，用 gets( ) 函数一次可以输入一个字符串，4 个城市名称的输入显然需要用循环结构实现。程序如下。

```
#include <stdio.h>
int main( )
{    char city[4][10];   int   i;
     for(i=0;i<=3;i++)
          gets(city[i]);
     for(i=0;i<=3;i++)
          printf("%s\t",city[i]);
     return 0;
}
```

运行程序，输入：

```
Beijing ↙
Shanghai ↙
Xi'an ↙
Nanjing ↙
```

输出：

```
Beijing        Shanghai        Xi'an        Nanjing
```

4.4.5 常用字符处理函数

C 语言提供了丰富的字符处理函数，如字符检查、转换等函数。使用这些函数之前，要将包含该函数的头文件包含到源程序的开头。字符函数的头文件是“ctype. h”。

1. 检查字母函数 —— isalpha( )

调用的一般形式如下。

```
isalpha(ch)
```

功能：检查 ch 是否为字母。如果 ch 是为字母，返回 2；如果不是，则返回 0。

说明：

除此之外，还有以下多个函数。

isalnum(ch)—— 检查 ch 是否是字母或数字；

islower(ch) —— 检查 ch 是否是小写字母；

isupper(ch)—— 检查 ch 是否是大写字母；

ispunct(ch) —— 检查 ch 是否是标点符号等。

2. 大写字母转换为小写字母函数 —— tolower( )

调用的一般形式如下。

```
tolower(ch)
```

功能：把 ch 中的字母转换为小写字母。

3. 小写字母转换为大写字母函数 —— toupper( )

调用的一般形式如下。

```
toupper(ch)
```

功能：把 ch 中的字母转换为大写字母。

【例 4-27】从键盘输入一个任意字符，若是字母，输出该字母及对应的大写字母，否则输出“is not”。

```
#include <ctype.h>
#include <stdio.h>
int main()
{   char ch;
    ch = getchar();
    if(isalpha(ch))
        printf("%c %c",ch,toupper(ch));
    else
        printf("%c is not !",ch);
    return 0;
}
```

运行程序，输入：e ↙

输出：

```
e    E
```

4.4.6 常用字符串处理函数

C 语言提供了丰富的字符串处理函数，如字符串的输入、输出、比较、合并、复制、转换等函数，使用起来非常方便。使用这些函数之前，要将包含该函数的头文件包含到源程序的开头。字符串输入输出函数的头文件是“stdio.h”，字符串处理函数的头文件是“string.h”。

1. 字符串比较函数 —— strcmp( )

调用的一般形式如下。

```
strcmp(字符串1,字符串2)
```

功能：比较字符串 1 和字符串 2。比较的规则是将两个字符串从左到右逐个字符比较(按 ASCII 码值)，直到出现不相等的字符或遇到'\0'为止。如果所有字符都相等，则两个字符串相等，如果出现了不相等的字符，则以第一个不相等字符的比较结果为准。

$$\text{返回值}\begin{cases}0 & \text{字符串1}=\text{字符串2}\\ \text{正数} & \text{字符串1}>\text{字符串2}\\ \text{负数} & \text{字符串1}<\text{字符串2}\end{cases}$$

说明：

1）strcmp( )函数中的字符串 1 和字符串 2 可以是地址表达式，也可以是字符串常量。

2）字符串比较是从左向右逐字符比较对应的 ASCII 码值，直到出现不同的字符或遇到'\0'为止。

3）两个字符串的比较不能用关系运算符，只能用 strcmp( )函数。

4）不能用 strcmp( )函数比较其他类型数据。

【例 4-28】输入两个字符串，输出两个字符串的比较结果。程序如下。

```
#include <stdio.h>
#include <string.h>
void main()
{   char str1[20],str2[20];
    int k;
    gets(str1); gets(str2);
    k = strcmp(str1,str2);
    if(k ==0)   printf("%s = %s",str1,str2);
    if(k >0)    printf("%s > %s",str1,str2);
    if(k <0)    printf("%s < %s",str1,str2);
}
```

运行程序，输入：

```
abc ↙
aBcd ↙
```

输出：

```
abc > aBcd
```

2. 字符串复制函数 —— strcpy()、strncpy()

（1） strcpy()调用的一般形式

```
strcpy(字符数组 1,字符串 2)
```

功能：将字符串 2 复制到字符数组 1 中，连同字符串 2 后的结束标志'\0'一起复制。

说明：

1） 字符数组 1 可以是地址表达式（一般为数组名或指针变量）。字符串 2 也可以是地址表达式，还可以是字符串常量。

2） 字符数组 1 必须定义得足够大，以便容纳下被复制的字符串，复制时连同字符串 2 后面的'\0'一起复制，字符数组 1 中的内容被字符串 2 替换。

3） 字符串的复制只能用 strcpy()函数实现，不能用赋值语句将一个字符串常量赋给一个字符数组，也不能将一个字符数组赋给另一个字符数组。

例如，设有语句“char str1[10] = "china",str2[10];”，则以下左边的赋值是错误的，右边的语句是正确的：

```
str2 = str1;     （错误）            strcpy(str2,str1);      （正确）
str2 = "USA"; （错误）              strcpy(str2,"USA"); （正确）
```

（2） strncpy()调用的一般形式

```
strncpy(字符数组 1,字符串 2,长度 n)
```

功能：将字符串 2 中前面的 n 个字符复制到字符数组 1 中。例如：

```
strncpy(str2,"ABCDE",3);   //将字符串"ABCDE"中的前 3 个字符 ABC 复制到 str2 中
```

【例 4-29】字符串复制。

```
#include <stdio.h>
#include <string.h>
int main()
{   char str1[40],str2[] = "china";
    strcpy(str1,str2);
```

```
    puts(str1);
    return 0;
}
```

3. 字符串连接函数 —— strcat( )

调用的一般形式如下。

```
strcat(字符数组1,字符串2)
```

功能：在字符数组1中，把字符串2连接到字符数组1中字符串的后面。

返回值：字符数组1的地址。

说明：

1）字符数组1、字符串2可以是地址表达式，字符串2还可以是字符串常量。

2）字符数组1必须定义得足够大，以便容纳下连接后的字符串。

3）连接时，去掉字符数组1中字符串的结束符'\0'，将字符串2接在其后，在连接后的新串最后保留一个'\0'。连接后，字符串2不变。

【例 4-30】 字符串连接。程序如下。

```
#include <stdio.h>
#include <string.h>
void main()
{   char str1[40] = "china";
    strcat(str1,"beijing");
    puts(str1);
}
```

运行程序，输出：

```
chinabeijing
```

4. 测试字符串长度函数 —— strlen( )

调用的一般形式如下。

```
strlen(字符串)
```

功能：求字符串的实际长度，不包括结束符'\0'。

返回值：字符串中实际字符的个数。

说明：字符串可以是地址表达式（一般为数组名或指针变量），也可以是字符串常量。

【例 4-31】 统计一串字符串中数字字符的个数。

```
#include <stdio.h>
#include <string.h>
int main()
{   char str1[40] = "abc123ef45gh666";
    int num = 0,i,len;
    len = strlen(str1);
    for(i = 0;i < len;i ++)
        if(str1[i] >='0'&& str1[i] <='9') num ++;
    printf("num = %d\n",num);
    return 0;
}
```

5. 字符串大写转换为小写函数 —— strlwr( )

调用的一般形式如下。

```
strlwr(str)
```

其中，str 可以是地址表达式（一般为数组名或指针变量），也可以是字符串常量。

功能：将字符串中的大写字母转换成小写字母。

返回值：str 的值，即字符串的首地址。例如：

```
puts(strlwr("aB3E"));     //输出结果为:ab3e
```

6. 字符串小写转换为大写函数 —— strupr( )

调用的一般形式如下。

```
strupr(str)
```

其中，str 可以是地址表达式（一般为数组名或指针变量），也可以是字符串常量。

功能：将字符串中的小写字母转换成大写字母。

返回值：str 的值，即字符串的首地址。例如：

```
puts(strupr("aB3e"));          //输出结果为:AB3E
```

7. 子串查找函数 —— strstr( )

调用的一般形式如下。

```
strstr(str1,str2)
```

其中，str1 和 str2 可以是地址表达式（一般为数组名或指针变量），也可以是字符串常量。

功能：在 str1 中搜索 str2 第 1 次出现的位置。

返回值：若 str2 是 str1 的子串，则返回 str2 在 str1 中首次出现的地址；如果 str2 不是 str1 的子串，则返回 NULL。例如：

```
if(strstr("aB3e","abc") == NULL)
    printf("no");
else
    printf("yes");
```

运行程序，输出：

```
no
```

4.4.7 字符串应用举例

1. 不使用 strcpy( ) 函数实现字符串的复制

【例 4-32】把一个字符串原样复制到另一个字符串中，要求不能使用 strcpy( ) 函数。

分析：

1）字符串复制就是将一个字符数组中的字符一个一个地赋值到另一个字符数组中。

2）注意字符串最后的'\0'标志。

程序如下。

```
#include <stdio.h>
int main()
{   char s1[81],s2[81];
    int i=0;
    gets(s1);                          //输入一个字符串
```

```
    while(s1[i]!='\0')
    {    s2[i]=s1[i];                //循环将字符数组 s1 中的字符依次赋值给字符数组 s2
         i++;
    }
    s2[i]='\0';                      //给字符数组 s2 的尾部加上串结束标志
    puts(s2);
    return  0;
}
```

2. 不使用 strcat( )函数实现字符串的连接

【例 4-33】 输入两个字符串，将第 2 个字符串连接在第 1 个字符串的后面，合并成一个字符串。要求不能使用 strcat( )函数。

分析：

1）先确定第 1 个字符串的结束位置。

2）用循环赋值的方法将第 2 个字符串中的字符依次连接到字符串的后面。

3）如果将连接后的新字符串仍放在第 1 个字符串数组中，则第 1 个字符串数组就必须定义得足够大（能够存放下两个字符串）。

4）注意字符串最后的 '\0'标志。

程序如下。

```
#include <stdio.h>
#define N 81
void main()
{    char s1[N*2],s2[N];        //第 1 个字符串定义的足够大
     int i=0,k=0;
     gets(s1);                  //输入第 1 个字符串
     gets(s2);                  //输入第 2 个字符串
     while(s1[k]) k++;          //等同于 s1[k]!='\0',确定第 1 个字符串的结束位置 k
     do
     {    s1[k]=s2[i];          //循环将字符数组 s2 中的字符依次连接在字符数组 s1 后面
     i++;k++;
     }while(s2[i-1]);
     puts(s1);
}
```

提示：【例 4-32】和【例 4-33】中，在使用循环将一个字符数组中的字符依次赋值到另一个字符数组中时，分别使用了 while 循环和 do - while 循环，程序稍有不同，想想为什么？

3. 不使用 strcmp( )函数进行字符串大小的比较

【例 4-34】 输入两个字符串，比较两个字符串的大小。要求不使用 strcmp( )函数。

分析：

1）用循环依次比较两个字符串对应的字符，逻辑表达式(s1[i]==s2[i])&& s1[i]为真的前提就是两个字符的 ASCII 码相等且均不为字符串结束符 '\0'。

2）一旦循环结束，或者两个字符串中出现了不相同的字符，根据这两个字符的 ASCII 码的大小即可确定两个字符串的大小；或者两个字符串直到比较结束也没有出现不相同的字符，则两个字符串相等。

程序如下。

```
#include <stdio.h>
#define N 81
```

```
int main( )
{      char s1[N],s2[N];
       int i=0,k=0;
       gets(s1);                  //输入第 1 个字符串
       gets(s2);                  //输入第 2 个字符串
       while((s1[i]==s2[i])&& s1[i]) i++; //对应的两个字符相等且不是串尾则 i 向后移
       if(s1[i]-s2[i]>0)
           printf("%s>%s\n",s1,s2);
       else
           if(s1[i]-s2[i]<0)
               printf("%s<%s\n",s1,s2);
           else
               printf("%s=%s\n",s1,s2);
       return 0;
}
```

4. 进制转换——将二进制转换为十进制

【例 4-35】 输入一个二进制数，转换为对应的十进制整数（unsigned int 类型）。

分析：

1）一个二进制数是由若干个 0 或 1 构成，为了连续输入若干个 0 或 1，需要使用字符串的输入方式。

2）从字符串中逐个取出每一位，转换为对应的数值后参与计算。对于下标为 i 的元素，其计算公式：（下标为 i 的元素值 -'0'）× 2^i。字符串中所有数位的上述计算和即为该二进制对应的十进制数。如图 4-15 所示。

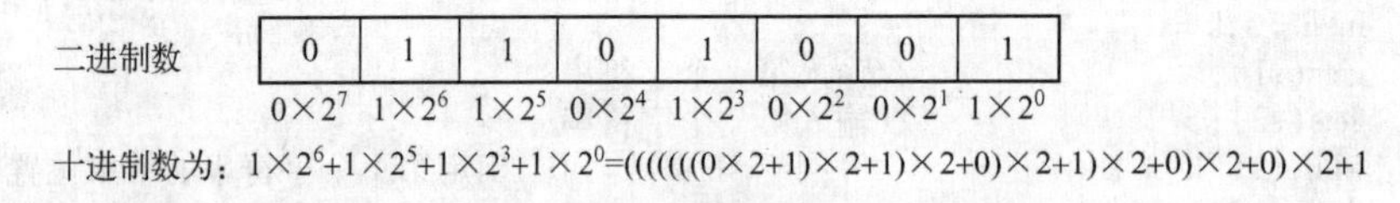

图 4-15 进制转换的计算图解

方法 1：采用累加求和法，从最低位（即下标为 len-1 的元素）开始，到最高位（即下标为 0 的元素），逐步累加求和。累加求和的公式：$dec = \sum_{i=len-1}^{0} s[i] * 2^{i-len+1}$。程序如下。

```
#include <stdio.h>
#include <string.h>
#define N 32
int main( )
{      int i,len,dec=0,p=1;
       char t,s[N+1];                // 给字符串留一个结束符
       scanf("%s",s);
       len=strlen(s);
       for(i=len-1;i>=0;i--)// 从右向左依次累加
       {      dec=dec+(s[i]-'0')*p; p=p*2;}  // s[i]的数字字符要转化为数字
       printf("%d\n",dec);
       return 0;
}
```

方法 2：采用迭代法，从最高位（下标为 0 的元素）一直到最低位，逐位进行将前面位的累加和乘以 2 再加上下一位数值的算法，直到加上最低位（下标为 len-1 的元素）为止。迭代初始化：dec=0，迭代公式：dec=dec*2+s[i]，(i=0,1,…,len-1)。程序如下。

```c
#include <stdio.h>
#include <string.h>
#define N 32
int main()
{   int i,len,dec = 0;
    char t,s[N + 1];                    // 给字符串结束符留1字节
    scanf("%s",s);
    len = strlen(s);
    for(i = 0;i < len;i ++)            // 从左向右依次累乘
        dec = dec*2 + (s[i] -'0');// s[i]的数字字符要转化为数字
    printf("%d\n",dec);
    return 0;
}
```

5. 用户名、密码的输入与验证

【**例4-36**】设定一个用户名和密码（长度不超过10个字符），提示用户输入用户名和密码，若输入的用户名和密码正确，显示“登录成功!”，否则显示“输入有错，请重新输入!”，允许用户输入3次。

分析：

1）设定的用户名和密码分别用_user、_pass字符数组存放。输入的的用户名和密码分别用user、pass字符数组存放。每个数组的长度都为11。

2）用strcmp()函数比较两个字符串，若返回值为0表示两个字符串相等。

3）允许用户输入3次，故可以使用循环结构控制3次输入并进行判断。

程序如下。

```c
#include <stdio.h>
#include <string.h>
#define M 11                  // M代表字符串的最大长度(含串结束符)
int main()
{   char_user[M] = "hello",_pass[M] = "1234",user[M],pass[M];
    int i;
    printf("请输入用户名和密码(以空格间隔):");
    for(i = 1;i <= 3;i ++)
    {   scanf("%s %s",user,pass);
        if(strcmp(user,_user) || strcmp(pass,_pass))
                printf("输入有错,请重新输入:");
        else break;
    }
    if(i > 3)
        printf("\n登录失败! \n");
    else
        printf("\n登录成功! \n");
    return 0;
}
```

4.5 数组应用举例

在实际应用中，当涉及大量类型相同的数据且这些数据需要重复使用时，程序中通常使用数组来存放这些数据。

1. 人民币支付

【**例4-37**】从键盘上输入指定金额（以元为单位，如345），输出支付该金额的各种面

额的人民币数量，即显示 1 元、5 元、10 元、20 元、50 元、100 元各多少张。要求尽量使用大面额的钞票。

分析：

1）首先用数组 a 存放已有的人民币面额的值。由于要求尽量使用大面额的钞票，所以数组中人民币面额值由大到小排列。

2）先用最大面额整除钱数 x，可以得到最大面额钱币的张数，然后用第 2 较大面额整除剩余的钱数，……，重复这一过程。

程序如下。

```
#include <stdio.h>
int main()
{    int x,i,a[] = {100,50,20,10,5,1};
     scanf("%d",&x);
     for(i=0;i<6;i++)
     {    printf("%3d 元:%d 张\n",a[i],x / a[i]);
          x = x %a[i];
     }
     return 0;
}
```

2. 矩阵的乘运算

【例 4-38】 求矩阵 A 与矩阵 B 的乘积 C。设矩阵 A 为 m 行 n 列，矩阵 B 为 n 行 p 列，则矩阵 C 一定为 m 行 p 列。设：

$$A=\begin{pmatrix} a_{11} & a_{12} & a_{13} \\ a_{21} & a_{22} & a_{23} \end{pmatrix},\quad B=\begin{pmatrix} b_{11} & b_{12} \\ b_{21} & b_{22} \\ b_{31} & b_{32} \end{pmatrix}$$

则：
$$C=\begin{pmatrix} a_{11}b_{11}+a_{12}b_{21}+a_{13}b_{31} & a_{11}b_{12}+a_{12}b_{22}+a_{13}b_{32} \\ a_{21}b_{11}+a_{22}b_{21}+a_{23}b_{31} & a_{21}b_{12}+a_{22}b_{22}+a_{23}b_{32} \end{pmatrix}$$

程序如下。

```
#include <stdio.h>
#define MAX 10
void main()
{    long a[MAX][MAX],b[MAX][MAX],c[MAX][MAX] = {0},sum;
     int m,n,p,i,j,k;
     printf("请输入 3 个整数:");
     scanf("%d%d%d",&m,&n,&p);
     printf("请输入矩阵 A(%d×%d 形式)\n",m,n);
     for(i=0;i<m;i++)                              //输入矩阵 A 的每个元素
          for(j=0;j<n;j++)
               scanf("%ld",&a[i][j]);
     printf("请输入矩阵 B(%d×%d 形式)\n",n,p);
     for(i=0;i<n;i++)                              //输入矩阵 B 的每个元素
          for(j=0;j<p;j++)
               scanf("%ld",&b[i][j]);
     for(i=0;i<m;i++)                              //矩阵 A 与矩阵 B 相乘
          for(j=0;j<p;j++)
          {    for(k=0;k<n;k++)
                    c[i][j] = c[i][j] + a[i][k]*b[k][j];
          }
```

```
        printf("A 与 B 相乘后的矩阵 C 是:\n");
        for(i=0;i<m;i++)
        {   for(j=0;j<p;j++)
                printf("%ld",c[i][j]);
            printf("\n");
        }
}
```

运行程序，显示：请输入 3 个整数：

输入：

2　3　4↙

显示：请输入矩阵 A（2×3 形式）

输入：

5　4　6↙

2　3　4↙

显示：请输入矩阵 B（3×4 形式）

输入：

4　5　6　2↙

2　3　4　5↙

7　8　6　9↙

输出：

```
A 与 B 相乘后的矩阵 C 是:
    70  85  82  84
    42  51  48  55
```

3. 统计字符个数

【例 4-39】对于给定的一串字符，统计其中 26 个小写字母出现的次数。

分析：

1）26 个字母的统计次数可以用一个一维数组 a 存放，其中 a[0]存放字母 a 的出现次数，a[25]存放字母 z 的出现次数。

2）小写字符的判断方法可以用表达式 s[i]>='a'&& s[i]<='z'，或者也可以用字符函数 islower()。

程序如下。

```
#include <stdio.h>
#include <ctype.h>                              // 加载字符函数
int main()
{   char s[200];
    int i=0,a[26]={0};
    gets(s);
    while(s[i])
    {   if(islower(s[i]))
            a[s[i]-'a']++;    // s[i]属于小写字符时,其 ASCII 码减去'a'的 ASCII 码
        i++;                  // 正好对应数组 a 的下标
    }
    for(i=0;i<26;i++)
    {   if(i%5==0) printf("\n");               // 每行输出 5 列
        printf("%c:%2d\t",i+'a',a[i]);
    }
```

```
    return 0;
}
```

4. 统计单词个数

【例 4-40】 给一段英文短文，每行不超过 80 个字符，每个单词居于同一行上，同一行的单词之间以空格分隔（每个单词包括其前后紧邻的标点符号）。从键盘上输入短文的行数 n 和短文的内容，要求统计其中单词的个数。注意，本题对单词的定义比较宽松，它是任何其中不包含空格的字符序列。

分析：

1）由于单词之间用空格分隔，因此，每当遇到第一个非空字符时，就作为一个新单词的开始，要加以统计。

2）使用变量 state 记录程序当前是否正位于一个单词之中，它的初值为 0，表示不在单词中；它的值为 1 时，表示正处于一个单词中。使用变量 num 用于统计单词个数。

3）判断一个单词的开始，是算法的关键。每一行开始时，state 值为 0，若后续遇到的字符不是空格且 state 值为 0 时，说明是单词的开始，这时改变 state 值为 1，并且计数器 num 加 1；若后续遇到的字符不是空格且 state 值为 1，说明正处于单词中；若后续遇到的字符是空格，说明前一个单词结束，改变 state 值为 0。

4）当前一行使用 scanf( )函数输入而后一行使用 gets( )函数输入时，两个语句之间需要使用 getchar( )函数来吸收前一行留下的回车符。

程序如下。

```
#include <stdio.h>
#define N 1000
int main()
{   char en[N][81];
    int i,j,num=0,n,state;
    scanf("%d",&n);                          // 输入短文的行数
    getchar();                               // 吸收回车符
    for(i=0;i<n;i++)
        gets(en[i]);                         // 输入英文短文
    for(i=0;i<n;i++)
    {   state=0;                             // 设每行的开始都是单词的开始
        for(j=0;en[i][j]!='\0';j++)
        {   if(en[i][j]==' ') state=0;       // 判断 en[i][j]是否为空格字符
            else if(state==0) { state=1; num++;}
        }
    }
    printf("num=%d",num);
    return 0;
}
```

5. 统计子串在主串中出现的个数

【例 4-41】 从键盘输入一段英文，统计其中某个单词出现的个数。

分析：

1）设主串 str 和子串 substr，如图 4-16 所示。

主串str	b	a	c	a	a	a	d	a	a	c	d	\0
子串substr	a	a	\0	\0	\0	\0	\0	\0	\0	\0	\0	\0

图 4-16　str 和 substr 两个字符串的存储示意图

2）设置两个监视哨 i 和 j，分别对应主串和子串的下标变化。为了提高查找效率，当主串的剩余部分已经小于子串长度时不需要再查找，即 i 的终值为 strlen(str) - strlen(substr)。

3）若 str[i] 与 substr[j] 相等时，i、j 均向后移动 1 位；若 str[i] 与 substr[j] 不等时，本次比较结束。结束本次比较后，有两种情况，一种情况是子串已经到了末尾，如图 4-17 所示，表明在主串中找到了一个子串；另一种情况是子串还没有到达末尾，如图 4-18 所示，表明主串中本次扫描的部分与子串不同。

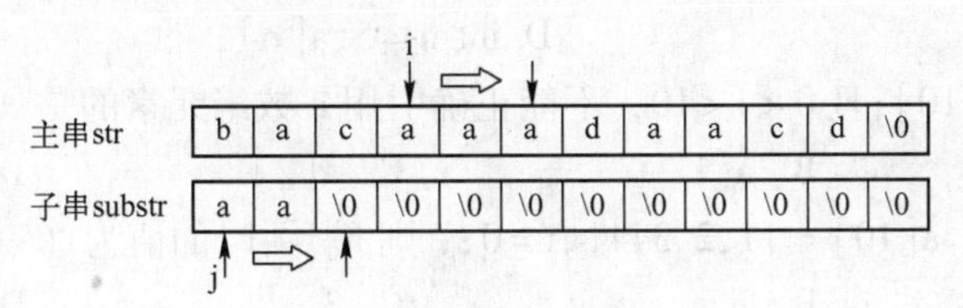

图 4-17　本次比较结束时子串已经到了末尾

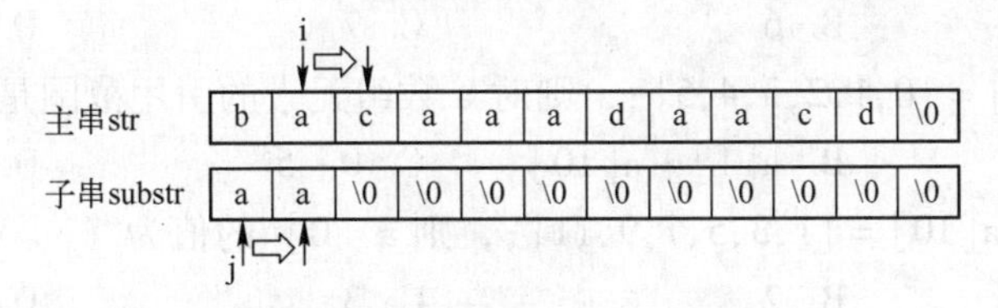

图 4-18　本次比较结束时子串没有到达末尾

4）下一轮开始比较时，主串的监视哨应从 i - j + 1 开始。

程序如下。

```
#include  <stdio.h>
#include  <string.h>
void main()
{       char str[81] = "bacaaadaacd",substr[81] = "aa";
        int i,j,num = 0;
        for(i = 0;i <= strlen(str) - strlen(substr);)
        {       for(j = 0;substr[j]!='\0';)
                {       if(str[i] == substr[j])
                        {       i++; j++;}
                        else
                                break;
                }
                if(substr[j] =='\0')
                        num++;                          // 说明找到一个子串
                i = i - j + 1;
        }
        printf("%d\n",num);
}
```

提示：在学完了指针的使用后，本题还可利用指向字符的指针和子串查找函数 strstr()，可使程序简洁易实现。读者可在学完第 5 章指针内容后试着重做本题。

习题 4

一、选择题

1. 以下关于数组描述正确的是（　　）。

A. 数组的大小是固定的，但可以有不同类型的数组元素

B. 数组的大小是可变的，但所有数组元素的类型必须相同

C. 数组的大小是固定的，所有数组元素的类型必须相同

D. 数组的大小是可变的，可以有不同类型的数组元素

2. 以下不能正确定义一维数组的选项是（　　）。

A. int a[5] = {1,2,3,4,5};　　B. int a[] = {1,2,3,4,5};

C. int a[5];　　D. int n = 5,a[n];

3. 设：int　i,a[10];且 0 < i < 10，不能正确引用 a 数组元素的是（　　）。

A. a[10]　　B. a[i]　　C. a[2]　　D. a[10 - i]

4. 设有语句 int　a[10] = {1,2,3,4},i = 0;，则 a[i + 1]的值为（　　）。

A. 1　　B. 2　　C. 3　　D. 4

5. 若：int a[8] = {1,3,5,7,9,11};，则 a 数组中的元素个数是（　　）。

A. 不确定　　B. 6　　C. 7　　D. 8

6. 若：int a[10] = {0,1,2,3,4,5};，则对 a 数组元素的引用范围是（　　）。

A. a[10]　　B. a[1] ~ a[10]　　C. 0 ~ 5　　D. a[0] ~ a[9]

7. 设有语句 int a[10] = {1,3,5,7,9,11};，则 a［0］的值为（　　）。

A. 1　　B. 2　　C. 3　　D. 4

8. 设有 int　a[6] = {1,2,3,4},i;，则不能正确输出 a 中所有元素值的语句是（　　）。

```
A. for(i = 1;i < 6;i ++)
       printf("%d",a[i]);
B. for(i = 0;i < 6;i ++)
       printf("%3d",a[i]);
C. for(i = 1;i <= 6;i ++)
       printf("%d",a[i - 1]);
D. for(i = 0;i <= 5;)
       printf("%3d",a[i ++]);
```

9. 设有 int a[][2] = {1,2,3,4,5,6,7};，则值为 3 的数组元素是（　　）。

A. a[1][3]　　B. a[2][1]　　C. a[1][0]　　D. a[3][1]

10. 以下数组定义有错误的语句是（　　）。

A. int　x[][3] = {0};

B. int　x[2][3] = {{1,2},{3,4},{5,6}};

C. int　x[][3] = {{1,2,3},{4,5,6}};

D. int　x[2][3] = {1,2,3,4,5,6};

11. 若：int x[][2] = {1,3,5,7,9,11,13};，则 x 数组的行数为（　　）。

A. 2　　B. 3　　C. 4　　D. 无确定值

12. 设：int x[3][4] = {{1},{2},{3}};，那么元素 x[1][1]的取值是（　　）。

A. 0　　B. 1　　C. 2　　D. 不确定

13. 执行下面程序后的输出结果是（　　）。

```
#include <stdio.h>
void main()
{   int i,b[][3] = {9,8,7,6,5,4,3,2,1};
        for(i = 0;i < 3;i ++)
        printf("%d",b[i][i]);
}
```

A. 9 8 7　　B. 3 5 7　　C. 9 6 3　　D. 9 5 1

14. 以下不能正确初始化字符数组的选项是（　　）。

A. char str[10] = "abcdef";　　　　B. char str[] = {"abcdef"};

C. char str[10] = "abc\0def";　　　　D. char str[] = {abcdef};

15. 设：char str[] = "ABCDE";，则能够正确输出 str 中字符串的语句是（　　）。

A. printf("%c",str[0]);　　　　B. printf("%s",str[0]);

C. printf("%s",str);　　　　B. printf("%s",&str);

16. 有两个字符数组 x、y，则能够正确对 x、y 进行输入的语句是（　　）。

A. gets(x,y)　　　　B. scanf("%s %s",x,y);

C. scanf("%s %s",&x,&y);　　　　D. gets("x"); gets("y");

17. 下面程序运行后的输出结果是（　　）。

```
#include <stdio.h>
void main()
{   char s1[] = {'a','b','c'},s2[] = "abc";
    printf("%d %d\n",sizeof(s1),sizeof(s2));
}
```

A. 4　4　　　　B. 3　3　　　　C. 3　4　　　　D. 4　3

18. 判断字符串 a 和 b 是否相等，应当使用（　　）。

A. if(a == b)　　　　B. if(a = b)

C. if(strcpy(a,b))　　　　D. if(strcmp(a,b))

19. 以下程序的输出结果是（　　）。

```
#include <stdio.h>
void main()
{   char str[20] = "hello\0OK";
    printf("%d,%s",strlen(str),str);
}
```

A. 5,hello　　　　B. 9,hello　　　　C. 5,helloOK　　　　D. 7,helloOK 10

20. 设有 char　s1[20] = "abc",s2[20] = "123";，能将 s2 连接到 s1 后面的语句是（　　）。

A. strcmp(s1,s2);　　　　B. strcpy(s1,s2);

C. s1 = s1 + s2;　　　　D. strcat(s1,s2);

二、阅读下面程序，写出运行结果。

1. 下面程序的输出结果：________

```
#include <stdio.h>
void main()
{   int x[10] = {1,2,3,4,5,6,7,8,9,10},s = 0,i;
    for(i = 0;i < 10;i ++ ,i ++ )
        s += x[i];
    printf("s = %d\n",s);
}
```

2. 下面程序的输出结果：________

```
#include <stdio.h>
void main()
{   int x[4] = {1,2,3,4},i;
    for(i = 3;i >= 0;i -- )
        printf("%d,",x[i]);
}
```

3. 下面程序的输出结果：________

```
#include <stdio.h>
void main()
{   int a[10] = {1,2,3,2,3,1,3,1,3,1},n[4] = {0},i;
    for(i = 0;i < 10;i ++)
    n[a[i]] ++;
    for(i = 1;i <= 3;i ++)
        printf("%d ",n[i]);
}
```

4. 下面程序的输出结果：________

```
#include <stdio.h>
void main()
{   int a[3][4] = {1,2,3,4,5,6,7,8,9,1,2,3},i;
    for(i = 0;i < 3;i ++)
        printf("%d",a[i][3]);
}
```

5. 下面程序的输出结果：________

```
#include <stdio.h>
void main()
{   int a[3][3] = {{1,2,9},{3,4,8},{5,6,7}},i,s = 0;
    for(i = 0;i < 3;i ++)
        s += a[i][0] + a[0][i];
    printf("sum = %d\n",s);
}
```

6. 下面程序的输出结果：________

```
#include <stdio.h>
void main()
{   char str[10] = "abcdefg";
    printf("%s\t",&str[2]);
    printf("%c\t",str[2]);
    printf("%s",str);
}
```

7. 下面程序的输出结果：________

```
#include <stdio.h>
void main()
{   char sa[] = "12 + 34",sb[] = "abcdef",sc[10];
    printf("%s,%s\n",sa,sb);
    strcpy(sc,sa); strcpy(sa,sb); strcpy(sb,sc);
    printf("%s,%s\n",sa,sb);
}
```

三、程序设计题

1. 随机产生并输出20个100以内不重复的整数。

2. 将一个数组中的值按逆序重新存放。要求：不能另设数组存放。

3. 把一个一维数组中{3，4，6，7，1，8，9，13，2，5，11，14}的所有偶数剔除，保留奇数并连续存放在本数组中，输出剔除前、后数组内容，数据由初始化方式提供。

4. 随机产生20个100以内的整数，从键盘输入一个要查找的数据，若找到，输出整个数列，并输出查找到的位置（可能有多个），若没有找到，也输出整个数列，并给出一个未找到的信息。

5. 随机产生100个整数，找出其中的素数，统计出素数的个数，每行输出10个素数。

6. 任意输入 10 个整数，找出其中的最小数，并与第 1 个数互换位置，找出其中的最大数，并与最后一个数互换位置，输出交换后的数据。

7. 在一个 4×5 的方阵中，找出每列中的最小元素及其所在位置。

8. 通过随机函数生成一个 n×n 矩阵，每个元素均为 10~30 的整数，求其每行元素的平均值，然后按行、列方式输出这个矩阵及每行的平均值。

9. 对一个二维数组 a[N][N]赋初值，并输出该二维数组对角线上的元素之和（提示：含主对角线和次对角线，N 定义为符号常量，考虑为奇数和偶数的两种情况）。

10. 输入 10 个浮点数，然后对其升序排序，并输出结果。

11. 从键盘输入一个字符串，求其长度和其中包含的数字字符的个数。

12. 从键盘输入一串数字字符，统计每种数字字符的个数，统计结果用数组存放。即用下标为 0 的元素统计并存放字符 '0'的个数，用下标为 1 的元素统计并存放字符 '1'的个数……。

13. 将两个字符串连接起来。要求：不能使用 strcat()函数。

第5章　指针及其应用

内容提要　程序处理的数据以各种不同类型形式存放在内存中，用户可通过地址找到它们，对它们进行操作。指针即地址。C语言中引入指针类型，可以有效地表达复杂数据结构，方便实现内存的动态分配，可以实现向函数传递批量数据，也可以从函数中带回多个处理结果。

本章主要学习“指针”这一数据类型，并重点介绍了指针在有关数组、字符串操作中的应用。

目标与要求　理解指针和指针变量的概念；掌握指针变量的定义与引用；理解指向数组的指针，掌握通过数组的首地址和指针引用数组元素；了解多级指针的概念及应用；掌握指针在函数中的应用。

5.1　指针的基本概念

如同生活中利用地址找人、找物、发送邮件、投递包裹一样，在内存中查询需要访问或处理的数据，也必须知道该数据在内存中的地址，通过地址找到其存放位置，再访问或进行相关处理。

5.1.1　地址与指针

1. 地址与变量的直接访问

计算机的内部存储器是由大量的存储单元组成，每个存储单元存放1字节的信息。每个存储单元都有固定的、独有的地址编码，称为该存储单元的地址。

不同类型的数据在内存中占用不同数目的内存单元。如int型变量占4字节，float型变量占4字节，char型变量占1字节，double型变量占8字节。

编译程序在进行编译时，就是依据每一个变量的数据类型为其分配相应数目的存储单元，同时在内存分配表中记录变量的名称、变量的数据类型和变量的地址。变量占有的连续存储单元的第1字节的地址编码称为该变量的地址。

例如，有下面的定义语句：

```
int a = 10;
float b = 2.68f;
char c = 'A';
double d = 12.356;
```

假设系统为变量分配的存储单元如图5-1所示，那么系统记录下来的变量与地址对照表如表5-1所示。

访问变量时，从变量与地址对应表中找到该变量的地址，再依据其数据类型确定要从多少个连续存储单元中读取数据或存入数据。这种访问变量的方式称为“直接访问”。

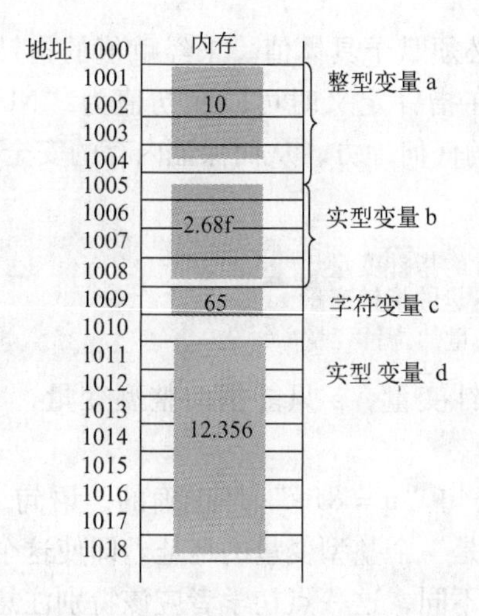

图 5-1　为变量分配的存储单元示意图

表 5-1　变量与地址对照表

变量名	数据类型	地址
a	int	1001
b	float	1005
c	chart	1009
d	double	1011

2. 指针的概念

所谓指针，就是存放数据的内存地址。一个变量占用的连续内存单元的第 1 字节的地址编码为该变量的地址，也就是该变量的指针。指针是一种特殊数据，它描述的是内存的地址，是 C 语言中的一种数据类型。

由于变量的存储位置是系统分配的，在程序运行中用户不能改变变量的存储位置，所以变量的地址是个地址常量，在程序中，可以通过取地址运算符“&”获取某个变量的地址编码，但不可以改变这个地址值。

如图 5-1 所示，变量 a 的地址是 &a，地址值为 1001；变量 c 的地址是 &c，地址值为 1009。

5.1.2　指针变量及其操作

1. 指针变量的概念

指针是一种数据，可以用变量来存储这种数据。指针的表现形式是整型数据，但它与一般普通意义上的整数不同，因此不能使用普通的整型变量存放它。C 语言中设置了专门保存地址的变量类型，称为指针变量，这类变量只能存放地址。

2. 指针变量的定义

同 C 语言普通变量一样，指针变量也必须先定义再使用。但指针变量不同于普通数值型变量，它只能用来存放地址，因此它的定义形式也不同于普通变量，其中包含标志“指针类型”的符号。

指针变量定义的一般形式：

```
类型符 * 指针变量名;
```

说明：

1）类型符用于声明其后的指针变量所能指向的变量的数据类型。一个指针变量只能接收与它的类型相同的变量的地址，将不同类型的变量的地址赋值给它是错误的。

2）指针变量名应遵循用户标识符的命名规则。

3）“ * ”是指针类型标志符，用于标识其后的变量名为指针类型的变量，而非普通类型变量，指针变量名并不包括这个“ * ”。

4）指针变量在使用之前不仅要进行声明，而且必须赋予具体值。未经赋值的指针变量不要使用，否则将导致系统混乱，甚至死机。通常在指针定义时可以赋初值为“NULL”。NULL是一个符号常量，意为空指针，它不指向内存的任何地方，从而保证内存的安全。

例如：

```
int a, *p;            // p 是可以指向整型变量的指针变量
float b, *q;          // q 是可以指向浮点型变量的指针变量
char*s = NULL;        // s 是可以指向字符型变量的指针变量
```

如上例语句中，a为整型简单变量，p为整型指针变量，p只能指向整型变量，“p = &a;”是正确的，而“p = &b;”是错误的。

q为实型指针变量，q只能指向float型变量，语句“q = &b;”是正确的，语句“q = 1001;”是错误的，因为1001是一个整型常量，并不是一个整型变量的地址。即使这个整数值和某个整型变量地址恰好相等也不可以，因其性质不同，这一点初学者应该特别注意。

s为字符型指针变量，s只能指向字符型变量。当没有给它赋值时，它的指向是不确定的。上述代码中对s进行了初始化，使其初始状态下不指向内存任何具体位置。

3. 变量的间接访问

C语言中通过赋值语句可以将某变量的地址保存在同类型指针变量中。如把整型变量a的地址赋给另一个整型指针变量p，这时称“p指向变量a”，或“p是指向变量a的指针”。变量a和指针变量p之间的关系，如图5-2所示。

如果要访问变量a的存储单元，除了像以前一样直接用变量名a来引用，用户还可以先访问指针变量p，从中得到变量a的地址，然后根据变量a的地址找到变量a的存储单元进行操作。这种通过指针变量访问存储单元的方式称为变量的“间接访问”方式。

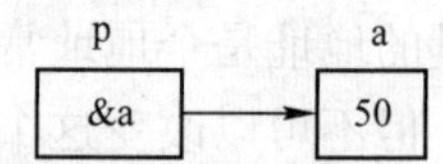

图5-2 变量a和指针变量p之间的关系

4. 与指针有关的两个运算符

（1）取地址运算符（&）

在C语言中，变量的地址是由编译系统分配的。用户可以通过取地址运算符（&）来获取变量的地址。其一般形式：

```
& 变量名
```

例如：

```
int a,b, *p = &a, *q = &b;
```

其中，&a表示变量a的地址，&b表示变量b的地址。

（2）间接运算符（ * ）

一个指针变量中存放了某一个同类型变量的地址，如何通过该指针变量访问它所指向的变量呢？C语言提供了间接运算符“ * ”来完成该操作。其一般形式：

```
* 指针变量名
```

通过间接运算符（ * ）访问变量的过程：首先访问“ * ”后的指针变量，取出存放在指针变量中的地址值（即要访问的变量的地址），再根据该地址找到目标变量（即指针变量指向的变量）进行操作。例如：

```
int a = 8, *p = &a;     // 将变量 a 的地址赋给指针变量 p,此时 p 是变量 a 的指针
 *p = 10;               // 通过指针变量的间接访问方式,改变变量 a 的值
```

语句“*p=10;”的运算过程：访问p，得到变量a的地址，根据a的地址找到变量a，然后将10存入变量a的连续4字节的内存空间中。

特别强调，只有在定义指针变量时，“*”代表的是一个标志符而不是间接运算符，除此之外，在程序中任何地方出现在指针变量名前的“*”都表示间接运算符。

5. 指针变量的赋值方式

定义了一个指针变量后，用户可以通过赋值使指针变量指向一个同类型的变量。通常可用以下两种赋值方式。

1）在指针变量定义时初始化，使指针变量指向同类型的变量。

例如：

```
int a, *p = &a;          // p 指向同类型的变量 a
```

2）通过赋值语句，使指针变量指向同类型变量或者在同类型指针变量间直接赋值。

例如：

```
int a, *p, *q;
p = &a;                  // p 就指向变量 a
q = p;                   // 赋值后,p 和 q 均指向变量 a
```

说明：

1）给指针变量赋值时，赋值号右边只能是同类型变量的地址或者同类型指针变量。再次强调，虽然地址也是整数数据形式，但绝对不允许把一个普通整型数据赋值给一个指针变量。例如，以下的赋值语句均不正确。

```
int a, *p;
float f, *q;
p = 1001;         // 错误,不能赋值为普通数据
p = &f;           // 错误,类型不匹配
q = &a;           // 错误,类型不匹配
q = p;            // 错误,类型不匹配
 *q = &a;         // 错误,q 指向的是变量,不能接收一个地址
p = a;            // 错误,p 只能接收变量的地址,不能接收变量的值
```

2）通过赋值语句给指针变量赋值时，指针变量前不能加“*”号。例如，以下的赋值语句不正确。

```
int a, *p;
 *p = &a;              // 错误
```

首先指针变量p目前并没有明确的指向，访问一个指向不明确的指针变量本身就是错误的；其次，即使指针变量p有明确的指向，*p也只能接收一个整数数据而非一个地址，而&a表示变量a的地址，两边数据类型不一致。

6. 指针变量的应用

（1）指针变量指向同类型的变量

如：

```
int a, *p;
```

通过执行语句“p=&a;”使指针变量p指向变量a。

（2）通过指针变量访问所指的变量

```
printf("%d", *p);
```

通过指针变量p间接访问变量a。

（3）指针变量作为函数的参数

指针变量也可以作为函数的形参，调用时对应实参通常是变量地址或指针变量，从而实现参数的按地址传参方式。这种方式可以实现从函数中传回多个处理结果。在第6章函数中再讨论其应用。

【例5-1】 用指针实现将任意两个整数，按升序输出。程序如下。

```
#include  < stdio. h >
int main( )
{    int a,b, *p = &a, *q = &b, *t;
     scanf( "%d %d" ,p,q) ;
     if(*p > *q)
     { t = p; p = q; q = t;
     }
     printf( " \n a = %d b = %d\t" ,a,b) ;
     printf( "升序:%d %d\n" , *p, *q) ;
     return 0;
}
```

运行程序，输入：20　10↙

输出：

```
a = 20 b = 10     升序:10   20
```

从结果上看，a、b的值为什么没有互换呢？那语句“t = p;p = q;q = t;”的功能是什么呢？仔细分析可知，这3个语句中的变量都是指针变量，执行的结果是使指针变量p，q的指向发生变化，而并没有改变变量a、b在内存中的值。

7. 指针变量可参与的运算

指针变量不同于普通变量，它能进行的有意义的运算只有几种，通常当指针变量指向一个数组时，指针进行的许多运算才有意义。

（1）指针变量加、减一个整型常量

```
p ± n
```

当取“+”号时，表示的是地址从当前指针位置向地址加大方向移动n个数据单位后的位置；取“-”时表示的是地址从当前指针位置向地址减小的方向移动n个数据单位后的位置。特别注意，这时指针变量本身的值并没有改变，指针的指向也就没有发生变化。例如，有如下语句：

```
int a[10],i =2, *p, *q;
p = a;                          // p 指向 a[0]
q = &a[4];                      // q 指向 a[4]
```

1）p+1指向元素a[1]，p+2指向元素a[2]，p-1指向a[-1]，即a[0]的前一个元素（此时数组访问越界）。

2）q+1指向a[4]的下一个元素即a[5]，q-2指向a[4]元素的向前第2个元素即a[2]。

3）p+1并不是将p的值（地址）简单加1，而是在p值的基础上加上一个数组元素所占用的字节数，本例中的“p+1”即指向了p位置向后移动4字节的位置，即“p+1”指向下一个元素的起始位置。而指针变量p仍指向原来的元素a[0]。

（2）指针变量的赋值运算

```
p += n   或者 p - = n   或者 p ++    或者 p --
```

经过赋值运算后，指针变量的指向发生改变，指针变量指向新的位置。

如对上述代码中的指针变量 p 执行操作，“p ++ 、p -- 、p = p - 2、p += i” 等都会使当前指针变量 p 的指向发生变化。

【例 5-2】 分析下列程序中指针的变化。程序如下。

```
#include <stdio.h>
#define N 5
int main()
{   char a[N] = {'1','2','3','4','5'}, *p1, *p2;
    p1 = a;
    p2 = &a[4];
    p1 ++;
    p2 --;
    printf("%c %c", *p1, *p2);
    p1 = p1 + 3;
    p2 = p2 - 2;
    printf("%c %c\n", *p1, *p2);
    return 0;
}
```

运行程序，输出：

```
2  4  5  2
```

分析：初始 p1 指向 a[0]，p2 指向 a[4]；执行 “p1 ++ ;p2 -- ;” 后，p1 指向了 a[1]，p2 指向了 a[3]；再执行 “p1 = p1 + 3;p2 = p2 - 2;” 后，使 p1 指向了 a[4]，而 p2 指向了a[1]。

（3）两个同类型指针变量的减法运算

```
p - q  或者  q - p
```

要使这种运算有意义，要求指针变量 p 和 q 都指向同一数组。p - q 实际上执行的是两个地址的差值除以数组元素的类型长度，即表示的是 p 与 q 之间相间隔的元素个数。上例中，若 p1 指向数组元素 a[1]，p2 指向数组元素 a[4]，则 p2 - p1 表示 a[4] 和 a[1] 之间间隔 3 个元素。

（4）同类型指针的比较运算

```
p > q  或者  p <= q  或者  p != q  或者  p == q  等
```

要使这种指针之间的比较运算有意义，通常也要求指针变量 p 和 q 都指向同一数组。两个指向同一数组的指针变量的比较，其含义就是表示两个指针在内存中的相对前后位置关系。

当指针变量 p 和 q 指向同一数组内时，若 p 指向的数组元素位于 q 指向的数组元素之前，则关系表达式 “p < q” 为真，否则 “p < q” 为假。

（5）NULL 空指针

“NULL” 是 C 语言中设置的一个称为空指针的指针常量。“NULL” 不指向内存任何存储单元，通常将 “NULL” 作为初值赋给任何类型的指针变量，以表明该指针变量当前不指向任何具体的变量。例如：

```
int *p = NULL;
```

5.2 指针与一维数组

指针可以指向同类型简单变量并通过该指针访问到该变量。数组是一组类型相同的数据集合，在内存中占用连续空间，通过同类型的指针变量指向该数组，可以实现快速访问数组中的每一个元素，因为指针的运算比数组下标运算的速度快。

5.2.1 一维数组的首地址和数组元素的地址

1. 一维数组的首地址

一维数组在内存中占用一段连续的存储空间，这个连续空间的起始地址称为数组的首地址。在C语言中，数组名代表数组的首地址。因此，数组名也是数组的指针。

2. 一维数组元素的地址

依据数组类型，数组中的每个元素都占用相同长度的连续的存储单元，一个数组元素的地址就是它所占用的连续存储单元的首地址。数组元素的地址可以表示：

```
&数组名[下标]
```

根据数组首地址与各元素地址的关系，一个数组元素的地址也可表示：

```
数组名+下标
```

例如，设有“int a[10];”，则a是数组的首地址，也是第1个元素a[0]的地址，即a与&a[0]相等；a+2表示从a这个地址向下移动2个元素所得的地址，即a[2]的地址，所以a+i与&a[i]相等，都表示元素a[i]的地址。

5.2.2 访问一维数组的几种方法

通过指针可以访问同类型的简单变量，通过指针也可以访问同类型的一维数组。定义一个与数组同类型的指针变量，使其指向数组的某一个元素，就可以通过上下移动该指针使其指向该数组内各个元素。只是注意，指针的移动不要超过数组的合理范围。例如：

```
int a[10], *p=a;        或        int a[10], *p=&a[0];
```

也可以写成：

```
int a[10], *p;          或        int a[10], *p;
p=a;                              p=&a[0];
```

无论上述哪一种写法，都可使指针变量p指向数组a的第1个元素。引入指针这个概念后，对于一维数组元素的访问就有了几种不同的表现形式。

1. 数组名的下标引用法

数组a中第i个元素就是a[i]，其地址为&a[i]。

【例5-3】用下标法引用数组元素，实现数组元素的输入和输入。程序如下。

```
#include <stdio.h>
int main()
{   int a[5],i;
    for(i=0;i<5;i++)
        scanf("%d",&a[i]);          // 下标法引用元素地址
```

```
    for(i=0;i<5;i++)
        printf("%5d",a[i]);            // 下标法引用数组元素
    return 0;
}
```

2. 数组名的间接运算引用法

数组名 a 是数组首地址，数组名 a 也是指针，a+i 就是第 i 个元素的地址，*(a+i)就是数组元素 a[i]。

【例 5-4】 用*(a+i)的引用方式访问数组元素，实现数组元素的输入/输出。程序如下。

```
#include <stdio.h>
int main()
{   int a[5],i;
    for(i=0;i<5;i++)
    {  scanf("%d",a+i);
       printf("%5d",*(a+i));
    }
    return 0;
}
```

3. 指针变量的间接运算引用法

因为“p=a;”可使指针变量 p 指向数组的首地址，p+i 就等于 a+i，p+i 就是元素 a[i]的地址，而*(p+i)就是数组元素 a[i]。

【例 5-5】 求一维数组中的最大值，利用指针变量的间接运算方式引用数组元素。程序如下。

```
#include <stdio.h>
int main()
{   int a[5],*p,i,max;
    p=a;
    for(i=0;i<5;i++)
        scanf("%d",p+i);
    max=*p;
    for(i=1;i<5;i++)
        if(*(p+i)>max)
              max=*(p+i);
    printf("max=%d\n",max);
    return 0;
}
```

4. 指针变量的下标引用法

因为有语句“p=a;”在先，故指针 p 和 a 值相等，p[i]也就等于 a[i]，a[i]的地址也就可以表示为 &p[i]。

【例 5-6】 利用指针变量下标引用法，统计数组中奇数的个数，输出数组元素以及统计结果。阅读下列程序，并判断能否实现上述功能。

```
#include <stdio.h>
int main()
{   int a[5],*p,i,n=0;
    p=a;
    for(i=0;i<5;i++)
        scanf("%d",&p[i]);
    for(i=0;i<5;i++)
        if(p[i]%2)n++;
```

```
    printf("\n");
    p=a+2;
    for(i=0;i<5;i++)
        printf("%4d",p[i]);
    printf("\n其中奇数的个数 %d 个",n);
    return 0;
}
```

运行程序，输入：10　14　15　24　37↙

输出：

```
15   24   3716382804199161
其中奇数的个数 2 个
```

显然，上述程序对奇数的统计结果是正确的，但数组元素的输出结果却是错误的，问题就出在输出数组元素前，执行了语句“p=p+2;”，其结果使p指向了a[2]，下面的输出自然是从a[2]开始输出5个整数，循环中前3个输出的还是数组中的元素值，后2个已经越界了。

特别注意的是，通过上述指针间接访问和指针下标访问两种方式引用数组元素，一定要明确指针变量p当前指向的位置，如果不确定指针变量p的位置，结果极有可能导致数组访问越界。

【例5-7】通过指针变量在数组中的移动，完成一个一维数组的输入与输出。程序如下。

```
#include <stdio.h>
int main()
{   int a[5],*p;
    for(p=a;p<a+5;p++)
        scanf("%d",p);
    for(p=a;p<a+5;p++)
        printf("%5d",*p);
    return 0;
}
```

在上例中，若去掉第2个for语句中的表达式1(p=a)，程序的运行结果如何？分析可知，第一个for语句结束，p指向a[5]（已经越界），第2个for语句中若没有表达式1（p=a），则会从a[5]开始连续输出5个整数，而这5个整数均不是数组a的元素。因此，使用指针前一定明确其当前指向，否则会导致越界访问。C语言不进行越界检查，但是程序的结果一定不正确。

【例5-8】用指针引用数组元素，实现在数组中查找指定的某个元素。程序如下。

```
#include <stdio.h>
int main()
{   int a[5]={12,45,54,34,60},x,*p=a;
    scanf("%d",&x);              // 输入要查找的元素 x
    for(;p<a+5;p++)              // 在数组中,直接移动指针访问每一个元素,并与 x 比较
        if(*p==x) break;
    if(p==a+5)
        printf("查无此数！\n");
    else
        printf("在第 %d 个位置上\n",p-a+1);
    return 0;
}
```

运行程序，输入：54↙

输出：

```
在第 3 个位置上
```

5. 指针访问一维数组总结

设有 int a[10], *p = a;, 或者有 p = a;, 或者有 p = &a[0];, 则对数组元素 a[i]的引用方法如下：

（1）下标法

```
数组名下标法:a[i]
指针变量下标法:p[i]
```

（2）指针间接运算法

```
数组名间接运算法: *(a+i)
指针变量间接运算法: *(p+i)
```

5.2.3 指针与字符串

1. 字符型指针变量与字符串

在 C 语言中，字符串是用一维字符数组来存放。用户可以通过使用字符类型的指针变量来对它进行操作。引入指针后，字符串可以用字符数组存放，也可以用字符型指针变量指向一个字符串。例如：

```
char s[] = "I am a student";           // 用一维字符数组存放字符串
char *ps = "I am a student";           // 直接用字符型指针变量指向一个字符串常量
char s[] = "I am a student", *ps = s;  // 先用一维字符数组存放字符串,再用指针指向字符数组
```

这里要注意的是，上述第 1 个语句是用字符数组存放字符串，存放在内存的动态区域，因此数组中的值是可以修改的；第 2 个语句中的字符串常量则存放在内存的静态区域，用指针 ps 指向它的首地址，可以访问它，但该字符串中的字符不能修改；第 3 个语句中的字符串存放在数组中，指针 ps 指向了它的首地址。

2. 用字符型指针变量指向并操作字符串

例如，有以下语句：

```
char s[] = "Hello word", *p = s;
char *q = "Hello word";
```

其中，p、q 均为字符型指针变量。p 指向字符数组 s，q 指向字符串“Hello word”，即 p 中存放字符数组 s 的起始地址，q 中存放字符串“Hello word”的起始地址。q 与字符串常量“Hello word”的关系如图 5-3 所示。也可用下面的语句使指针变量 q 指向字符串“Hello word”。

H	e	l	l	o		w	o	r	d	\0

↑
q

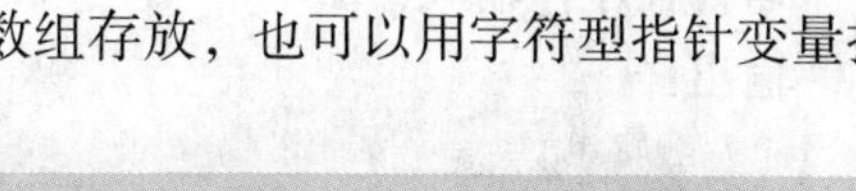

图 5-3　q 与字符串的关系

```
char *q;
q = "Hello word";
```

这种赋值方式只有字符型指针变量可以，对数组名不可以。虽然是同一个字符串常量“Hello word”，用字符数组存放和直接赋值给字符型指针变量，存储在内存中不同性质的存储区域中，这一点一定要注意。

【例 5-9】利用字符型指针变量输出一个字符串"welcome new students!"。程序如下。

```
#include <stdio.h>
int main()
{   char *s;
    s = "welcome new students!";     // 把字符串常量的首地址赋给指针变量 s
    puts(s);                         // 从 s 所指处开始输出,直到遇\0
    return 0;
}
```

【例 5-10】利用指向字符串的指针，统计一个字符串中某个指定字符出现的个数。程序如下。

```
#include <stdio.h>
int main()
{   char *p = "This is a book",ch;      // p 指向字符串的首地址
    int n = 0,i = 0;
    ch = getchar();                     // 输入指定字符 ch
    while(p[i])
        if(p[i++] == ch) n++;
    printf("%d\n",n);                   // 输出统计结果
    return 0;
}
```

运行程序，输入：i↙

输出：

```
2
```

【例 5-11】利用指针指向一个用户输入的字符串，替换其中所有空格字符为“*”字符。程序如下。

```
#include <stdio.h>
int main()
{   char st[50], *ps = st;
    int i;
    printf("input a string :");
    gets(ps);
    for(i = 0;ps[i]!='\0';i++)
        if(ps[i] == 32)
            ps[i] ='*';
    puts(ps);
    return 0;
}
```

运行程序，显示：input a string :

输入：abc de f hi↙

输出：

```
abc *de *f**hi
```

3. 字符型指针变量与字符数组在存储和处理字符串时的区别

用字符型指针变量和字符数组都可以实现字符串的存储和操作，但是两者有区别。

1）指向字符串的指针变量本身是一个变量，只用于存放字符串的首地址。字符数组由若干个数组元素组成，它可用来存放整个字符串。

2）可以将一个字符串常量直接赋值给字符型指针变量，但却不可以将一个字符串常量直接赋值给字符数组名。例如：

```
//对字符数组                          //对字符型指针变量
char st[ ] = "Book";  (正确)          char *ps = "Book";(正确)
或者                                  或者
char st[20];                          char *ps;
st = "Book";          (错误)          ps = "Book";     (正确)
```

3）对于字符数组，可以用scanf( )函数直接从键盘输入一个字符串；而对于字符型指针变量，若没有指向一个具体的字符型数组，则不允许直接从键盘给其输入字符串，只有指向了一个字符数组，才可以从键盘给其输入字符串。例如：

```
char s[10];
scanf("%s",s);     (正确,直接从键盘输入字符串给字符数组,是允许的)
char s[10], *p = s  ;
scanf("%s",p);     (正确,直接从键盘输入字符串给指向字符数组的指针变量,是允许的)
```

从键盘输入字符串给无指向的字符型指针变量是不允许的。例如：

```
char *p;
scanf("%s",p);(错误,因为指针变量 p 指向不确定,初学者特别注意!)
```

【例5-12】利用字符型指针变量将键盘输入的一个字符串逆序输出。程序如下。

```
#include <stdio.h>
#include <string.h>
int main( )
{   char str[50], *sp = str;
    int i,n;
    gets(sp);
    n = strlen(sp);
    sp = &str[n-1];
    for(i = n-1;i >= 0;i --,sp --)
        printf("%c", *sp);
    return 0;
}
```

运行程序，输入：I am a student ↙

输出：

```
tneduts a ma I
```

5.3 指针与二维数组

与一维数组不同的是，二维数组的每一个元素都有两个下标，以标明其在原数组中的行号和列号。虽然二维数组在内存中也占用连续的存储空间，但用指针访问二维数组元素比一维数组要复杂许多。

5.3.1 二维数组的地址

设有二维数组：

```
int a[3][4] = {{0,1,2,3},{4,5,6,7},{8,9,10,11}};
```

以下讨论均以该数组为例。

1. 二维数组的地址

a为二维数组名，也是数组的首地址。该数组有3行4列，共12个元素。

数组 a 可看成是有 3 个元素的一维数组，即 a[0]、a[1]和 a[2]。如果此二维数组的首地址为 1000，第 0 行有 4 个整型元素，所以 a + 1 为 1016，a + 2 为 1032，二维数组行地址的表示如图 5-4 所示。

a 数组的 3 个元素 a[0]、a[1]和 a[2]又分别都是含有 4 个整型元素的一维数组。例如 a[0]代表的一维数组包含有 4 个整型元素，分别为 a[0][0]、a[0][1]、a[0][2]和 a[0][3]，如图 5-5 所示。

图 5-4　二维数组的行地址表示　　　　图 5-5　二维数组的地址表示

从一维数组的角度来看，a 就是 &a[0]，a + 1 就是 &a[1]，a + 2 就是 &a[2]。

2. 二维数组元素的引用

（1）数组名的下标引用法

a[0]、a[1]、a[2]看成是一维数组名，则可以认为它们分别代表它们所在行的首地址。也就是说，a[0]代表第 0 行的起始地址，即 &a[0][0]，a[1]代表第 1 行的起始地址，即 &a[1][0]。

根据地址运算规则，a[0] + 1 就是 &a[0][0] + 1，即 &a[0][1]，即代表第 0 行第 1 列元素的地址。

一般而言，a[i] + j 代表第 i 行第 j 列元素的地址，即 &a[i][j]。

（2）数组名的间接运算引用法

在二维数组中，数组名即可看成指针，因此可用指针的间接运算方式来表示二维数组各元素的地址。如前所述，a[0]与 *(a + 0)等价，a[1]与 *(a + 1)等价。因此，a[i] + j 与 *(a + i) + j等价，都表示数组元素 a[i][j]的地址。

按照以上推理，用数组名间接访问方式，元素 a[i][j]还可以有如下几种表现形式：

```
*(a[i] +j)
*(*(a +i) +j)
(*(a +i))[j]
```

【例 5-13】 利用数组名的间接运算法引用二维数组元素，输入、输出二维数组的值。程序如下。

```
#include <stdio.h>
int main()
{   int a[3][4];
    int i,j;
    for(i =0;i <3;i ++)
        for(j =0;j <4;j ++)
            scanf("%d", *(a +i) +j);           // 输入数组元素
    for(i =0;i <3;i ++)
    {   for(j =0;j <4;j ++)
            printf("%4d", *(*(a +i) +j));      // 输出数组元素
        printf("\n");
    }
    return 0;
}
```

运行程序，输入：1 2 3 4 5 6 7 8 9 10 11 12↙

输出：

```
1    2    3    4
5    6    7    8
9    10   11   12
```

5.3.2 通过同类型指针变量访问二维数组

1. 利用指向数组元素的同类型指针变量引用二维数组元素

若有“int a[3][4],*p=a[0];”，p是一个普通int型指针变量，p在内存中上下移动的步长就是一个整型数据的长度。因此，任意元素a[i][j]用p来表示就是*(p+4*i+j)。

【例5-14】用指向数组元素的指针变量输入/输出二维数组中的各元素值。程序如下。

```
#include <stdio.h>
int main()
{   int a[3][4];
    int *p=a[0],i,j;                    // p指向a[0][0]
    for(i=0;i<3;i++)
        for(j=0;j<4;j++)
            scanf("%d",p++);            // 也可用p+4*i+j计算每个元素的地址
    printf("\n");
    p=a[0];
    for(i=0;i<3;i++)
    {   for(j=0;j<4;j++)
            printf("%3d",*(p+4*i+j));   // 用*(p+4*i+j)引用每个元素
        printf("\n");
    }
    return 0;
}
```

运行程序，输入：1 2 3 4 5 6 7 8 9 10 11 12↙

输出：

```
1    2    3    4
5    6    7    8
9    10   11   12
```

注意，上述代码中，若将“int*p=a[0];”改成“int*p=a;”，则编译时会有警告，因为两边类型不一致。一边为指向int类型的指针变量，一边为有4个元素的一维数组的地址。但某些编程环境对这种写法不报错且能正确运行，原因是此时a虽与&a[0][0]、a[0]含义不同但值相等。

2. 利用指向一维数组的指针变量访问二维数组

若一个指针变量只能指向同类型的且有固定元素个数的一维数组，称其为指向一维数组的指针变量。定义的一般形式：

```
类型符(*指针变量名)[常量表达式];
```

说明：

1）类型符是一维数组的数据类型，“*”表示其后的变量是指针类型，常量表达式的值表示一维数组元素的个数。

2）由于“*”运算符的优先级低于“[]”，故“(*指针变量名)”两边的括号不能少。如果缺少括号，则表示的是一个指针数组，意义完全不同。例如：

```
int a[3][4];
int (*p)[4];      // p是指针变量,只能指向有4个元素的一维数组
p=a;  // 若将该语句改写成 p=a[0]; 则是错误的,因为a[0]为 &a[0][0],含义完全不同
```

上述代码中，p 指向了二维数组 a 的第 0 行。p+i 则是 a+i，即二维数组的第 i 行的地址。*(p+i)是二维数组第 i 行的第一个元素的地址；*(p+i)+j 是二维数组第 i 行第 j 列元素的地址；*(*(p+i)+j)表示第 i 行第 j 列的元素。

用指向一维数组的指针变量访问二维数组元素还可以有如下几种形式：

```
p[i][j]
 *(p[i]+j)
(*(p+i))[j]
```

指向一维数组的指针变量与二维数组的关系如图 5-6 所示。

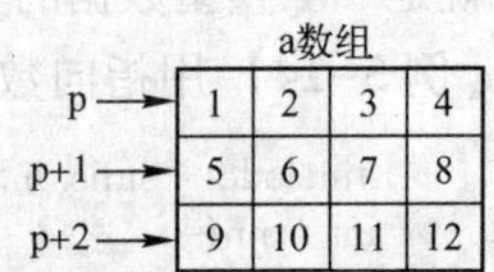

图 5-6　指向一维数组的指针变量与二维数组的关系

注意：

1）上述代码中，若将“p=a;”改为“p=a[0];”，是错误的，因为 a[0]代表 &a[0][0]，两边对象的类型不匹配。

2）若有“int b[10],(*p)[10];”，则语句“p=b;”也是错误的。因为 b 是一维数组，b 是元素 b[0]的地址，而指针 p 只能指向有 10 个元素的一维数组。在内存中 b 上下移动的步长是一个整型数据长度，即 4 字节，而 p 在内存中上下移动的步长是一个 10 个元素的整型数组的长度，即 40 字节，可见二者的含义完全不同。

【例 5-15】 利用指向一维数组的指针变量求出二维数组中每行的最大值，并存入一个一维数组中。程序如下。

```
#include <stdio.h>
int main()
{   int a[3][4],(*p)[4],i,j,max[3];
    p=a;
    for(i=0;i<3;i++)
        for(j=0;j<4;j++)
            scanf("%d",&p[i][j]);       // 采用全下标引用方式
    printf("\n");
    for(i=0;i<3;i++)
    {
        max[i]=p[i][0];
        for(j=1;j<4;j++)
            if(*(*(p+i)+j)>max[i])
                max[i]=*(*(p+i)+j);
    }
    for(i=0;i<3;i++)
        printf("第%d行最大值为:%d\n",i+1,max[i]);
    printf("\n");
    return 0;
}
```

运行程序，输入：1　2　3　4　5　6　5　4　8　9　1　2↙

输出：

```
第1行最大值为:4
第2行最大值为:6
第3行最大值为:9
```

若将上述代码中的“int*p=a;”改为“int*p=a[0];”，则会出现警告，因为两边类型

不同。但不影响运行，因为 a[0]就是 *(a+0)，是第 1 行第 1 个元素地址，只是其值和第 1 行地址相同。

3. 通过指针数组引用二维数组

一个数组，若其元素均为指针变量，则称这个数组为指针数组。指针数组的每一个元素相当于一个指针变量，都可存放一个地址，且都指向相同数据类型的变量。

定义一维指针数组的形式：

```
类型符 * 数组名[数组长度]
```

例如：

```
int*p[3];  // p 是指针数组,其 3 个元素都是指针变量,可分别指向不同的整型变量
```

说明：

1）类型符为指针所指向变量的数据类型。

2）由于“[]”比“*”优先级高，因此 p 先与“[3]”结合，形成数组 p[3]，它有 3 个元素。然后再与 p 前面的“*”结合，表示此数组是指针类型，即每个元素都相当于一个指针变量，都可指向一个整型变量。

设有语句“int a[3][4], *p[3] = {a[0],a[1],a[2]};”。因为 a[i]代表的是第 i 行第 1 个元素的地址，因此 p[i]也就是第 i 行第 1 个元素的地址；p[i]+j 则是第 i 行第 j 列元素的地址；*(p[i]+j)自然就是 a[i][j]。

通过上述指针数组访问二维数组元素的形式有如下几种：

```
p[i][j]
(*(p+i))[j]
*(*(p+i)+j)
*(p[i]+j)
```

【例 5-16】 阅读下列程序，写出程序运行结果。

```
#include <stdio.h>
int main()
{   static int a[3][4] = {1,2,3,4,5,6,7,8,9,10,11,12};
    int*p[3] = {a[0],a[1],a[2]};       // 若写为 int*p = a;则是错误的
    int*q = a[0],i,j;
    for(i=0;i<3;i++)
        printf("%d  %d %d\n",a[i][0], *a[i], *(*(a+i)+i));
    printf("\n");
    for(i=0;i<3;i++)
        printf("%d %d %d\n", *p[i],q[i], *(q+i));
    printf("\n");
    for(j=0;j<4;j++)
        printf("%d %d %d\n", *(p[2]+j), *(q+2*4+j), *(q+j));
    return 0;
}
```

运行程序，输出：

```
1  1  1
5  5  6
9  9  11

1  1  1
5  2  2
9  3  3
```

```
9   9   1
10   10   2
11   11   3
12   12   4
```

指针数组也常用来表示一组字符串。这时，指针数组的每个元素被赋予一个字符串的首地址。指向字符串的指针数组的初始化更为简单，例如：

```
char*city[ ] = {"Shanghai","Beijing","Xi'an","Nanjing","Dalian"};
```

初始化之后，city[0]即指向字符串"Shanghai"，city[1]指向"Beijing"……。

【例 5-17】 某个班级有 N 名学生（假设 N=5），每个学生的信息包括：姓名、3 门课程成绩（整型数据）。

要求使用指针完成以下功能：

1）实现这些数据的键盘输入与屏幕输出。

2）对于每一个不及格成绩都要求输出对应的学生姓名以及这是第几门课程的成绩。

3）统计不及格成绩的总数量。

分析： 5 个人 3 门课程的成绩用二维整型数组 sc 存放，姓名用二维字符数组 name 存放。为方便使用指针访问数据，需要定义一个整型的指针变量 psc，让其指向成绩数组 sc；还需要定义一个字符型的指针数组 pname，让其指向姓名数组 name。

```
#include <stdio.h>
#define N 5                              //5 个学生
#define M 3                              //3 门课程
int main()
{   int sc[N][M],i,j, *psc,num=0;
    char name[N][15], *pname[N];
    //------------输入学生姓名和成绩---------------
    psc=sc[0];                           //让 psc 指向成绩数组 sc
    for(i=0;i<N;i++)
    {   printf("输入第%d 个学生姓名:",i+1);
        pname[i]=name[i];                //让 pname 指向姓名数组的第 i 行
        gets(pname[i]);                  //输入第 i 个学生的姓名
        printf("输入第%d 个学生%d 门课成绩:",i+1,M);
        for(j=0;j<M;j++)
            scanf("%d",psc++);
        getchar();
    }
    //---------------输出原始成绩单----------------
    printf("原始成绩单:\n");
    psc=sc[0];
    for(i=0;i<N;i++)
    {   printf("%s\t",pname[i]);
        for(j=0;j<M;j++)
            printf("%4d", *(psc++));
        printf("\n");
    }
    //------------输出不及格信息及统计不及格总成绩数量---------------
    psc=sc[0];
    for(i=0;i<N;i++)
        for(j=0;j<M;j++,psc++)
            if( * psc<60   )
            {
                printf("%-15s 第%d 门课程 %5d\n",pname[i],j+1, *psc);
```

```
            num ++;
        }
    printf("\n不及格成绩数 =%d\n",num);
    return 0;
}
```

运行程序:

显示:输入第1个学生姓名:输入:zhang↙

显示:输入第1个学生3门课成绩:输入:89　87　56↙

显示:输入第2个学生姓名:输入:li↙

显示:输入第2个学生3门课成绩:输入:76　56　89↙

显示:输入第3个学生姓名:输入:wang↙

显示:输入第3个学生3门课成绩:输入:78　76　67↙

显示:输入第4个学生姓名:输入:tian↙

显示:输入第4个学生3门课成绩:输入:87　59　56↙

显示:输入第5个学生姓名:输入:sun↙

显示:输入第5个学生3门课成绩:输入:67　78　87↙

输出:

```
原始成绩单:
zhang     89   87   56
li        76   56   89
wang      78   76   67
tian      87   59   56
sun       67   78   87
   zhang 第3门课程       56
   li 第2门课程          56
   tian 第2门课程        59
   tian 第3门课程        56

不及格成绩数 =4
```

5.4 多级指针

指针变量是直接指向目标变量的指针,用一个字符型指针变量可以灵活地操作一个字符串,但是多个字符串用一个指针变量去操作就不太容易了。二级指针和指针数组结合起来可以较好地解决这个问题。

5.4.1 多级指针的概念

一级指针变量存放的是它所指向的同类型普通变量的地址,如果一个指针变量存放的是另一个指针变量的地址,则称其为多级指针(即指向指针的指针)。常用的是二级指针。

二级指针的定义格式:

```
类型标识符 ** 指针变量名
```

例如:

```
int  **p, *q,a =10;
q = &a;
p = &q;
```

说明：

1）上述第1个语句中定义了一个int类型的普通变量a、一级指针变量q和二级指针变量p，并对变量a进行初始化，初值为10。

2）通过语句“q=&a;”使q指向同类型（int）的变量a，从而通过*q就可访问变量a，即满足：*q==a==10。

3）p是int类型的二级指针变量，它只能接受同类型（int）的一级指针变量的地址。故通过语句“p=&q;”使p指向了指针变量q。这时，若想通过二级指针变量p访问变量a的值，只能先通过*p获取了q中存放的变量a的地址，然后再用*(*p)才能获取变量a的值。它们之间的指向关系如图5-7所示，即满足：**p==*q==a==10。

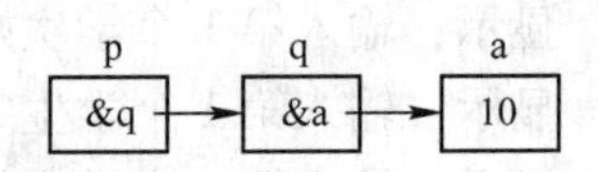

图5-7 二级指针变量p、一级指针变量q与变量a的指向关系

5.4.2 通过二级指针变量引用二维数组及字符串

【例5-18】 利用二级指针变量求一个二维整型数组中的最大值。

分析： 二级指针变量只能存放一级指针变量的地址，而二维数组名是地址常量，不能直接赋值给二级指针变量；a[0]表示的是第1行的首地址，也是地址常量，也不能将其赋值给二级指针变量，因此，只能定义一个指针数组，这个指针数组中每一个元素都是指针，故指针数组名赋值给二级指针才是正确的。程序如下。

```
#include <stdio.h>
int main()
{   int a[3][4], *s[4] = {a[0],a[1],a[2],a[3]}, **p,i,j,max;
    for(i=0;i<3;i++)
        for(j=0;j<4;j++)
            scanf("%d",&a[i][j]);
    p=s;
    max=**p;
    for(i=0;i<3;i++)
        for(j=0;j<4;j++,(*p)++)
            if(**p>max)
                max=**p;
    printf("max=%d\n",max);
    return 0;
}
```

运行程序，输入：

5 8 45 32

43 36 23 12

9 87 67 28

输出：

```
max=87
```

【例5-19】 利用二级指针对多个字符串使用冒泡法进行升序排序。程序如下。

```
#include <stdio.h>
#include <string.h>
int main()
{   char str[5][20], *s[5] = {str[0],str[1],str[2],str[3],str[4]}, **p,i,j,temp[20];
    for(i=0;i<5;i++)
```

```
        gets(s[i]);
    p = s;
    for(i = 1;i < 5;i ++)
        for(j = 0;j < 5 - i;j ++)
            if(strcmp(p[j],p[j + 1]) > 0)                    //交换
            {   strcpy(temp,p[j]);
                strcpy(p[j],p[j + 1]);
                strcpy(p[j + 1],temp);
            }
    for(i = 0;i < 5;i ++)
        puts(p[i]);
    return 0;
}
```

运行程序，输入：

xi'an

beijing

shanghai

nanjing

chongqing

输出：

```
beijing
chongqing
nanjing
shanghai
xi'an
```

习题 5

一、选择题

1. 已有定义“int k = 2;int *ptr1,*ptr2;”且 ptr1，ptr2 均已指向变量 k，下面不能正确执行的赋值语句是（　　）。

A. k = *ptr1 + *ptr2;　　B. ptr2 = k;

C. ptr1 = ptr2;　　D. k = *ptr1 *(*ptr2);

2. 变量的指针是指该变量的（　　）。

A. 值　　B. 地址　　C. 名　　D. 一个标志

3. 若有定义“int a[5],*p = a;”，则对 a 数组元素的正确引用是（　　）。

A. *&a[5]　　B. a + 2　　C. *(p + 5)　　D. *(a + 2)

4. 若有定义“int x = 0, *t = &x;”，则语句“printf("%d\n",*t);”输出结果是(　　)。

A. 随机值　　B. 0　　C. x 的地址　　D. p 的地址

5. 以下程序段完全正确的是（　　）。

A. int k,*p;*p = &k; scanf("%d",p);　　B. int*p; scanf("%d",&p);

C. int k,*p = &k;scanf("%d",p);　　D. int*p; scanf("%d",p);

6. 若 x 为整型变量，pb 为整型指针变量，则正确的赋值表达式是（　　）。

A. pb = &x;　　B. pb = x;　　C. *pb = &x;　　D. *pb = *x;

7. 下面程序的运行结果是（　　）。

```
#include < stdio. h >
void main( )
{    int b [ ] = {1,2,3,4} ,y,*p = &b[3] ;
     --p; y =*p;
     printf( "y = %d\n" ,y) ;
}
```

A. y = 0　　　B. y = 1　　　C. y = 2　　　D. y = 3

8. 下面程序的运行结果是（　　）。

```
#include < stdio. h >
void main( )
{    int n[10] = {1,2,3,4,5,6,7,8,9,10} ,*s = &n[3] ,*t = s + 2;
     printf( "%d\n" ,*s +*t) ;
}
```

A. 16　　　B. 10　　　C. 8　　　D. 6

9. 下面各语句行中，能正确进行字符串赋值操作的语句是（　　）。

A. char st[4][5] = {"ABCDE"} ;

B. char s[5] = {'A','B','C','D','E'} ;

C. char *s;s = "ABCDE" ;

D. char *s;scanf("%s" ,s) ;

10. 下面程序执行后的输出结果是（　　）。

```
#include  < stdio. h >
void main( )
{   int i,s = 0,t[ ] = {1,2,3,4,5,6,7,8,9} ;
    for(i = 0;i < 9;i += 2)
         s +=*(t + i) ;
    printf( "%d\n" ,s) ;
}
```

A. 45　　　B. 20　　　C. 25　　　D. 36

11. 设有“char str [20] = "Program" ,*p; p = str;”，以下叙述中正确的是（　　）。

A. 可以用 * p 表示 str [0]　　　B. str 与 p 都是指针变量

C. str 数组中元素的个数和 p 所指向的字符串长度相等

D. 数组 str 中的内容和指针变量 p 中的内容相同

12. 下面程序执行后的输出结果是（　　）。

```
#include < stdio. h >
void main( )
{   char s[ ] = {"a1b2c3d4"} ,*p; p = s;
    printf( "%c\n" ,*p + 4) ;
}
```

A. a　　　B. e　　　C. u　　　D. 元素 s[4]的地址

13. 以下程序的运行结果是（　　）。

```
#include  < stdio . h >
void main( )
{   char s[ ] = "rstuv" ;
    printf( "%c\n" ,*s + 2) ;
}
```

A. tuv　　　　B. 字符 t 的 ASCII 码值

C. t　　　　D. 出错

14. 若有“int c[4][15],(*cp)[15]; cp=c;”，则对数组 c 中元素正确引用的是（　　）。

A. cp+1　　B. *(cp+3)　　C. *(cp+1)+3　　D. *(*cp+2)

15. 设 p1，p2 是指向同一个字符串的指针变量，c 为字符变量，以下不能正确执行的赋值语句是（　　）。

A. c=*p1+*p2;　　　　B. p2=c;

C. p1=p2;　　　　D. c=*p1*(*p2);

二、填空题

1. 下面程序的输出结果：________

```
#include <stdio.h>
void main()
{    int x[5]={2,4,6,8,10},*p,**pp;
     p=x; pp=&p;
     printf("%d",*(p++));
     printf("%3d\n",**pp);
}
```

2. 下面程序的输出结果：________

```
#include <stdio.h>
#include  <string.h>
void fun(char  *w,int n)
{    char t,*s1,*s2;
     s1=w;s2=w+n-1;
     while(s1<s2)
     {    t=*s1++; *s1=*s2--;*s2=t;}
}
void main()
{    char  *p; p="1234567";
     fun(p,strlen(p));
     printf("%d",*p);
     puts(p);
}
```

3. 下面程序的输出结果：________

```
#include <stdio.h>
void main()
{    int a[5]={2,4,6,8,10},*p;
     p=a; p++;
     printf("%d",*p);
}
```

4. 下面程序的输出结果：________

```
#include <stdio.h>
void main()
{    int a[]={2,4,6,8,10},s=0,x,*p;
     p=&a[1];
     for(x=1;x<3;x++)
         s+=p[x];
     printf("%d\n",s);
}
```

5. 下面程序的输出结果：________

```
#include <stdio.h>
void main()
{    int a[] = {1,2,3,4,5,6},*p = a;
     *(p +3) +=2;
     printf("%d,%d\n",*p,*(p +3));
}
```

6. 下面程序的输出结果：________

```
#include <stdio.h>
void main()
{    int a[] = {1,2,3,4,5,6,7};
     int y,*p = &a[2];
     y = (*--p) ++;
     printf("%d %d",y,*p);
}
```

7. 下面程序的输出结果：________

```
#include <stdio.h>
void main()
{    char a[] = "Language",b[] = "Programe";
     int k; char *s1,*s2;
     s1 = a; s2 = b;
     for(k =0;k <=7;k ++)
         if(*(s1 +k) ==*(s2 +k))
               printf("%c",*(s1 +k));
}
```

8. 下面程序的输出结果：________

```
#include <stdio.h>
void main()
{    char s[] = {"12345678"},*p;
     p =s +3;
     printf("%s\n",p +2);
}
```

9. 下面程序的输出结果：________

```
#include <stdio.h>
void main()
{    int a[3][3] = {1,2,3,4,5,6,7,8,9},s =0,i;
     for(i =0;i <3;i ++)
         s =s +*(a[ i ] +i);
     printf("%d\n",s);
}
```

10. 下面程序的输出结果：________

```
#include <stdio.h>
void main()
{    char *s[] = {"book","opk","h","sp"};
     int i;
     for(i =3;i > =0;i --,i --)
         printf("%c",*s[i]);
     printf("\n");
}
```

三、程序设计题

1. 求整型一维数组中所有偶数之和，用指针访问数组。

2. 从键盘输入一行字符，字符个数不限，保存在内存中，然后输出该字符串，并统计该字符串中小写字母的个数。要求用指针完成。

3. 利用指针实现从字符串 s 中删除第 m 个字符的操作。

4. 输入若干个城市名称（用拼音表示），统计城市名称中第 2 个字母为“e”的城市个数。

5. 输入一个字符串，编程统计其中字母的个数，并将字母送入另一个字符数组中。要求用指针完成。

6. 对一个 3×3 的方阵，求其转置矩阵，要求用指针完成。

7. 用二级指针完成求一个矩阵的最小值，并给出最小值的行号列号。

8. 有 n 个整数，循环使每个元素向后移动 m 个位置，原来最后的 m 个元素变成前面的 m 个数，用指针完成操作。

第6章　函　数

内容提要　解决大型复杂问题的过程往往是自顶向下、逐步细化的过程，大型复杂问题可以分解为若干个子问题，解决子问题的程序段称为模块。模块化程序设计是面向过程程序设计的重要方法，C语言中的函数体现了这种思想。本章主要介绍模块化程序设计思想，函数的定义及其调用方式，指针函数及其调用方式，函数的嵌套调用和递归调用，变量的存储类型和作用域。

目标与要求　掌握函数的定义和返回值；掌握函数的调用方法；掌握函数间的数据传递方式；理解函数的嵌套调用和递归调用；理解变量的作用域和存储类型对程序运行结果的影响；初步掌握模块化程序设计的思想方法。

6.1　函数的引入

前几章涉及的问题相对比较简单，所有功能都在main()函数中实现，而实际问题往往要复杂很多。当程序的规模随着问题功能和复杂度扩大时，程序的实现和维护的难度就会加大。引入函数可以较好地解决这一问题。

6.1.1　模块化程序设计

在软件开发过程中，对于功能复杂、规模较大的程序采用模块化设计方法。C语言中，每一个功能独立的程序模块通常由函数实现，在需要的地方，直接调用即可。

1. 模块化设计的概念

模块化设计是指把一个复杂的问题按功能或按层次划分成若干功能相对独立的模块。即把一个大的任务进行分解，分解后的每一个子任务对应一个或多个子程序，然后把这些子程序有机组合成一个完整的程序。

例如，完成班级期末成绩单的处理，根据功能要求分成如下几个任务。

- 输入N个学生基本信息，包括学号、姓名和4科成绩。
- 计算N个学生的总分和平均分。
- N个学生成绩按总分降序排列。
- N个学生成绩按平均分统计成绩等级。
- 输出N个学生成绩单。
- 按成绩等级输出垂直直方图。

用一个main()函数能否实现这6个任务呢？答案是当然可以。如果把这种程序按上述任务分解为6个子任务，每个子任务功能相对单一，实现起来也容易，且程序员可以更专心地面对一个简单、功能单一的程序代码，维护和功能扩充也更加容易。任务分解后的模块如图6-1所示。

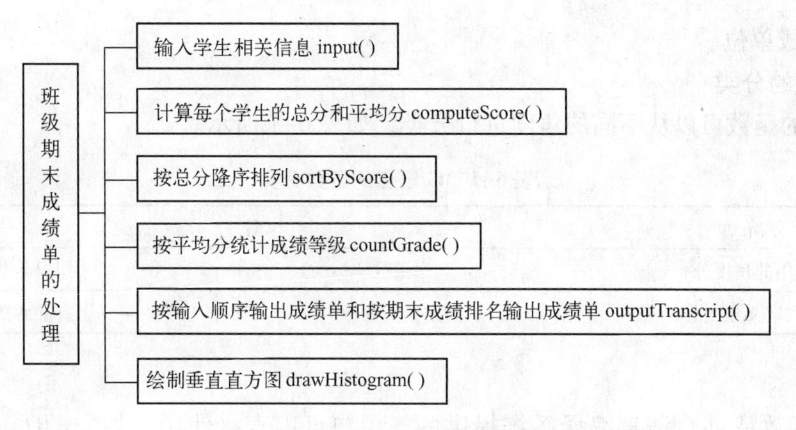

图 6-1　班级期末成绩单处理的模块分解图

2. 模块化设计的优点

1）一个大的程序分为若干模块，每个模块由一个子程序或函数实现，这将使程序的设计结构清晰，也便于软件的并行开发。

2）可以把一些实现常见运算过程的功能块作为标准功能块，用于构成复杂系统的基本单元。在 C 语言中，这些标准功能块以库函数方式体现。

3）模块化程序设计解决了代码的重复编写问题，提高了程序的可重用性，从而提高了程序的开发效率。

4）模块化程序设计提高了程序的可维护性。在 C 语言中，只要函数参数（或称用户接口）不变，函数内部的代码再次修改不会影响其他函数对它的调用，这使得修改、维护程序变得更加轻松。

6.1.2　C 程序结构

在 C 语言中，函数是实现程序模块化的必要手段。一个 C 程序可由一个 main( ) 函数和若干其他函数构成，且 main( ) 函数必不可少。main( ) 函数可以调用其他任何函数，其他函数之间也可以相互调用，但不能调用 main( ) 函数。一个 C 源程序结构及函数之间的调用示意图，如图 6-2 所示。

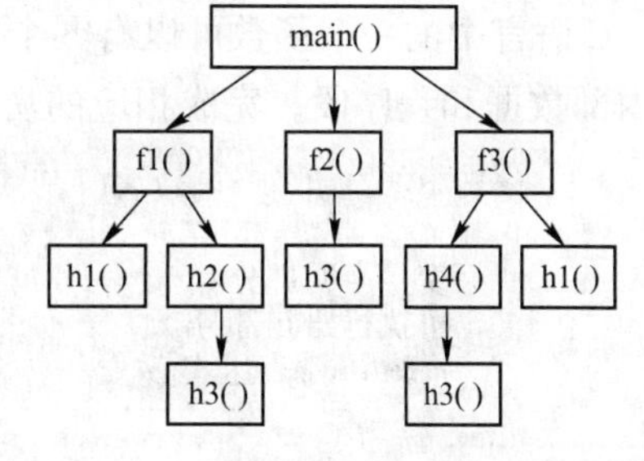

图 6-2　C 程序结构及函数调用示意图

说明：

1）C 程序的执行总是从 main( ) 函数开始，并在 main( ) 函数中结束。在 main( ) 函数中可以调用其他函数，调用结束后返回到 main( ) 函数的调用处。

2）所有函数都是分别定义、相互独立，即不能嵌套定义。非主函数间可以相互调用，也可嵌套调用。main( ) 函数只能由系统调用。

3）一个 C 程序文件是一个编译单位，而不是以函数为单位进行编译的。

6.1.3　函数及其分类

1. 函数的概念

函数是一段可以重复调用的、功能相对独立的完整程序段。在 C 语言中，函数是 C 程序的基本组成单位。

2. 函数的分类

C 语言的函数可以从不同的角度进行分类，如表 6-1 所示。

表 6-1　C 语言的函数分类

划分角度	种　类	
从使用的角度分	库函数	用户函数
从函数定义角度分	无参函数	有参函数

说明：

1）库函数是由 C 语言编译系统提供的，用户可以直接使用，如 printf( )、scanf( )、sin( )、strcmp( )等函数。在程序中若使用这些库函数，需要在程序开头用包含命令将含有该函数原型的头文件包含进来。

2）用户函数是由用户根据需要自己定义的函数，用来实现用户指定的功能。用户函数通常需要先定义，后使用。

3）有参函数和无参函数。定义函数时函数名后的圆括号中未指明形式参数时，该函数为无参函数，反之则为有参函数。

6.2　函数的定义和调用

C 语言规定，在程序中用到的所有函数，必须“先定义，后使用”。定义函数就是用户自己编写能实现指定功能的程序段。

6.2.1　函数的定义和调用的格式

1. 函数的定义

C 语言中的一个函数可以有零个或多个输入数据，一个或零个返回值，函数体中有自己的内部数据和程序段，完成相应的功能。函数定义的一般形式：

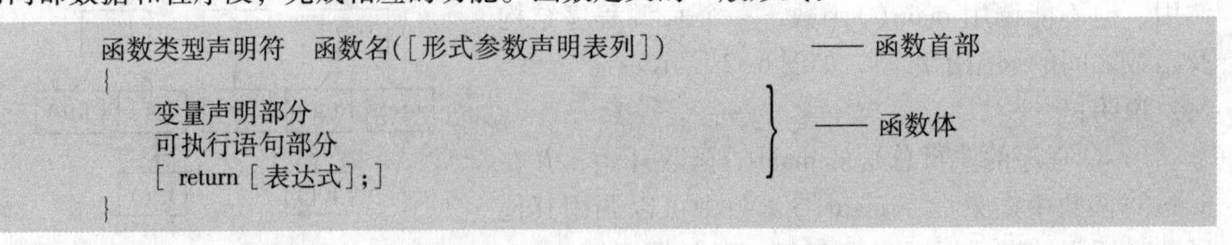

```
函数类型声明符　函数名([形式参数声明表列])            —— 函数首部
{
    变量声明部分
    可执行语句部分                                  —— 函数体
    [ return [表达式]; ]
}
```

说明：

1）函数类型声明符：用来说明函数返回值的类型，即函数的类型。如果不需要返回值，则应将其声明为“void”，即空类型。若函数类型为 int 类型，则定义时可省略函数类型（建议不要省去）。

2）函数名：函数名必须是一个合法的 C 语言标识符，不能与程序中其他函数名或变量名重名。函数名后的一对( )不可省略。

3）形式参数声明表列：形式参数表列是指函数名后括号中声明的变量列表，各参数之间用逗号间隔。每个参数必须单独指出其类型及参数名称，每个参数的类型可以是任何数据类型。有参函数与无参函数的不同之处就在于有没有这个形式参数表。无参函数没有形参表，但函数名后的圆括号不可省略。

4）函数体：函数体由变量声明部分和可执行部分组成。变量声明部分通常用来定义在该函数体中要用的各种变量（除形式参数之外），可执行语句部分是实现函数功能的具体语句部分。

5）函数的返回值：函数调用结束时，若需要将运算结果返回给主调函数，可以用return语句实现。return 语句的形式：

```
return[(表达式)];        或        return [ 表达式 ];
```

该语句的执行过程：计算表达式的值，将表达式的值按照函数首部定义的函数类型返回到主调函数的调用处。return 语句中的表达式类型一般应和函数类型一致，若不一致，则以函数类型为准，对数值型数据系统自动进行转换。一个函数只能有一个返回值。

return 后面的表达式可以省略，这时是不带值返回。不带值返回时一般不用 return 语句，当程序执行到函数结束的“}”时会自动返回。

6）“void”类型：如果函数中无 return 语句或 return 语句后不带表达式，并不代表函数无返回值，而是返回一个不确定的值，这个不确定的值有可能会给程序带来某些意外的影响。因此，如果确定函数不需要返回值，则在函数定义时声明函数类型为“void”型。

【例 6-1】 定义一个能输出 10 个“ * ”的函数。

分析：本例要求输出的“ * ”个数固定，可以不要参数，也不需要返回值。

函数定义如下。

```
#include <stdio.h>
void print_1()                      //函数头，无参函数，无返回值
{   int i,n = 10;                   //变量声明           ⎫
    for(i = 1;i <= n;i ++)          //执行语句           ⎬ 函数体
        printf("*");                                    ⎪
    return;                         //返回语句，不带值返回 ⎭
}
```

【例 6-2】 定义一个函数，能够输出 n 个“ * ”，n 由调用者指定。

分析：本例要求输出的“ * ”个数不固定，可以由调用者指定，因此需要 1 个参数用于指定“ * ”的个数，不需要返回值。

函数定义如下。

```
#include <stdio.h>
void print_2(int n)                 //函数头,有参函数,无返回值
{   int i;                          //变量声明   ⎫
    for(i = 1;i <= n;i ++)          //执行语句   ⎬ 函数体
        printf("*");                            ⎭
}                                   //无返回语句,遇"}"自动返回
```

【例 6-3】 定义一个函数，输出一串“ * ”，个数由随机函数产生（不超过 10），返回输出的“ * ”个数。

分析：本例要求输出的“ * ”个数在函数体中由随机函数产生，不需使用者指定，因此是一个无参函数，但要求返回“ * ”个数，需有返回值。

函数定义如下。

```
#include  < stdlib. h >
#include  < time. h >
#include  < stdio. h >
int print_3( )                          //函数头,无参函数,有返回值
{    int i,n;                           //变量声明
     srand( time( NULL) ) ;             //以下为函数体中的执行语句
     n = rand( ) %10;
     for( i = 1;i <= n;i ++ )
          printf( "*" ) ;
     return n;                          //返回语句,带值返回
}
```

【例 6-4】 定义一个求两个整数中大数的函数。

分析：函数的返回值是两个数中的大数，类型应该为整型。使用者如果使用该函数，就必须先提供这两个整数的值。所以，函数有两个整型参数。

函数定义如下。

```
int max( int x,int y)                   //函数头,有参函数,有返回值
{   int z;                              //变量声明
    z = x > y? x : y;                   //执行语句,也可用 if 语句实现
    return( z) ;                        //返回语句,带值返回
}
```

2. 函数的调用

定义函数的目的是为了使用，即函数调用。在一对调用关系中，调用其他函数的函数称为主调函数，被其他函数调用的函数称为被调函数。在主调函数中调用某个函数实现相应功能，调用语句应出现在主调函数中。

函数调用的一般形式：

```
函数名([ 实际参数表列 ]);
```

说明：

1）无论是有参函数还是无参函数，调用用户自定义函数与调用系统函数的方式相同。

2）实际参数表列：调用有参函数时，函数名后面括号中的各个量即为实际参数，简称为实参。各实参之间用逗号分隔，并且实参的个数和类型应该与该函数的形式参数的个数和类型一致。实参可以是常数、变量或表达式。

3）对于有参函数，在函数调用时，实参的值一一对应地赋给形参。注意：在 Turbo C 和 VC ++6.0 中，实参的求值顺序是从右至左。而对于无参函数，调用时参数表为空，但括号( )不能省略。

4）函数调用方式：根据函数在程序中出现的位置，常有以下几种形式。

形式 1：语句形式。即把函数调用作为一条语句，通常调用无返回值的函数。例如：

```
print_1( );         //调用【例 6-1】所示无参数无返回值的函数
print_2(5);         //调用【例 6-2】所示有参数无返回值的函数
```

形式 2：表达式形式。即函数调用作为表达式的一部分，通常调用带有返回值的函数。例如：

```
n = print_3( );              //调用【例 6-3】所示无参数有返回值的函数,并获取返回值
s = m + max(5,8);            //调用【例 6-4】所示有参数有返回值的函数,并获取返回值
```

形式 3：函数参数形式。即把函数调用作为另一个函数的参数，这时要求函数带回一个返回值，该返回值是主调函数的参数。例如：

```
printf("%d",max(5,8));                    //调用 max 函数,获取返回值并输出
```

【例 6-5】求任意两个整数的最大数。通过调用【例 6-1】【例 6-2】【例 6-4】中的函数实现。主函数如下。

```
#include <stdio.h>
int main()
{   int a,b,c;
    scanf("%d,%d",&a,&b);
    c = max(a,b);       //调用函数 max()
    print_1();
    printf("max = %d\n",c);
    print_2(10);
    return 0;
}
```

说明：

1）【例 6-5】完整的源程序还要分别包括【例 6-1】、【例 6-2】、【例 6-4】中各自的用户函数。在上机验证程序时，请把用户函数输入在前，main 函数输入在后。

2）"#include <stdio.h>" 在程序的最前面，且只需要写 1 个即可。

3. 函数的调用过程

函数调用过程，实际上是使被调用函数得到执行的过程。调用过程如下。

1）根据函数名找到被调函数。若没有找到，系统将报告出错信息。

2）为被调用函数的所有形式参数按指定的数据类型分配另外的内存单元。

3）虚实结合。计算实际参数的值，并一一对应地传递给形式参数。

注：无参函数没有 2）、3）这两步。

4）为函数体内声明的变量分配内存单元。

5）依次执行函数体中的所有语句。当执行到 return 语句时，计算返回值，将返回值返回到主调函数的调用处。若无 return 语句，则遇函数结束的右大括号"}"时，返回到主调函数的调用处。

6）释放本函数中的形参变量和内部变量所占用的内存单元（注意：对于 static 类型的变量，其所用内存单元不释放），之后继续执行程序。

【例 6-5】中主函数调用 max()函数的函数调用过程如图 6-3 所示。

【例 6-5】程序执行过程：
（1）从 main() 函数开始执行
　1）给主函数中的 a，b，c 变量分配内存单元。
　2）从键盘输入两个整数给 a 和 b。
（2）调用max函数
　1）先给形参 x，y 分配内存单元。
　2）将实参 a 和 b 的值传递给 x 和 y。
　3）给变量 z 分配空间。
　4）执行条件语句并将结果赋给 z。
　5）返回 z 值并赋值给变量 c。
　6）释放 x，y，z 占用的内存空间。max函数调用结束。
（3）返回main() 函数后继续执行
　输出c的值。
（4）整个程序运行结束

图 6-3 【例 6-5】调用 max()函数过程

6.2.2 函数之间的位置关系及函数的原型声明

1. 函数之间的位置关系

【例 6-6】下面程序在编译时弹出“与 sum 声明中的类型不匹配”错误信息，如何改错?

```
#include <stdio.h>
int main( )
{   float x,y,aver;
    scanf("%f,%f",&x,&y);
    aver = sum(x,y)/2.0f;                          //调用 sum()函数
    printf("aver = %f\n",aver);
    return 0;
}
float sum(float a,float b)                         //定义 sum()函数,返回类型为 float
{   float s;
    s = a + b;
    return s;
}
```

分析：程序中，main( )和 sum( )两个函数本身定义都没有错，只是 main( )函数在前，sum( )函数在后，且在 main( )函数中调用了 sum( )函数。因此，问题就出在函数的位置顺序上。

同普通变量一样，函数也遵循“先定义，后使用”的原则。在一个 C 程序中，当有多个函数时，编译系统要检查函数调用的合法性（检查函数类型、函数名、形参个数及类型等)，若这些信息提供的不正确或不及时，编译时将不能通过。函数位置的先后顺序，会影响编译的结果。C 语言规定：

1）被调函数在前面，主调函数在后面。此时，可直接调用，不必声明。

2）主调函数在前面，被调函数在后面。此时，需要对被调函数进行原型声明。

3）主调函数在前面，被调函数在后面。此时，若被调函数的类型是 int 或 char 类型，可以不对被调函数进行原型声明。

4）建议无论何种情况，都对被调函数进行原型声明。

2. 对被调函数原型声明的方法

所谓原型声明，是指在主调函数的调用之前，向编译系统提供被调函数的必要信息，包括函数类型、函数名、形参个数及类型等，以便编译系统在遇到函数调用时能正确识别函数并检查函数调用是否合法。

函数原型声明的一般形式：

```
函数类型  被调函数名(形参类型 1 [参数名 1],形参类型 2  [参数名 2],…);
```

说明：

1）函数声明与定义是不同的。函数定义是指对函数功能的确立，包括函数的首部和函数体，是一个完整而独立的函数单位，需要通过编程来实现。函数声明则是对已定义函数在调用之前进行类型声明，它仅包括函数类型、函数名、形参个数及类型等，因此，函数原型声明时可以省略参数名。

例如：对 sum( )函数的原型声明语句如下。

```
float sum(float a,float b);   或      float sum(float,float);
```

2）函数声明语句放在主调函数的变量声明部分。此时，该声明仅对该主调用函数有效。

3）函数声明语句放在源程序文件的开头，则该声明对整个源程序文件有效。

对于【例 6-6】程序中的错误，改错方法有以下 3 种。

方法 1：把 sum( )函数的定义放在 main( )函数之前。(程序略)

方法 2：在主调函数 main( )中对被调函数进行声明，声明语句放在 main( )函数体中的变量声明部分。

正确的程序如下。

```
#include <stdio.h>
int main()
{   float x,y,aver;
    float sum(float a,float b);     //函数原型声明,也可用 float sum(float,float);
    scanf("%f,%f",&x,&y);
    aver = sum(x,y)/2.0;            //调用函数 sum()
    printf("aver = %f\n",aver);
    return 0;
}
float sum(float a,float b)                  //定义函数 sum()
{   float s;
    ……(略)
}
```

方法 3：在源程序的开头对被调函数进行声明。

程序如下。

```
#include <stdio.h>
float sum(float a,float b);        //函数原型声明,也可用 float sum(float,float);
int main()
{   float x,y,aver;
    ……(略)
    return 0;
}
float sum(float a,float b)                    //定义函数 sum()
{   float s;
    ……(略)
}
```

6.2.3 函数的参数传递

调用函数时，大多数情况下主调函数与被调函数之间存在着数据传递关系。主调函数通过实际参数向被调函数的形参传递数据，而被调函数向主调函数返回结果时一般是利用 return 语句实现。C 语言提供了两种参数传递方式：按值传递和按地址传递。

1. 按值传递

当实际参数是变量名、常数、表达式或数组元素，形式参数是变量名时，函数的参数传递采用按值传递方式。按值传递方式下，函数调用时，主调函数把实参的值一一对应地传给被调函数的形参。在函数调用过程中对形参值的改变不会影响实参的值。按值传递的特点是单向数据传递，即只把实参的值传递给形参，形参值的任何变化都不会影响实参。

【例 6-7】编程把两个整数置换后输出，置换过程用函数实现。程序如下。

```
#include <stdio.h>
void swap(int x,int y)                        //形参是变量名
{   int z;
    z = x;
    x = y;
    y = z;
    printf("x = %d,y = %d\n",x,y);
}

int main()
{   int a,b;
    scanf("%d %d",&a,&b);
    printf("a = %d,b = %d\n",a,b);
    swap(a,b);                                //实参是变量名
    printf("a = %d,b = %d\n",a,b);
    return 0;
}
```

运行程序，输入：5　7↙

输出：

```
a = 5,b = 7
x = 7,y = 5
a = 5,b = 7
```

函数调用及参数传递过程，如图6-4所示。可以看出，形参值的改变不影响实参的值。

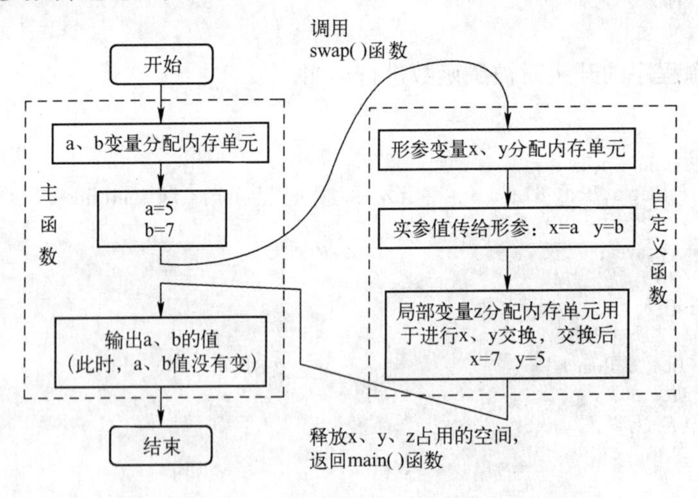

图6-4　【例6-7】程序执行及参数传递过程

2. 按地址传递

当实参是变量的地址、数组名或指针变量，形参是数组或指针变量时，函数的参数传递采用按地址传递。按地址传递方式下，在函数调用时，主调函数把实参的地址传递给形参，即传递的是存储数据的内存单元地址，而不是数值本身。

由于传递的是地址，使得形参与实参在函数调用期间共用同一个内存空间，函数体内对该空间数值的所有改变，实际上也就是对实参所指向的存储空间的改变，因而所产生的改变必然会影响实参的值。按地址传递的特点：数据传递是双向的，即实参的值能够传递给形参，而通过形参对内存空间数据的改变也会影响到实参的内容。利用地址传递方式可以实现调用一个函数返回多个处理结果的功能。

【例6-8】重写【例6-7】，参数使用变量地址。程序如下。

```c
#include < stdio. h >
void swap( int  *x,  int  *y)          //形参是指针变量,用指针变量接收实参变量的地址
{    int z;
     z = *x;  *x = *y;  *y = z;
     printf( " x = %d, y = %d\n" , *x, *y) ;
}

int main( )
{    int a,b;
     scanf( "%d %d" ,&a,&b) ;
     printf( " a = %d,b = %d\n" ,a,b) ;
     swap( &a,&b) ;                    //实参是变量的地址
     printf( " a = %d,b = %d\n" ,a,b) ;
     return  0;
}
```

运行程序，输入：5　7↙

输出：

```
a = 5,b = 7
x = 7,y = 5
a = 7,b = 5
```

函数调用及参数传递过程，如图6-5所示。可见，此时形参值的改变影响了实参的值。

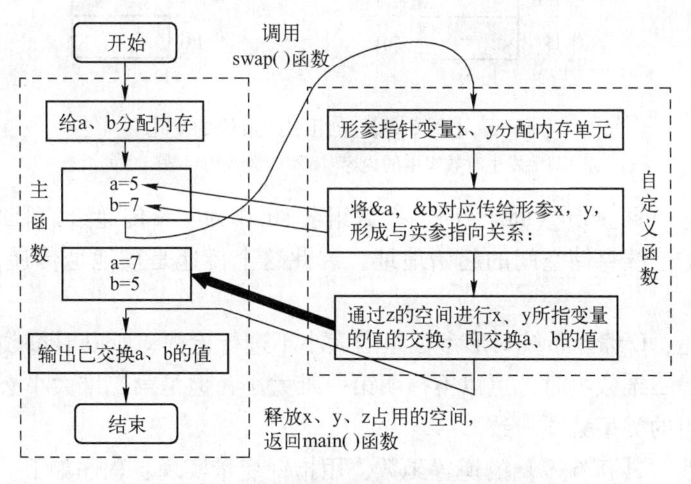

图6-5 【例6-8】程序执行及参数传递过程

【例6-9】把一个字符串逆置后输出，要求逆置过程用函数实现。

分析：

1）使用函数 reverse_string( )完成字符串的逆序，需要一个字符串（字符数组）作参数，逆置该字符串后能传回主调函数。

2）形参为数组时是按地址传递的，因此在函数 reverse_string( )中改变了字符串，也就改变了主调函数中的字符串。

3）形参使用字符数组，实参为数组名。

程序如下。

```c
#include < stdio. h >
#include < string. h >
void reverse_string( char s[ ])        //逆置一个字符串,形参为字符数组
```

```
{   int i,len;
    char ch;
    len = strlen(s);
    for(i = 0;i < len/2;i ++)
    {       ch = s[ i ];
            s[ i ] = s[ len - 1 - i ];
            s[ len - 1 - i ] = ch;
    }
}
int main()
{   char str[ ] = "abcde";
    reverse_string(str);             //实参为数组名
    puts(str);
    return 0;
}
```

程序执行过程中，数组元素值的变化，如图 6-6 所示。

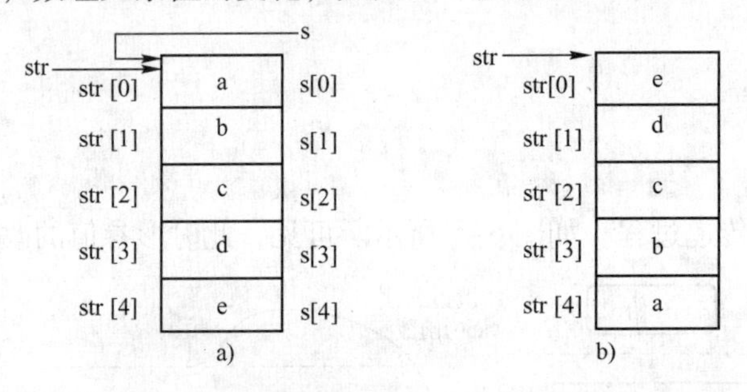

图 6-6 【例 6-9】数组中元素值的变化

a）函数调用发生时数组中的内容 b）函数调用后数组中的内容

本例在调用 reverse_string( )函数时，把数组名 str 作为实参传递给了形参数组 s，由于数组名是数组占用的连续存储空间的起始地址，因此这个传递是按地址传递，s 与 str 指向同一块内存地址。

应当注意的是：C 编译系统对形参数组的大小不进行检查，所以形参数组可以不指定大小。当形参数组是二维数组时，可以不指明第一维大小，但是第二维大小必须指明。另外实参数组与形参数组的类型必须一致。

【例 6-10】 改写【例 6-9】的逆置函数，用指针变量实现。程序如下。

```
#include < stdio. h >
#include < string. h >
void reverse_string(char*p)          //逆置一个字符串，形参为指向字符的指针变量
{   int i,len;
    char ch;
    len = strlen(p);
    for(i = 0;i < len/2;i ++)
    {      ch = p[ i ];
           p[ i ] = p[ len - 1 - i ];
           p[ len - 1 - i ] = ch;
    }
}

int main()
{   char str[ ] = "abcde";
    reverse_string(str);             //实参为数组名
```

```
    puts(str);
    return 0;
}
```

可以看出，【例6-9】与【例6-10】几乎没有差异。

6.2.4 函数应用举例

1. 找区间内的真素数

【例6-11】键盘输入两个整数x和y（x≤y），输出二者之间所有的真素数（包括x和y）并统计真素数的个数。所谓真素数，就是一个素数，其反序也为素数。例如，11、13均为真素数，因为11的反序还是11，13的反序31也为素数。

分析：

1）首先对二者之间的每一个数判断是不是素数，因此要调用函数prime()完成这个功能。该函数需要提供一个整型参数，返回该数是否为素数的判断结论；

2）其次要对一个整数求反序，这就需要调用函数reverse()实现，该函数也需要一个整型参数，函数返回值传回反序后的整数值。

3）prime()函数和reverse()函数都是只需对传入的实参值进行处理，函数返回的结果并不涉及形参本身值的改变，所以这两个函数的参数均采用值传递方式。

程序如下。

```
#include <stdio.h>
#include <math.h>
int prime(int x)                              //判断素数,是则返回1,否则返回0
{   int i,k;
    if(x==1) return 0;
    k=sqrt(x);
    for(i=2;i<=k;i++)
        if(x%i==0) break;
    if(i>k) return 1;
    else return 0;
}
int reverse(int x)                                    //计算一个整数的反序
{   int t=0;
    while(x!=0)
    {      t=t*10+x%10;
           x=x/10;
    }
    return t;
}
int main()
{   int x,y,min,max,i,p,count=0;
    scanf("%d%d",&x,&y);
    if(x<y) {min=x;max=y;}
    else { min=y;max=x;}

    for(i=min;i<=max;i++)
    {      if(prime(i)==1)                  //如果i是素数
           {      p=reverse(i);              //求i的反序
                  if(prime(p)==1)            //如果i的反序也为素数
                  {      printf("%d\n",i);   //i即为真素数
                         count++;
                  }
           }
```

```
    }
    printf("共%d 个\n",count);
    return 0;
}
```

2. 期末成绩折算

【例 6-12】 用函数实现：将 n 个学生的期末成绩按给定的百分比进行折算。学生的原始成绩和百分比由主函数提供，折算后的结果由主函数输出。程序如下。

```
#include <stdio.h>
#define N 5
void main()
{   double cj[N] = {85.0,64.0,98.0,79.0,71.0};
    int i,p;
    void cal(double a[],int n,int p);        //声明调用 cal()函数
    scanf("%d",&p);                          //输入折算率,不含%
    cal(cj,N,p);                             //调用 cal()函数,第 1 个实参为数组名
    for(i=0;i<N;i++)
        printf("%6.1f",cj[ i ]);
}
void cal(double a[],int n,int p)             //定义 cal()函数,第 1 个形参 a[]为数组
{   int i;
    for(i=0;i<n;i++)
        a[ i ]*=p/100.0;                     //按给定的百分比折算后,再放回原处
}
```

运行程序，输入：85 ↙（折算率为 85%）

输出：

```
68.0    51.2    78.4    63.2    56.8
```

3. 班级期末成绩单的处理

【例 6-13】 期末需要对某班学生成绩进行处理，生成班级成绩单。假设班级人数为 N 人（为方便调试程序，N 取为 5），输入每个学生的学号、姓名（学号、姓名不超过 10 个字符,）、4 科成绩，计算每个学生的总分、平均分（平均分用整数，四舍五入），然后按总分降序排列，按平均分统计成绩等级（平均分≥90 时，成绩等级为 A；80≤平均分≤89 时，成绩等级为 B；70≤平均分≤79 时，成绩等级为 C；60≤平均分≤69 时，成绩等级为 D；平均分<60 时，成绩等级为 E），输出原始成绩单和排序后的成绩单，并根据成绩等级输出垂直直方图，如图 6-7 所示，表示达到 A 级的 1 人，B 级的 3 人，E 级的 1 人，其他的 0 人。

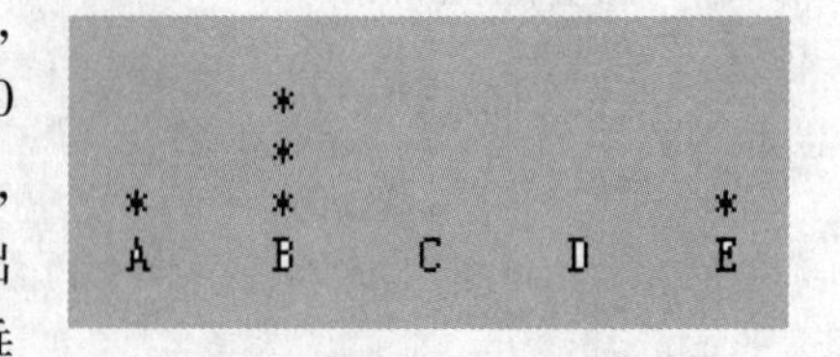

图 6-7　垂直直方图

分析：

1）班级学生的学号、姓名为字符串，可用两个二维字符数组分别存放。4 科成绩及总分、平均分为整型数据，可用一个整型的二维数组存放。

2）调用 input()函数实现数据的输入。由于一个学生的数据使用了不同的数组存放，在输入数据时，要保证每个学生的数据要对应，顺序要一致。

3）调用 computeScore()函数实现每个学生的总分和平均分的计算。

4）调用 sortByScore()函数实现按总分降序排列。特别提醒，排序过程中遇交换数据要交换对应的所有数据，保证数据的统一性，否则结果可能会张冠李戴。

5）调用 countGrade( )函数实现按平均分统计成绩等级。

6）调用 outputTranscript( )函数实现成绩单的输出。输出成绩单时，尽量使数据对齐输出。

7）调用 drawHistogram( )函数实现画垂直直方图。画垂直直方图时，因为是从上往下画，一旦开始下一行，就不能再回头去画上一行。所以，可以先在一组数中找出最大数，该最大数代表直方图中“ * ”分布的总行数，该最大数也作为循环变量的初始值。在每轮循环中，当数组中的某个元素值大于等于当前循环变量时，数组下标对应的列位置就需要输出“ * ”，否则输出空格。

将上述所描述的班级期末成绩单的处理分解为 6 个模块的函数关系，如图 6-8 所示。

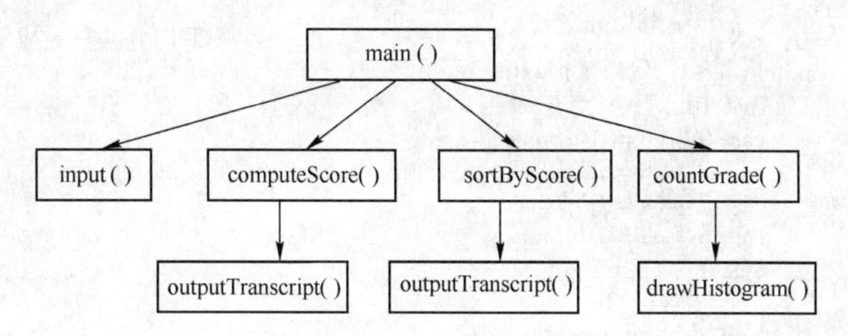

图 6-8　班级期末成绩单处理的函数调用示意图

程序如下。

```
#include <stdio.h>
#include <string.h>
#define M1 10                                   //M1 代表字符串的最大长度
#define N 5                                     //N 代表学生人数
#define M2 4                                    //M2 代表课程门数
void input(char num[][M1],char name[][M1],int sc[][M2+2])
{   int i,j;
    for(i=0;i<N;i++)                                    //输入数据
    {    printf("请输入第%d 个学生学号、姓名、4 科成绩(以空格间隔):",i+1);
         scanf("%s %s",num[i],name[i]);
         for(j=0;j<M2;j++)
             scanf("%d",&sc[i][j]);
    }
}
void computeScore(int sc[][M2+2])
{   int i,j,s;
    float  ave;                                         //ave 临时存放每次计算的平均分
    for(i=0;i<N;i++)                                    //统计总分、平均分
    {    s=0;
         for(j=0;j<M2;j++)      s+=sc[i][j];
         sc[i][M2]=s;
         ave=(float)sc[i][M2]/M2;                       //计算平均分
         sc[i][M2+1]=(int)(ave+0.5);                    //计算结果四舍五入
    }
}
void sortByScore(char num[][M1],char name[][M1],int sc[][M2+2])
{   int i,j,k,t;
    char str[M1];
    for(i=1;i<N;i++)                                    //总分列排序
        for(j=0;j<N-1;j++)
```

```
            if(sc[ j ][4] < sc[j+1][4])
            {   for(k=0;k<=M2+1;k++)                //交换第j行和第j+1行各列数据
                {t=sc[ j ][k];sc[ j ][k]=sc[j+1][k];sc[j+1][k]=t;}
                strcpy(str,num[ j ]);               //交换学号
                strcpy(num[ j ],num[j+1]);
                strcpy(num[j+1],str);
                strcpy(str,name[ j ]);      //交换姓名
                strcpy(name[ j ],name[j+1]);
                strcpy(name[j+1],str);
            }
    }
void countGrade(int sc[ ][M2+2],int count[ ])
{   int i;
    char ch;
    for(i=0;i<N;i++)                                    //按平均分换算的成绩等级统计人数
    {   switch(sc[ i ][M2+1]/10)
        {   case 10 :
            case 9 : ch='A';break;
            case 8 : ch='B';break;
            case 7 : ch='C';break;
            case 6 : ch='D';break;
            default : ch='E';
        }
        count[ch-'A']++;
    }
}
void outputTranscript(char num[ ][M1],char name[ ][M1],int sc[ ][M2+2])
{   int i,j;
    //输出表头
    printf("\n%-10s%-10s%-6s%-6s%-6s%-6s%-6s%-6s\n\n","学 号",
                "姓 名","英语","数学","体育","计算机","总 分","平均分");
    for(i=0;i<N;i++)                        //输出排序前的成绩单
    {   printf("%-10s%-10s",num [ i ],name[ i ]);
        for(j=0;j<M2+2;j++)
            printf("%-6d",sc[ i ][ j ]);
        printf("\n");
    }
    printf("\n");
}
void drawHistogram(int count[ ])
{   int max,i,j;
    printf("\n 垂直直方图 :\n");
    max=count[0];                                       //在统计人数中找最大值
    for(i=0;i<5;i++)
        if(count[ i ]>max)   max=count[ i ];
    for(j=max;j >=1;j--)
    {   for(i=0;i<5;i++)
        {   if(count[ i ]<j)   printf("%5c",' ');
            else   printf("%5c",'*');
        }
        printf("\n");
    }
    for(i=0;i<5;i++)
        printf("%5c",'A'+i);
    printf("\n");
}
void main()
{   char num[N][M1],name[N][M1];                        //num、name 分别存放学号、姓名
    int sc [N][M2+2];                                   //sc 存放 4 科成绩及总分、平均分
```

```
    int count[5] = {0};                //count 存放等级人数统计
    input(num,name,sc);                //输入数据
    computeScore(sc);                  //计算总分和平均分
    printf("输出原序成绩单\n");
    outputTranscript(num,name,sc);     //输出数据
    sortByScore(num,name,sc);          //排序
    printf("输出排序后的成绩单\n");
    outputTranscript(num,name,sc);
    countGrade(sc,count);              //统计成绩等级
    drawHistogram(count);              //画垂直直方图
}
```

【例 6-14】 改写【例 6-13】中的主函数，将顺序执行各功能块改为按菜单选择性地执行各功能块。程序如下。

```
#include <stdio.h>
#include <string.h>
#include <stdlib.h>                              //包含 system 函数
#define M1 10                                    //M1 代表字符串的最大长度
#define N 5                                      //N 代表学生人数
#define M2 4                                     //M2 代表课程门数
void input(char num[][M1],char name[][M1],int sc[][M2+2])
{   ……                                           //省略
}
void computeScore(int sc[][M2+2])
{   ……                                           //省略
}
void sortByScore(char num[][M1],char name[][M1],int sc[][M2+2])
{   ……                                           //省略
}
void countGrade(int sc[][M2+2],int count[])
{   ……                                           //省略
}
void outputTranscript(char num[][M1],char name[][M1],int sc[][M2+2])
{   ……                                           //省略
}
void drawHistogram(int count[])
{   ……                                           //省略
}
void menu()
{   printf("****************************************\n");
    printf("          1 ……………输入数据\n");
    printf("          2 ……………计算总分和平均分\n");
    printf("          3 ……………按总分降序排序\n");
    printf("          4 ……………统计成绩等级\n");
    printf("          0 ……………    退    出\n");
    printf("****************************************\n");
    printf("请输入你的选择:\n");
}
void main()
{   char num[N][M1],name[N][M1];          //分别存放学号、姓名
    int sc[N][M2+2];                      //sc 存放 4 科成绩及总分、平均分
    int count[5] = {0};                   //count 存放等级人数统计
    int xz;
```

```
    while(1)
    {   system("CLS");                                  //清屏函数
        menu();                                         //显示菜单
        scanf("%d",&xz);
        if(xz==0) break;
        switch(xz)
        {   case 1:input(num,name,sc);                  //输入数据
                   break;
            case 2:computeScore(sc);                    //计算总分和平均分
                   printf("输出原序成绩单\n");
                   outputTranscript(num,name,sc);       //输出数据
                   break;
            case 3:sortByScore(num,name,sc);            //排序
                   printf("输出排序后的成绩单\n");
                   outputTranscript(num,name,sc);
                   break;
            case 4:countGrade(sc,count);                //统计成绩等级
                   drawHistogram(count);                //画垂直直方图
                   break;
            default:printf("选择错误,请重新选择\n");
        }
        printf("按任意键继续……\n");getchar();
    }
}
```

4. 大整数相加

【例 6-15】 输入两个大的正整数（整数的位数最多不超过 200 位），求它们的和。

分析:

1）由于是大数，普通的 int 类型或者 long int 类型都有可能造成数据溢出，因此整数的存放可以使用字符数组。设输入的两个整数在数组中的存放形式如图 6-9 所示。

操作数 1：数组 op1	9	8	3	7	6	\0	\0	\0
操作数 2：数组 op2	3	6	9	\0	\0	\0	\0	\0

图 6-9　输入的两个整数在数组中的存放形式

2）模拟整数的加法运算，一般先要从个位开始计算。因此两个操作数要逆置，并把短的后面补 0，使两个数位数对齐。调整好的两个整数在数组中的存放形式如图 6-10 所示。

操作数 1：数组 op1	6	7	3	8	9	\0	\0	\0
操作数 2：数组 op2	9	6	3	0	0	\0	\0	\0

图 6-10　调整后的两个整数在数组中的存放形式

3）从个位（数组下标为 0 处）开始逐位相加。由于采用的是字符数组存放，因此相加时要把数组元素由字符型转换为对应的数值型，再考虑前一位产生的进位 jw，即每一位相加后的值 s = (op1[i] -'0') + (op2[i] -'0') + jw，其中，初始 jw = 0。

4）相加的结果放入结果数组中的方法：result[i] = s%10 +'0';，当前位产生的新进位：jw = s/10。

程序如下。

```
#include <stdio.h>
#include <string.h>
```

```
#define N 201
void reverse_string(char s[ ])                     //反转一个字符串
{    ……                                            //省略,参看前述例题
}
void fill_zero(char s[ ],int n)                    //使字符串后补 n 个零
{    int i,len;
     len = strlen(s);
     for(i = 0;i < n;i ++ )
          s[ i + len] ='0';
     s[ i + len] ='\0';
}
void add(char op1[ ],char op2[ ],char result[ ])            //加法运算
{    int i,len,s,jw = 0;
     len = strlen(op1);
     for(i = 0;i < len;i ++ )                      //两个字符数组的对应元素进行加运算
     {    s = (op1[ i ] -'0') + (op2[ i ] -'0') + jw;
          result[ i ] = s %10 +'0';                //加运算的结果放在结果数组 result 中
          jw = s/10;
     }
     if(jw!=0) result[ i ] = jw +'0';
}
void main( )
{    int len1,len2;
     char op1[N],op2[N],result[N] = "\0";
     gets(op1); reverse_string(op1);               //输入第 1 个操作数,然后逆置
     gets(op2); reverse_string(op2);               //输入第 2 个操作数,然后逆置
     len1 = strlen(op1); len2 = strlen(op2);
     if(len1 < len2)
          fill_zero(op1,len2 - len1);
     else
          fill_zero(op2,len1 - len2);
     add(op1,op2,result);                          //两个操作数相加,结果放在 result 中
     reverse_string(result);                       //结果逆置
     puts(result);                                 //输出计算结果
}
```

6.3 函数与指针

指针可以指向一个变量，可以指向一个数组，也可以指向一个函数。

6.3.1 指针作为函数的参数

指针可以作为函数的形式参数，这时实参可以是变量的地址和数组名。

【例 6-16】 重写【例 6-8】，注意与【例 6-8】的不同之处。程序如下。

```
#include < stdio. h >
void swap(int *x,int *y)                            //用指针变量接收实参变量的地址
{    int *z;
     z = x; x = y; y = z;
     printf("x = %d,y = %d\n",*x,*y);
}
int main( )
{    int a,b;
     scanf("%d %d",&a,&b);
     swap(&a,&b);                                   //传递实参变量的地址
```

```
    printf("a=%d,b=%d\n",a,b);
    return 0;
}
```

6.3.2 指向函数的指针

1. 函数的入口地址

C语言中，每个函数都占用一段内存区域，函数名代表该区域的首地址，即该函数第1条指令的存储地址，称其为函数的入口地址。

2. 函数指针的概念及定义形式

C语言程序在编译时，给每个函数分配内存空间，并记录该函数的入口地址。一个函数的入口地址称为指向这个函数的指针，可以通过它来调用函数。

在调用函数时，当用某个函数名或指向函数的指针变量作为实参时，对应的形参应该是指向同类型函数的指针变量，对应的实参提供的是要调用的函数的入口地址。就相当于从入口地址开始，间接地把这个函数传递给形参所在的函数。

函数指针变量定义的一般形式：

```
函数类型(*函数指针变量名)([形式参数声明表列])
```

说明：

1）函数类型：用来说明函数返回值的类型。由于“()”的优先级高于“*”，因此函数指针变量名外的圆括号必不可少。例如：

```
int func(int a);           //声明一个有一个参数的函数
int  (*f)(int a);          //声明一个函数指针
f=func;                    //将func 函数的首地址赋给指针 f
```

2）形式参数：形式参数表列表示指针变量指向的函数所带的形式参数列表。若该指针变量所指向的函数为无参函数，则形式参数列表可以省略，但“()”不可省略。

3. 通过指向函数的指针间接调用函数的方式

前一节介绍的是使用函数名直接调用函数的方式，也可以通过指向函数的指针变量间接调用函数，其调用方式有以下两种。

```
方式1:    (*函数指针变量名)([实参表列]);
方式2:    函数指针变量名([实参表列]);
```

【例6-17】利用函数指针变量调用函数举例。程序如下。

```
#include <stdio.h>
int sum(int a,int b)
{   return a+b;
}
int sub(int a,int b)
{   return a-b;
}
int main()
{   int result1,result2;
    int (*foundation)(int,int);            //定义一个函数指针,注意定义格式
    foundation=sum;                        //不能写成 foundation=sum();
    //通过指向函数的指针,间接地调用函数
    result1=foundation(10,20);             //使用间接调用函数的方式2
    foundation=sub;
```

```
    result2 = (*foundation)(10,20);           //使用间接调用函数的方式 1
    printf("%d %d\n",result1,result2);
    return 0;
}
```

【例 6-18】编写程序，用梯形法求下面的定积分：

$$\int_{-1}^{2}(2x^3-3x+5)\mathrm{d}x \quad 和 \quad \int_{0}^{1}\left(\frac{e^x}{x^2+2}\right)\mathrm{d}x$$

分析：

1）求积分的运算流程是相同的，变动的是求积分的函数以及求积分的区间值，因此将求积分的函数名匹配一个函数指针作为形参，可增强代码的通用性。

2）用梯形法求函数 f(x) 在区间（a,b）的定积分，是将曲线 f(x)、x 轴、直线 x = a、直线 x = b 围成的多边形划分成 n 等份，每等份近似地看成一个小梯形，如图 6-11 所示。

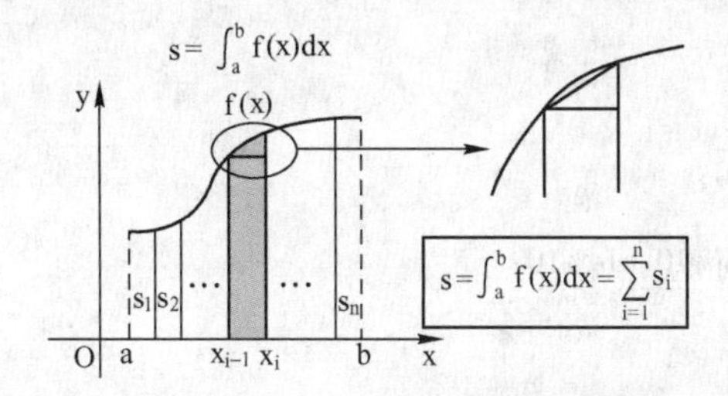

图 6-11　梯形法求函数 f(x) 在区间（a,b）的定积分的示意图

每个小梯形的高 $h=\frac{b-a}{n}$，最左边的小梯形面积为 $s_1=\frac{f(a)+f(a+h)}{2}\times h$，那么将（a,b）区间的所有小梯形面积值相加，即可得定积分的近似值 $s=s_1+s_2+\cdots+s_n\approx\int_a^b f(x)\mathrm{d}x$。经过化简，可以得到如下近似公式：$s=\left[\frac{f(a)+f(b)}{2}+\sum_{i=1}^{n+1}f(a+i\times h)\right]\times h$。

n 为积分区间的等分点数，可以看出，n 越大，所求积分精度越高。程序如下。

```
#include <stdio.h>
#include <math.h>
double f(double x)          //定义 f(x)
{   return 2*pow(x,3) - 3*x + 5; }
double g(double x)          //定义 g(x)
{   return exp(x)/(x*x + 2); }
double integral(double a,double b,int n,double (*fun)(double))
{   int i;
    double h,area = 0;
    h = (b - a)/n;
    for(i = 1;i <= n - 1;i ++)
        area = area + fun(a + i*h);
    area = area + (fun(a) + fun(b))/2;
    return area*h;
}
int main()
{   int n = 1000; //积分区间等分点数设为 1000
    printf("第一个算式的积分结果:%lf\n",integral(-1,2,n,f));
    printf("第二个算式的积分结果:%lf\n",integral(0,1,n,g));
    return 0;
}
```

【**例 6-19**】编写一个函数，每次在主函数中调用它时都能实现不同的功能，第一次调用判断一个整数是不是回文数，第二次调用计算从 1 到该整数之间所有奇数和。

分析：

1）一个数如果从左往右读和从右往左读数字是相同的，则称这个数是回文数，如 121，1221，15651 都是回文数。

2）分别写出实现求奇数和的 sum( ) 函数和判断回文数的 palindrome( ) 函数，然后统一用 process( ) 函数去调用各个函数。

程序如下。

```
#include < stdio. h >
int sum( int x)
{   int i, s = 0;
    for( i = 1; i <= x; i += 2)
        s += i;
    return s;
}
int palindrome( int x)
{   int b = x, temp = 0;
    while( b)
    {     temp = temp*10 + b %10;
          b = b/10;
    }
    if( temp == x)
          return 1;
    else
          return 0;
}
int process( int a, int (*fun) ( int) )
{   return fun( a);
}
int main( )
{   int r;
    scanf( "%d", &r);
    printf( "整数 %d   %s 回文数 \n", r, process( r, palindrome) == 1?"是":"不是");
    printf( "从 1 到 %d 之间所有奇数的和是 %d\n", r, process( r, sum) );
    return 0;
}
```

通过指向函数的指针变量调用不同函数时，要求这些函数具有相同的参数和相同的返回值类型。函数指针也必须定义成同样的参数和同样的返回值类型。

6.3.3 返回指针的函数

函数的返回值可以是 int、char、float 等，也可以为地址值。当被调用函数通过 return 语句返回的是一个地址或指针时，该函数称为指针型函数。

指针型函数定义的一般形式如下。

```
函数类型声明符   * 函数名([形式参数声明表列])  —— 函数首部
{     变量声明部分                  }
      可执行语句部分                }  —— 函数体
      return 地址或指针变量;        }
}
```

【**例 6-20**】指针作为函数返回值正确的示例程序。程序如下。

```
#include <stdio.h>
int score[10] = {1,2,15,4,5,21,7,18,9,10};
int main()
{   int *p;
    int *GetMax();                    //函数原形声明,函数返回值是一个指针
    p = GetMax();
    printf("Max value in array is %d\n",*p);
    return 0;
}
int *GetMax()
{   int temp,i,pos =0;
    temp = score[0];
    for(i =1;i <10;i ++)              //查找数组中的最大值并记录位置 pos
        if(score[ i ] >temp)
        {   temp = score[ i ];
            pos = i;
        }
    return &score[pos];               //返回最大值所在的地址
}
```

【**例 6-21**】指针作为函数返回值的**错误程序**示例。程序如下。

```
#include <stdio.h>
void main()
{   int *p;
    int *GetMax();                    //函数原形声明,函数返回值是一个指针
    p = GetMax();
    printf("Max value in array is %d\n",*p);
}
int *GetMax()
{   int score[10] = {1,2,15,4,5,21,7,18,9,10};
    int temp,i,pos =0;
    temp = score[0];
    for(i =1;i <10;i ++)              //查找数组中的最大值并记录位置 pos
        if(score[ i ] >temp)
        {   temp = score[ i ];
            pos = i;
        }
    return &score[pos];               //返回最大值所在的地址
}
```

注意这段程序和前面的例子很相似，好像没有什么问题，编译也可以顺利通过。但运行可能会出现问题。原因是这里的数组 score 是一个局部变量，函数调用结束后该数组所占用的内存空间将被释放，因此，最后的语句“return &score[pos];”虽然返回了数组元素的指针，但该数组元素已经不存在了，这个指针也就是一个无效的指针，这样的代码可能导致程序的异常。如果 score 所占用的这段内存暂时还没有被其他的数据所覆盖，这时还能输出正确的内容，但这只是一种幸运情况。

因此，C 不支持在函数外返回局部变量的地址，除非定义局部变量为 static 变量。

【**例 6-22**】编写一个函数生成 10 个随机数，使函数返回存放这 10 个数据的数组的首地址（即第一个数组元素的地址）。程序如下。

```
#include <stdio.h>
#include <time.h>
#include <stdlib.h>
int *getRandom()                      //要生成和返回随机数的函数
{   static int r[10];                 //数组 r 为 static 类型的局部变量
```

```
    int i;
    srand((unsigned)time(NULL));          //设置种子
    for(i=0;i<10;++i)
    {   r[i]=rand();
        printf("%d\n",r[i]);
    }
    return r;                             //返回第一个数组元素的地址
}
int main()
{   int *p;                               //一个指向整数的指针
    int i;
    p=getRandom();
    for(i=0;i<10;i++)
        printf("*(p+[%d]): %d\n",i,*(p+i));
    return 0;
}
```

【例 6-23】利用 strstr()函数，查找子串在主串中出现的次数。

分析：

1）在第 4 章的例子中查找主串中包含的字串时使用了两个监视哨，本例使用 strstr()函数实现。

2）strstr()函数的原形声明为"char *strstr(char *s1,char *s2)"，作用是检索子串 s2 在主串 s1 中首次出现的位置，这在第 4 章字符串常用操作中已经介绍过。

3）该函数就是一个返回指针的函数，它返回的是在 s1 中第一次出现 s2 的地址。因此可以用一个指针类型的变量来接收函数的返回结果，然后用字符串复制函数，把得到的结果去掉子串后再复制到新的主串中，重复此过程，直到没有找到子串，函数的返回结果为 NULL 为止。

程序如下。

```
#include <stdio.h>
#include <string.h>
void main()
{   char str[]="abcerabdfwerabsdfac",substr[]="ab";
    char *p; int count=0;
    while(1)
    {   p=strstr(str,substr);
        if(p==NULL)
            break;
        count++;
        strcpy(str,p+1);
    }
    printf("%d\n",count);
}
```

6.4 函数的嵌套调用和递归调用

在一个函数的定义中出现对另一个函数的调用时就是函数的嵌套调用，而如果这另一个函数是这个定义的函数自己，即自己调用自己时就是函数的递归调用。

6.4.1 函数的嵌套调用

C 语言在定义函数时，一个函数体内不能包含对另一个函数的定义，即函数定义不能嵌套，函数定义互相平行且独立。但是C语言允许在一个函数的定义中出现对另一个函数的调用，这就是函数的嵌套调用。

【例6-24】设有函数 y = f(x)，任给一实数 x，求 y 的值。其中：

$$\begin{cases} f(x) = g(x) + 1 \\ g(x) = h(x) - 5 \\ h(x) = x^3 + x \end{cases}$$

分析：上述问题中包含了3个函数 f(x)、g(x)、h(x)，在计算 f(x)值时用到了 g(x)，计算 g(x)时又用到了 h(x)。显然，这是一个函数嵌套调用的问题。

程序如下。

```
float h(float x)                    //定义 h(x)函数
{   float t;
    t = x*x*x + x;
    return t;
}
float g(float x)                    //定义 g(x)函数
{   float z;
    z = h(x) - 5;                   //在定义 g(x)时,调用 h(x)函数
    return z;
}
float f(float x)                    //定义 f(x)函数
{   float y;
    y = g(x) + 1;                   //在定义 f(x)时,调用 g(x)函数
    return y;
}
#include < stdio. h >
void main()
{   float x,y;
    scanf("%f",&x);
    y = f(x);
    printf("y = %f\n",y);
}
```

注意，在没有写函数的原型声明时，上述 h(x)、g(x)、f(x) 3个函数的前后顺序不可颠倒。【例6-24】函数嵌套调用过程示意图，如图6-12所示。

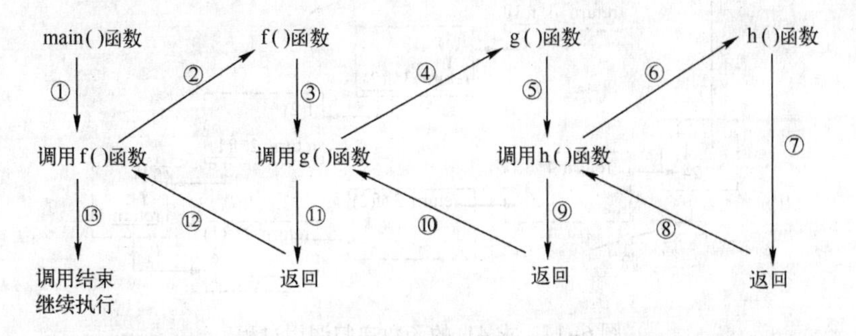

图6-12 【例6-24】函数嵌套调用过程示意图

6.4.2 函数的递归调用

一个函数直接或间接地调用自己的过程称为递归调用，如图6-13所示，左边的方式称为直接递归，右边的方式称为间接递归。

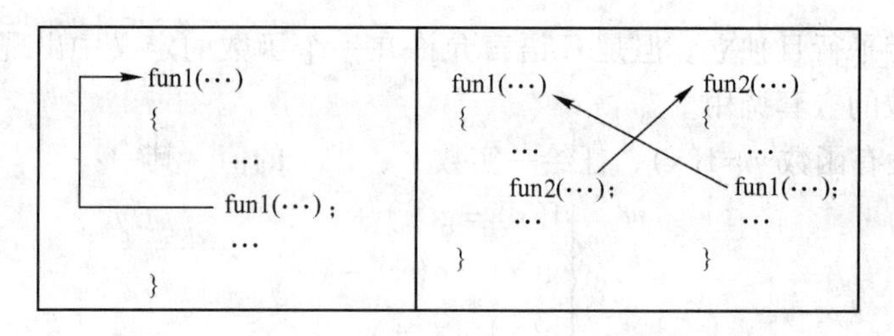

图 6-13　函数的递归调用

递归调用也称为循环定义，即用其自身来定义自己的过程。递归的基本设计思想就是将原问题化为性质相同但规模更小的问题，以达到最终求解的目的。

递归调用过程可分为以下两个阶段。

1）递推：将原问题逐步分解为性质相同但规模更小的子问题，从未知向已知方向递推，最终到达已知条件，即递归结束条件，这时递推过程结束。在递推过程中必须有一个明确的结束递归的条件，否则递归将会无限地进行下去。

2）回归：从已知条件出发，按照递推的逆过程，逐一求值回归，最终使原问题得以解决，回归过程结束。

设计一个递归过程必须满足两个条件，一是递归公式，二是递推终止条件。

【例 6-25】 对于任意一个给定的自然数 n，求 n 的阶乘。

分析：

1）求 n！可用公式 n！= n*(n－1)！来计算。由此可看出，要计算 n 的阶乘就必须求（n－1）的阶乘，要计算（n－1）的阶乘就必须求（n－2）的阶乘，……。那么，这个过程到什么时候为止呢？很显然，当递推到 1！时，该过程就不应该再进行下去了，因为，若继续同样的递推，必然得到 1！=0；进而回归得到结论 n！=0 的错误结论。故数学上规定：1！=1。从而终止了这个递推的过程，使递归进入回归阶段。知道了 1！，可递推出 2！，然后再递推出 3！……，最终计算出 n！。求 4！的递归调用过程如图 6-14 所示。

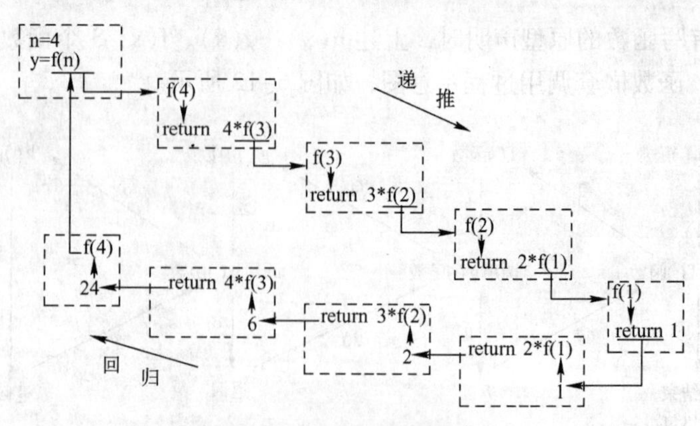

图 6-14　求 4！的函数递归调用过程

2）本例的递归结束条件为：1！=1（终结条件）。

求 n！的递归函数可表示为：

$$\text{fac}(n)=\begin{cases} n\times \text{fac}(n-1) & (n>1)\\ 1 & (n=1)\end{cases}$$

程序如下。

```
long fac( int n)
{   long p;
    if (n==1) return (1);
    else p = n*fac(n-1);                //函数递归调用
    return (p);
}
#include <stdio.h>
int main( )
{   int n;
    long y;
    scanf("%d",&n);
    y = fac(n);
    printf("%d != %ld",n,y);
    return 0;
}
```

从上述函数可以看出，在定义 fac 函数时，又调用了自己。C 语言允许函数进行递归调用，在递归调用中，主调函数同时又是被调函数。C 编译系统对递归函数的调用次数没有限制，每调用函数一次，在内存堆栈区就要分配空间用于存放函数返回时的恢复信息，所以递归次数过多，可能引起堆栈溢出。

一个问题能否用递归方法求解，取决于：第一能否将一个问题转换为具有同样解法的规模较小问题，即确定递推公式；第二有没有递归终止条件。

6.4.3 函数递归调用应用举例

【例 6-26】 用递归算法求 Fibonacci 的第 n 项的值。

分析：

1）Fibonacci 数列的规律：从第 3 项开始的每一项都是其前两项之和。

2）本例递归条件：f(1) = f(2) = 1；递推公式：f(n) = f(n-1) + f(n-2)。

程序如下。

```
#include <stdio.h>
int fibonacci( int n)
{      if(n==1||n==2)
           return 1;
       else
           return fibonacci(n-1) + fibonacci(n-2);      //函数递归调用
}
int main( )
{      int n;
       scanf("%d",&n);
       printf("第%d 项为:%d\n",n,fibonacci(n));
       return 0;
}
```

【例 6-27】 用递归算法求当 x = 5.8 时，多项式 $5x^3 + 3x^2 + 2x + 1$ 的值。

分析：

1）秦九韶是我国古代数学家的杰出代表之一，用他的名字命名的“秦九韶算法”是一种将一元 n 次多项式的求值问题转化为 n 个一次式的算法，其大大简化了计算过程。即使在现代，利用计算机解决多项式的求值问题时，秦九韶算法依然是最优算法。本例需要使用

"秦九韶算法"。

对于一元 n 次多项式 $p_n(x)=a_nx^n+a_{n-1}x^{n-1}+a_{n-2}x^{n-2}+\cdots+a_1x^1+a_0x^0$，可以写为：

$$
\begin{aligned}
p_n(x)&=(a_nx^{n-1}+a_{n-1}x^{n-2}+a_{n-2}x^{n-3}+\cdots+a_2x^1+a_1)x+a_0\\
&=((a_nx^{n-2}+a_{n-1}x^{n-3}+a_{n-2}x^{n-4}+\cdots+a_3x^1+a_2)x+a_1)x+a_0\\
&\cdots\\
&=((\cdots(a_nx+a_{n-1})x+a_{n-2})x+\cdots+a_1)x+a_0
\end{aligned}
$$

根据上式，在计算多项式的值时，首先计算最内层括号内一次多项式的值，然后由内向外逐层计算，即：

当 $n=0$ 时，$p_0(x)=a_n$

当 $n=1$ 时，$p_1(x)=p_0(x)*x+a_{n-1}$

当 $n=2$ 时，$p_2(x)=p_1(x)*x+a_{n-2}$

……

当为 n 时，$p_n(x)=p_{n-1}(x)*x+a_0$

2）本例递归条件为：$p_0(x)=a_n\ (i=0)$；递推公式：$p_i(x)=p_{i-1}(x)*x+a_{n-i}\ (i>0)$。

程序如下。

```
#include < stdio. h >
#define N 4
double p( double a[ ],int n,double x)
{      if(n ==0)
            return a[N -1];
       else
            return p(a,n -1,x)*x + a[N -1 - n];          //函数递归调用
}
void main( )
{      double x =5. 8;
       double a[N] = {1,2,3,5};
       printf( "%lf\n",p(a,3,x));
}
```

【例 6-28】基于递归算法的插入排序：将一组整数进行升序排序。

分析：

1）插入排序算法是假定前 n-1 个数已经有序，然后把第 n 个数按排序要求插入到合适的位置，使全部数据保持有序状态。

2）若调用函数 sort(a,n)为对数组 a 中的 n 个数排序，可以先对前 n-1 个数排序，即调用函数 sort(a,n-1)，再将第 n 个元素与前面已经排好序的 n-1 个元素比较，将其插入到合适位置即可。若 n=1，即一个数时则不用排序。

程序如下。

```
#include < stdio. h >
void sort( int a[ ],int n)
{      int m,i;
       if(n >1)
       {      m = a[n -1];
              sort(a,n -1);                    //函数递归调用
              for(i = n -2;i >=0;i -- )
                     if(a[i] >= m)
```

```
                a[i+1] = a[i];
            else
                break;
        a[i+1] = m;
    }
}
void main()
{   int a[6] = {6,3,2,8,9,4},i;
    sort(a,6);
    for(i=0;i<6;i++)              //输出排序后的结果
        printf("%4d",a[i]);
}
```

【例6-29】汉诺塔问题。古代印度布拉玛庙里僧侣玩一种游戏：一块铜板上有3根柱子A、B、C，A柱上有n个大小不等的中心为空的圆盘，大的在下，小的在上，如图6-15a所示。游戏规则是要把A柱上的盘子全部移动到C柱上，在移动过程中可以借助B柱，每次只能移动一个圆盘，并且在整个过程中3根柱子上都保持大圆盘在下面，小圆盘在上面。试编程给出移动过程。

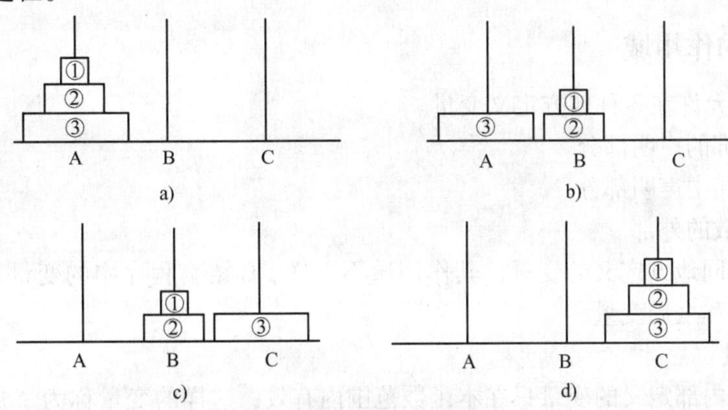

图6-15　汉诺塔问题及圆盘移动步骤

a）原始状态　b）A上①②经C移动到B　c）将③直接移到C　d）将B上①②经A移动C

分析：这是一个典型的只有用递归才能解决的问题。

首先，可将A柱上的n个圆盘看成两部分，上面n-1个和最后1个，把n个圆盘从A柱上移动到C柱上有以下3个步骤。

1）将A柱上面n-1（n>1）个圆盘借助C柱移到B柱上，如图6-15b；

2）将A柱上最后一个圆盘直接移到C柱上，如图6-15c；

3）将n-1个圆盘从B柱上借助A柱移到C柱上，如图6-15d。

而1）、3）步骤中n-1个盘子的移动方法也同上述方法一样。

即这个问题即可描述：hanoi(n,A,B,C)，3步分别描述：hanoi(n-1,A,C,B);A→C;hanoi(n-1,B,A,C);。

程序如下。

```
#include <stdio.h>
void hanoi(int n,char A,char B,char C)
{   if(n==1)
        printf("%d:%c-->%c\n",n,A,C);
    else
```

```
            {     hanoi(n-1,A,C,B);
                  printf("%d:%c -->%c\n",n,A,C);
                  hanoi(n-1,B,A,C);
            }
    }
    int main()
    {     int n;
          scanf("%d",&n);
          hanoi(n,'A','B','C');
          return 0;
    }
```

6.5 变量的作用域和存储类型

变量的作用域是指变量在程序中的哪些部分是可用的，即指变量的有效性范围。变量的存储类型是指变量的值存储在内存中的哪个区域。不同的存储区域会对变量的作用域与生存期产生影响。

6.5.1 变量的作用域

C 语言中，允许在 3 种地方定义变量。

1）函数内部的声明部分。

2）复合语句中声明部分。

3）所有函数的外部。

在程序的不同地方定义的变量，其作用域不一样。C 语言程序中的变量按作用的范围，可分为局部变量和全局变量。

1. 局部变量

在一个函数内部定义的变量只在本函数范围内有效，这样的变量称为“局部变量”，也称内部变量。有关局部变量的说明如下。

1）函数头形参表中定义的变量属于局部变量，作用域是所在函数。

2）定义在函数体变量声明部分的变量是局部变量，作用域也是所在函数。

3）函数体中若有复合语句，在复合语句中声明的变量也是局部变量，其作用域为所在的复合语句。

4）在一个函数内部，在作用域更小的局部变量的作用范围内，比它作用域大的同名局部变量无效。因此，复合语句中的变量可以与函数中变量同名，但建议尽量不重名，避免混淆。

5）在不同的函数中，也允许使用名字相同的变量，它们在内存中占用不同的内存单元，互不干扰。

2. 全局变量

在所有函数之外定义的变量称为全局变量，也称外部变量。其作用域是从定义全局变量的位置开始到程序结束（静态全局变量除外）。有关全局变量的说明如下。

1）全局变量只能定义一次。定义的位置在所有函数之外，系统根据全局变量的定义给其分配存储单元。全局变量若不进行初始化，则系统会自动清“0”。

2）如果在同一源文件中，全局变量与局部变量同名，则在局部变量的作用范围内，全局变量不起作用（程序对变量的引用遵守最小作用域原则）。

3）若全局变量的定义位置在引用它的函数之后，一般应在函数中或函数前加该全局变量的声明，使编译器知道这是一个什么类型的全局变量。全局变量的声明格式：

```
extern 类型符 全局变量名;
```

通过这种外部变量的声明可扩大全局变量的作用域。

4）由于全局变量可以被多个函数共享，因此全局变量也可以成为函数间进行数据传递的一个通道。但并不提倡使用全局变量，因为全局变量不论是否使用，在整个程序运行期间都一直占用内存空间。同时，全局变量也在一定程度上降低了函数的通用性及独立性。

【例 6-30】 分析下面程序，写出程序的运行结果。程序如下。

```
int m = 10;
#include < stdio. h >
void main( )
{     int a = 3, b = 5, s;
      s = a + b;
      {     int s, a = 1;
            s = a + b;
            a ++ ;
            printf( "a = %d, b = %d, s = %d, m = %d\n", a, b, s, m);
      }
      a ++ ; m ++ ;
      printf( "a = %d, b = %d, s = %d, m = %d\n", a, b, s, m);
}
```

运行结果：

```
a = 2, b = 5, s = 6, m = 10
a = 4, b = 5, s = 8, m = 11
```

此程序中，在程序的多个地方出现变量定义。变量定义的位置不同，其作用域不同，结果也会有所不同。

主函数外定义的变量 m 是全局变量，其作用域为整个程序；在主函数中定义的变量：a，b，s 是局部变量，作用域为整个 main 函数；在复合语句中定义的变量：a，s 也是局部变量，其作用域为整个复合语句。在复合语句中，有效的变量是复合语句中的变量 a，而不是 main 函数中的变量 a。变量的作用域如下所示。

```
int m = 10;
void main( )
{     int a = 3, b = 5, s;
      s = a + b;
      {     int s, a = 1;
            s = a + b;
            a ++ ;
            printf( "a = %d, b = %d, s = %d, m = %d\n",
                  a, b, s, m);
      }
      a ++ ; m ++ ;
      printf( "a = %d, b = %d, s = %d, m = %d\n", a, b, s, m);
}
```

在此范围内，复合语句中的 s，a 有效，主函数中的 s，a 无效

主函数中的 a，b，s 在此范围内有效，但 a，s 在其中的复合语句无效

全局变量 m 的作用范围

【例 6-31】 阅读下面程序，写出程序的运行结果。程序如下。

```
#include < stdio. h >
void f( )
```

```
{       extern int n;                        //声明 n 为全局变量
        n ++ ;
        printf("3) n = %d\n",n);
}

int n = 10;                                  //定义 n 为全局变量

int main()
{       n ++ ;
        printf("1) n = %d\n",n);
        {       int n = 2;n ++ ;             //此处 n 为局部变量
                printf("2) n = %d\n",n);
                f();
        }
        n ++ ;                               //此处 n 为全局变量
        printf("4) n = %d\n",n);
        return 0;
}
```

运行结果：

```
1) n = 11
2) n = 3
3) n = 12
4) n = 13
```

6.5.2 变量的存储类型

在计算机中，寄存器和内存都可以用于存放数据。内存中供用户使用的区域可分为 3 部分：程序区、静态存储区和动态存储区，其划分示意图，如图 6-16 所示。

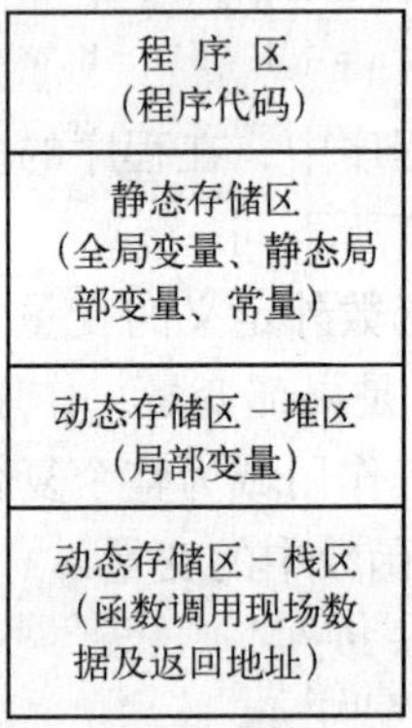

程 序 区 （程序代码）
静态存储区 （全局变量、静态局部变量、常量）
动态存储区 - 堆区 （局部变量）
动态存储区 - 栈区 （函数调用现场数据及返回地址）

图 6-16 内存用户区划分示意图

在静态存储区存放的变量称为静态变量，在动态存储区存放的变量称为动态变量。静态存储区用于存放程序中定义的全局变量和 static 型局部变量以及程序中的常量。动态存储区（也称堆栈）用于存放程序中定义的 auto 型局部变量、形式参数、函数调用时的现场保护和返回地址等。

内存中一个变量值的保存时间称为该变量的生存期。

静态变量在程序开始执行时就为其在静态存储区分配存储单元，程序执行完毕时才释放，在程序的运行过程中它们始终占用固定的存储单元，其变量值也一直保存到程序运行结束，故静态变量的生存期是从定义开始到程序结束。

函数头的形参变量和函数体中的局部变量，在所在函数被调用时才为其分配存储单元，函数调用结束，释放存储单元，结束生存期。它们生存期到所在的函数调用结束。

在复合语句中定义的动态变量，在复合语句结束时也释放存储空间，其生存期也结束。

变量在内存中的位置决定了变量的生存期，变量的存储类型决定了变量在内存中的存储区域。因此，在 C 程序中，在定义变量时除了说明变量的数据类型外，还需要说明变量的存储类型，变量定义的一般形式：

```
存储类型 数据类型 变量名;
```

变量的存储类型有 3 种：auto（自动型）、static（静态型）和 register（寄存器型），缺省时，默认为 auto 型。

1. auto 变量

声明是 auto 型的变量被放置在动态存储区。局部变量可以声明为 auto 型，如果没有指定存储类型，则系统默认为 auto 类型，如函数中的形参、在函数中定义的变量、在复合语句中定义的变量等。在前面各章的程序中所定义的变量凡未加存储类型声明符的都是自动变量。全局变量不能被声明为 auto 型。

2. static 变量

声明是 static 型的变量被放置在静态存储区中。局部变量和全局变量都可以声明成 static 类型，因此有静态局部变量和静态全局变量之分。

1）如果局部变量声明为 static，称其为静态局部变量，其生存期与全局变量相同，但作用域并不改变。动态局部变量和静态局部变量的区别，如表 6-2 所示。

表 6-2　动态局部变量和静态局部变量的区别

	动态局部变量（auto 型）	静态局部变量（static 型）
作用域	作用域为所在的函数或复合语句	作用域为所在的函数或复合语句
存储区域	动态存储区	静态存储区
生存期	在使用时才给变量分配存储空间，函数调用结束或复合语句执行完毕，释放存储空间，生存期结束	在第一次使用时分配存储空间，在程序整个运行期间一直占据固定单元，变量的值一直保存，直到程序运行结束
初始化	系统每次会为变量重新分配新的存储空间。如果有初始化，则每次均执行初始化语句	只在第一次使用时分配空间。若有初始化，该初始化语句只执行一次，下次调用直接引入上次结束时的结果。如果无初始化，第一次使用时系统会自动清“0”

2）全局变量无论是否声明成 static 类型，都将占用静态存储区。但静态全局变量不能被其他编译单位所引用。静态全局变量与非静态全局变量的区别，如表 6-3 所示。

表 6-3　静态全局变量与非静态全部变量的区别

	静态全局变量	非静态全局变量
作用域	缩小为所在源文件	从定义处到程序结束。可用 extern 声明将其作用域扩展
生存期	整个程序的执行期间	整个程序的执行期间

可以看出，局部变量声明为 static 后，作用域不变，生存期延长；全局变量声明为 static 后，生存期不变，作用域变小。

3. register 变量

C 语言提供了另一种变量，即寄存器变量。这种变量存放在 CPU 的寄存器中，使用时，不需要访问内存，而直接从寄存器中读写，这样可提高效率。对于频繁读写的变量可定义为寄存器变量。

寄存器变量的说明符是 register。有关寄存器变量的几点说明。

1）只有局部自动变量和形式参数才可以定义为寄存器变量，因为寄存器变量属于动态存储方式。凡需要采用静态存储方式的量不能定义为寄存器变量。

2）由于 CPU 中寄存器的个数是有限的，因此使用寄存器变量的个数也是有限的。

【例 6-32】 比较程序 1 和程序 2 的区别，写出运行结果。

程序1：

```
#include < stdio. h >
f( int a)
{       auto int b =0;
        b = b + 1;
        return( a + b) ;
}

void main( )
{       int a =2,i;
        for( i =0;i <3;i ++ )
             printf( "%d" ,f( a)) ;
}
```

运行结果：

```
3 3 3
```

程序2：

```
#include < stdio. h >
f( int a)
{       static int b =0;
        b = b + 1;
        return( a + b) ;
}

void main( )
{       int a =2,i;
        for( i =0;i <3;i ++ )
             printf( "%d" ,f( a)) ;
}
```

运行结果：

```
3 4 5
```

分析：两个程序不同之处仅在于b的声明一个为auto一个为static。声明为auto后每次调用该函数，都必须进行初始化。而声明为static后初始化仅在程序开始时进行一次，再次调用该函数时不再执行初始化，变量仍取上次保留下来的值。

有的程序在多次调用一个函数时，需要保留以前的值，这时用自动变量就不行，必须使用静态变量。但静态变量在程序运行期间一直占用存储空间，且多次调用后往往会弄不清楚该变量当前的值，使程序的可读性变差，因此除非十分必要，尽量不使用太多的静态变量。

习题6

一、选择题

1. 以下关于函数的叙述中正确的是（　　）。
   A. 每个函数都可以被其他函数调用（包括main函数）
   B. 每个函数都可以被单独编译
   C. 每个函数都可以单独运行
   D. 在一个函数内部可以定义另一个函数
2. 以下叙述中错误的是（　　）。
   A. 一个C程序由或一个或一个以上的函数组成
   B. 函数调用可以作为一个独立的语句存在
   C. 若函数有返回值，可以通过return语句返回
   D. 在任何时候，函数实参的值都可以传回给对应的形参
3. 若函数调用时的实参为变量时，以下关于函数形参和实参的叙述正确的是（　　）。
   A. 函数的实参和其对应的形参共占同一存储单元
   B. 形参只是形式上的存在，不占用具体存储单元
   C. 同名的实参和形参占同一存储单元
   D. 函数的形参和实参分别占用不同的存储单元
4. 在C语言中，函数返回值的类型最终取决于（　　）。
   A. 函数定义时在函数首部所说明的函数类型
   B. return语句中表达式值的类型

C. 调用函数时主函数所传递的实参类型

D. 函数定义时形参的类型

5. 以下函数调用语句中，含有的实际参数的个数是（　　）。

```
func(exp1,(exp2,exp3),(exp4,exp5,exp6));
```

A. 1 个　　B. 2 个　　C. 3 个　　D. 6 个

6. 有以下程序：

```
#include <stdio.h>
int fun(int n)
{    if(n==1) return 1;
     else return(n+fun(n-1));
}
void main()
{    int x;
     scanf("%d",&x);
     x=fun(x);
     printf("%d\n",x);
}
```

执行程序时，给变量 x 输入 10，程序的输出结果是（　　）。

A. 55　　B. 54　　C. 65　　D. 45

7. 有以下程序：

```
#include <stdio.h>
int fun(int x)
{    int p;
     if(x==0||x==1) return(3);
     p=x-fun(x-2);
     return p;
}
void main()
{    printf("%d\n",fun(7));
}
```

执行后的输出结果是（　　）。

A. 7　　B. 3　　C. 2　　D. 0

8. 有以下程序：

```
#include <stdio.h>
void f(int q[])
{    int i=0;
     for( ;i<5;i++)
         q[i]++;
}
void main()
{    int a[5]={1,2,3,4,5},i;
     f(a);
     for(i=0;i<5;i++)
         printf("%d,",a[i]);
}
```

程序运行后的输出结果是（　　）。

A. 2，2，3，4，5，　　B. 6，2，3，4，5，

C. 1，2，3，4，5，　　D. 2，3，4，5，6，

9. 在一个C语言源程序文件中所定义的全局变量，其作用域为（　　）。

A. 所在文件的全部范围　　B. 所在程序的全部范围

C. 所在函数的全部范围　　D. 由具体定义位置和extern说明来决定范围

10. 有以下程序：

```
#include <stdio.h>
int a = 1;
int f(int c)
{	static int a = 2;
	c = c + 1;
	return(a ++ ) + c;
}
void main()
{	int i,k = 0;
	for(i = 0;i < 2;i ++ )
	{	int a = 3;
		k += f(a);
	}
	k += a;
	printf("%d\n",k);
}
```

程序运行结果是（ ）。

A. 14　　B. 15　　C. 16　　D. 17

11. 有以下程序：

```
#include  <stdio.h>
int fun(int x,int y)
{	static int m = 0,i = 2;
	i += m + 1;m = i + x + y;
	return m;
}
void main()
{	int j = 1,m = 1,k;
	k = fun(j,m);
	printf("%d,",k);
	k = fun(j,m);
	printf("%d,\n",k);
}
```

执行后的输出结果是（　　）。

A. 5，5，　　B. 5，11，　　C. 11，11，　　D. 11，5，

12. 有以下程序：

```
#include <stdio.h>
int fun(int x[],int n)
{	static int sum = 0,i;
	for(i = 0;i < n;i ++ )
		sum += x[i];
	return sum;
}
void main()
{	int a [] = {1,2,3},b[] = {6,7,8,9},s = 0;
	s = fun(a,3) + fun(b,4);
	printf("%d\n",s);
}
```

程序执行后的输出结果是（   ）。

A. 45　　B. 50　　C. 42　　D. 55

二、填空题

1. 下面程序的输出结果：________

```
#include <stdio.h>
int func(int a,int b)
{    return(a+b);
}
void main()
{    int x=2,y=5,z=8,r;
     r=func(func(x,y),z);
     printf("%d\n",r);
}
```

2. 下面程序的输出结果：________

```
#include <stdio.h>
void f(int x,int y)
{    int t;
     if(x<y){t=x;x=y;y=t;}
}
void main()
{    int a=4,b=3,c=5;
     f(a,b);f(a,c);f(b,c);
     printf("%d,%d,%d\n",a,b,c);
}
```

3. 下面程序的输出结果：________

```
#include <stdio.h>
void main()
{    double sub(double,double,double);
     double a=2.5,b=9.0;
     printf("%f\n",sub(b-a,a,a));
}
double sub(double x,double y,double z)
{    y-=1.0;z+=x+y;
     return z;
}
```

4. 下面程序的输出结果：________

```
#include <stdio.h>
long fib(int n)
{    if(n>2) return(fib(n-1)+fib(n-2));
     else return(2);
}
void main()
{    printf("fib=%ld\n",fib(3));    }
```

5. 下面程序的输出结果：________（假设输入：5678 <回车>）

```
#include <stdio.h>
int sub(int n)
{    return(n/10+n%10);
}
void main()
{    int x,y;
```

```
    scanf("%d",&x);
    y = sub(sub(sub(x)));
    printf("xy = %d\n",y);
}
```

6. 下面程序的输出结果：________（假设输入：abcdefg12345 <回车>）

```
#include <stdio.h>
#include <string.h>
#define N 100
void fun(char s[])
{   int i,t,n = strlen(s);
    for(i = 0;i <= (n - 1)/ 2;i ++)
    {   t = s[i];
        s[i] = s[n - 1 - i];
        s[n - 1 - i] = t;
    }
}
int main()
{   char str[N];
    scanf("%s",str);
    fun(str);
    printf("%s",str);
    return 0;
}
```

7. 下面程序的输出结果：________

```
#include <stdio.h>
void fun()
{   static int a = 0;
    a += 2;
    printf("%d;",a);
}
int main()
{   int c;
    for(c = 1;c < 4;c ++)
    fun();
    printf("\n");
    return 0;
}
```

8. 下面程序的输出结果：________

```
#include <stdio.h>
int k = 0;
void fun(int m)
{   m += k;
    k += m;
    printf("m = %d k = %d\n",m,k ++);
}
int main()
{   int i = 4;
    fun(i ++);
    printf("i = %d k = %d\n",i,k);
    return 0;
}
```

三、程序设计题

1. 输出如下所示的图案。要求使用一个可以输出 n 个 “ * ” 的函数。

```
*
* *
* * *
* * * *
* * *
* *
*
```

2. 编写能够判断一个正整数是否为素数的函数，若为素数则返回'Y'，否则返回'N'，在主函数中输入这个正整数。

3. 写一个函数，将一个三位的八进制数转换成十进制数并输出，主函数中完成原始数据的输入。(提示：八进制按%o 格式输入，输入的数字前可不加 0，但数字为 0 ~7)

4. 编写一个函数，实现把一个字符串中所有数字字符替换成'*'。在主函数中完成输入与输出。

5. 编写一个函数，统计一个字符串在另一个字符串中出现的次数。主函数中完成字符串的输入与结果的输出。

6. 编写一个函数，实现把 n×n 的二维数组的第 1 列和第 n 列交换。在主函数中完成数据的输入与输出。(提示：n 需定义为符号常量)

7. 输入 5 个学生 3 门课的成绩，分别用函数实现下列功能：

1）计算每个学生的总分、平均分并以表格的形式输出。表格中包括：姓名，课程名 1，成绩 1，课程名 2，成绩 2，课程名 3，成绩 3，总分，平均分。

2）计算每门课的平均分。

3）输出每门课的最高分及最高分所对应的学生姓名、课程名和成绩。

第7章　编译预处理和位运算

内容提要　C语言的编译系统由两部分组成，一个是正式编译，另一个是编译预处理，其中编译预处理是C语言和其他高级语言的一个重要区别。当编译一个C语言源程序时，首先是编译预处理模块根据预处理命令对源程序进行适当的处理，然后才对源程序进行正式编译。本章主要介绍3种编译预处理命令以及二进制位运算。

目标与要求　了解编译预处理的含义，掌握宏定义的方法和“文件包含”以及条件编译的应用；理解并掌握位运算的概念及运算规则，熟悉有关位运算的程序设计方法。

7.1　编译预处理

编译预处理是在程序正式编译之前就要完成的处理。在C语言中，这样的处理有3种：宏定义、文件包含和条件编译。编译预处理命令均以符号“#”开头，并且规定一行只能写一条预处理命令，命令结束不能使用分号，通常预处理命令都放在源程序的开头。

在前面几章程序中用到的#define、#include等命令都是编译预处理的应用。

7.1.1　宏定义

C语言有两种宏定义命令，一种是不带参数的宏定义（也称符号常量定义），另一种是带参数的宏定义。

1. 不带参数的宏定义

不带参数的宏定义通常用来定义符号常量，即用指定的宏名（符号常量标识符）来代表一个字符串，一般形式：

```
#define <宏名> <字符替换序列>
```

说明：

1）通常宏名用大写字母表示，以示与普通变量区别。

2）宏名即符号常量标识符，宏名与字符替换序列之间用空格符分隔。

3）编译预处理时，在程序中开始进行宏替换（也称宏展开），凡是宏名出现的地方均被替换为它所对应的字符替换序列。

4）编译预处理时只是用宏名进行简单的替换，不进行语法检查更不会做运算，若字符串有错误，只有在正式编译时才会进行检查。

5）没有特殊需要，一般在预处理语句的行末不加分号，若加了分号，则连同分号一起替换。例如：

```
#define PI   3.14159f;
……
area = PI*r*r;
```

经过宏替换后，该语句被替换为“area =3.14159f;*r*r;”，显然正式编译时会报告语法错误。

6）使用宏定义可以减少程序中重复书写字符串的工作量，提高程序的可移植性。例如：

```
#define S" I am a student. "
```

程序中所有需要使用这个字符串的地方不需要一一写出该字符串本身，而用S代替。在编译预处理时，对于程序中所有出现S的地方均被替换为字符串"I am a student."。如果想改变S表示的字符串内容，只需改变宏定义中的S后的字符替换序列即可，而程序中所有使用S的地方均不需做任何改动。

通常当问题规模事先不能确定时，可使用宏定义来定义一个表示问题规模的符号常量，如在第5章数组中已经多次应用符号常量N定义数组的大小。

7）宏定义命令通常放在文件开头或者函数定义之前，宏名的作用域为从宏定义开始到本源文件结束。如果需要提前强制终止宏定义的作用域，可以使用#undef命令。例如：

```
#define PI   3.14159f
void main( )          }
{                     }
……                    } PI 的有效范围
}                     }
#undef PI                  //结束宏名 PI 的作用域
fun( )
{……}
```

#undef PI之后的代码范围，符号常量PI的宏定义就不再起作用了，从而可灵活控制宏定义的作用范围。

8）进行宏定义时，在字符替换序列中可以引用已定义的其他宏名，宏展开时会进行层层替换。例如：

```
#include < stdio.h >
#define PI   3.1415926f
#define R   4.0f
#define L   2*PI*R
#define S   PI*R*R
void main( )
{
     printf( "L = %f,S = %f\n" ,L,S);
}
```

经过宏展开后，printf()函数调用语句被宏替换为

```
printf( "L = %f\n,S = %f\n" ,2*3.14159f*4.0f,3.14159f*4.0 f*4.0f);
```

2. 带参数的宏定义

带参数的宏定义不仅要进行简单的字符串替换，而且还要进行参数替换。

一般形式：

```
#define <宏名>( <参数表>) <带参数的替换字符序列>
```

说明：

1）宏定义时，宏名与左括号之间不要出现空格，否则会将空格连同后面的所有替换字符序列都作为替换内容进行替换。例如：

```
#define S␣(a,b)␣ a*b
```

如果程序中有 y=S(x,y)，则展开为：y=␣(a,b)␣ a*b(x,y)，显然这不是想要的结果。

2）宏定义中的参数称为形参。程序中使用带参数的宏时，程序中的参数为实参，实参

可以是常量、变量或表达式。宏展开时，将替换序列中的形参用相应位置的实参替换；若宏定义的替换序列中的字符不是形参，则在替换时保留。例如：

```
#define S(a,b)   a*b
……
area = S(2,3);
```

其中 a 和 b 称为形参，2 和 3 称为实参，在宏展开时，把 2、3 分别代替宏定义中的 a、b，a*b 中的“ * ”号保留，因此宏展开后语句为“area = 2*3;”。

3）宏定义字符序列中的参数要用圆括号括起来，而且最好把整个字符串也用圆括号括起来，以保证在任何替换情况下都把宏定义作为一个整体，并且可以有一个合理的计算顺序，否则宏展开后，可能会出现意想不到的错误。例如：

```
#define S(r) 3.14159*r*r
……
area = S(a + b);
```

经过宏展开后变为“area = 3.14159*a + b*a + b;”，显然，由于宏定义时，对 r 没有加圆括号造成与设计的原意不符。那么，为了得到形如：

```
area = 3.14159*(a + b)*(a + b);
```

就应该在宏定义时给字符序列中的形参加上圆括号，即：

```
#define S(r) 3.14159*(r)*(r)
```

【例 7-1】从键盘输入两个数，输出较小的数。

```
#include <stdio.h>
#define MIN(a,b)((a) < (b)? (a):(b))
void main()
{     int x,y;
      printf("Please input two integers:");
      scanf("%d %d",&x,&y);
      printf("MIN = %d\n",MIN(x,y));
}
```

以上程序执行时，用序列((x) < (y)? (x):(y))来替换 MIN(x,y)，所以可以输出两个整数中的较小者。特别提示：在 MIN 与左括号之间不可加空格。

3. 带参数的宏与函数的区别

函数和带参数的宏从形式上看极为相似，但它们是不同的，其区别如表 7-1 所示。

表 7-1　函数和带参数之宏的区别

区别 \ 类型	函　数	带参数的宏
是否计算实参的值	先计算出实参表达式的值，然后传递给形参变量	不计算实参表达式的值，直接用实参原样进行简单的替换
何时进行处理、分配内存单元	在程序运行时进行值的处理、调用函数时分配临时的内存单元	预编译时进行宏展开，不分配内存单元，不进行值的处理
类型要求	实参和形参要有类型声明，且二者类型要匹配	不存在类型问题，只是一个符号表示
调用情况	函数的代码仅存在一个复制，对函数较大、调用次数较多时比较合算，但调用函数时会产生时间和空间的开销	在程序源代码中只要遇到宏符号，都将其进行宏替换，调用宏时没有时间空间的开销。但调用次数过多时会使程序代码加长很多
参数传递方式	有按值传递和按址传递方式	对宏不存在方式问题，就是简单替换

7.1.2 文件包含

文件包含是指一个源文件可以将另外一个源文件的全部内容包含进来，即将另一个 C 语言的源程序文件嵌入正在进行预处理的源程序中相应位置。一般形式：

```
#include <文件名>
```

或者

```
#include"文件名"
```

说明：

1）“文件名”指被嵌入的源程序文件中的那个文件名，必须用一对尖括号或一对双引号括起来。

2）使用一对尖括号和使用一对双引号对应着不同的路径查找策略。

尖括号 < >：系统直接按指定的标准方式检索。即在规定的磁盘目录（通常为软件安装目录下的 Include 子目录）查找文件。C 语言的标准库函数常用这种方式进行包含。

双引号" "：预处理程序首先在当前文件所在目录中查找文件，若没有找到，再在操作系统的 path 命令设置的各目录中查找，若还没有找到，最后才在 include 子目录中查找。

3）一个#include 命令只能指定一个被包含文件，若包含 n 个则需 n 个#include 命令。

4）若#include 命令指定的文件内容发生变化，则应该对包含此文件的所有源文件重新编译处理。

5）文件包含命令可以嵌套使用，即一个被包含的文件中可以再使用#include 命令包含另一个文件，而在该文件中还可以再包含其他文件，通常允许嵌套 10 层以上。

【例 7-2】 分析图 7-1 所示的几个 C 语言源文件之间的包含关系。

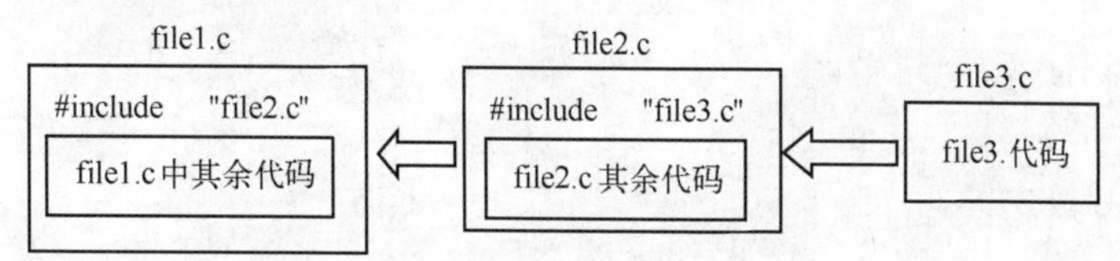

图 7-1 几个文件的包含结构示意图

分析：源文件“file3. c”通过“#include"file3. c"”命令，使“file3. c”的代码被加入到文件“file2. c”中，而“file2. c”通过“#include "file2. c"”又被加入到源文件“file1. c”中。因此，通过预处理后，在文件“file1. c”中既有“file2. c”的代码也有“file3. c”的代码。

在 C 语言的编译系统中有许多以“h”（h 为 head 的缩写）为扩展名的文件，称为“头文件”。这些头文件都是由 C 语言提供的源程序文件，其中包含调用库函数时所需要的函数原型说明、变量说明、类型定义及宏定义等。在程序中使用 C 语言的编译系统提供的这些库函数时，通常需要在源文件的开始部分将相应的头文件包含进来。

程序设计中正确使用#include 语句，可以大大减少不必要的重复工作，提高设计效率。

7.1.3 条件编译

通常 C 语言源文件代码都会参与编译。但是，有时希望依据一定条件只对其中一部分代码进行编译，这就是条件编译。

C 语言的编译预处理程序就提供了这种条件编译能力，使用户的这种需求得以实现，即在不同的编译条件下产生出不同的目标代码。

1. 指定某种符号已有定义的条件编译命令

格式：

```
#ifdef 标识符
      程序段 1
[#else
      程序段 2]
#endif
```

说明：若标识符已经被定义过（一般用#define 命令定义），那么编译程序段 1，否则编译程序段 2，其中#else 部分为可选项。

【例 7-3】分析下列条件编译代码。

```
#ifdef DEBUG
    printf("x = %d,y = %d\n",x,y);
#endif
```

分析：若标识符 DEBUG 被定义过，即程序中有宏定义“#define DEBUG”，则编译程序就会编译语句“printf("x = %d,y = %d\n",x,y);”，从而在程序运行时输出 x，y 的值。若没有宏定义“#define DEBUG”，则此处的 printf 语句就不参加编译，当然也不会执行。

注意条件编译与 if 语句是有区别的，即不参加编译的程序段在目标程序中没有与之对应的代码。如果是 if 语句，则不管表达式是否为真，if 语句中的所有语句都产生相应的目标代码。

2. 指定某种符号没有定义的条件编译命令

格式：

```
#ifndef 标识符
      程序段 1
[#else
      程序段 2]
#endif
```

说明：其意义与#ifdef 的意义恰好相反。若标识符没有定义，程序段 1 参加编译，否则程序段 2 参加编译。#else 部分为可选项。例如：

```
#ifndef DEBUG
    printf("x = %d,y = %d\n",x,y);
#endif
```

若标识符 DEBUG 没有定义，则编译 printf 语句，在程序运行时输出 x，y 的值；若有标识符 DEBUG 的宏定义，则此处的 printf 语句就不参加编译，也不被执行。

3. 指定表达式真假值的条件编译命令

格式：

```
#if 表达式
   程序段 1
[#else
   程序段 2]
#endif
```

说明：若表达式为“真”（非 0），编译程序段 1，否则编译程序段 2。其中#else 部分可以省略。例如：

```
#include  < stdio. h >
#define FLAG   1
void main( )
{       int a = 1, b = 0;
        #if FLAG
            a ++ ; printf( " a = %d" , a) ;
        #else
            b -- ;   printf( " b = %d" , b) ;
        #endif
}
```

此时 FLAG 为非 0，则编译语句“a ++ ;printf(" a = %d" , a) ;”。

注意，#if 预处理语句中的表达式是在编译阶段计算值的，因而此处的表达式中不能出现变量，必须是常量或用#define 定义的标识符。

4. #undef 标识符

格式：

```
#undef 标识符
```

功能是将已定义的标识符变为未定义的。例如：

```
#include < stdio. h >
#define FLAG   1
void main( )
{       int a = 1, b = 0;
        #undef FLAG
        #ifdef FLAG
            a ++ ;printf( " a = %d" , a) ;
        #else
            b -- ;printf( " b = %d" , b) ;
        #endif
}
```

虽然前面已经定义标识符 FLAG，但程序中“#undef FLAG”命令后，标识符 FLAG 已经变为未定义，故下面程序段只编译语句“b -- ; printf(" b = %d" , b) ;”，程序运行结果是 b = -1。

7.2 位运算

程序中的所有数据在计算机内存中都是以二进制的形式储存的。在很多系统的程序开发中，都要求有对二进制的位（bit）进行一些运算和处理。位运算和位处理通常由低级语言来提供，而作为高级语言的 C 语言也提供了位运算的功能。

7.2.1 位运算的概念和位运算符

位运算是指对存储单元中的数据按二进制位进行的运算和处理。

C 语言提供了 6 种位运算符：

1）&　　（按位与）

2）|　　（按位或）

3）^　　（按位异或）

4）~　　（按位取反）

5）<<　（左移）

6）>>　（右移）

说明：

1）位运算符中除了“~”以外，均为二目运算符。

2）运算对象只能是整型或字符型数据，不能为实型数据。

3）位运算的运算对象在运算过程中都以二进制补码的形式出现。

4）位运算符的优先级顺序：~、<<、>>（高于）&（高于）^（高于）|。

5）位运算符还可以与赋值运算符结合成为复合赋值运算符。

7.2.2　不同位运算的运算规则

1.“按位与”运算（&）

“按位与”运算是将两个操作数的对应二进制位进行逻辑与运算。

运算规则：将两个运算对象转换为二进制数（补码表示）且低位对齐，如果两个对应二进制位都为1，则该位的运算结果为1，否则为0。

例如：6&5。应先把6和5以补码表示，再进行按位与运算。运算过程如下。

6 的补码：0000 0110

5 的补码：0000 0101

& 运算：　0000 0100　　（注意，运算结果也是补码，故6&5的结果是4）

再如：-6&5。

-6 的补码：1111 1010

5 的补码：　0000 0101

& 运算：　　0000 0000　　（注意，运算结果也是补码，故-6&5的结果是0）

说明：

1）按位与运算的结果也是补码形式。

2）“按位与”运算通常用于对一个数中的某些位清0，即需要清0的位与“0”相与。这样不需清0的位仍保持原值不变。

【例7-4】设变量n为一正整数，试写出表达式，判断n是否为奇数。

分析：判断一个整数是否为奇数的常规表达式：n%2!=0 或 n%2，在此给出另一种判断方法。

在整数n的二进制表示中，如果“个位”数为0，则n为偶数，如果“个位”数为1，则n为奇数。因此，n是否为奇数的判断表达式还可以为：n & 1 !=0 或 n & 1。

由于按位与是各个位分别进行运算，并且各个位之间并没有进位或借位关系，理论上位运算的执行速度可以比加减运算还要快，而求余运算是除法运算。所以，对整数是否为奇数的判断，其按位与的判断表达式运算速度超过常规判断表达式。

2.“按位或”运算（|）

“按位或”运算是将两个操作数的对应二进制位进行或运算。

运算规则：如果两个相应位有一个为1，则该位的结果为1；如果两个相应位都为0，则该位的结果为0。

例如：0x65|0x35。运算过程如下。

0x65 的补码：0110 0101

0x35 的补码：0011 0101

|运算：　　0111 0101　　（注意：结果是补码。故，0x65|0x35的结果是 0x75）

说明："按位或"运算通常用于将一个数中的某些二进制位设置成 1，即需要置 1 的那些位与"1"相或。

【例 7-5】设变量 n 为一正整数，请将该数最低位字节中的偶数位全部置为 1，试写出能实现该功能的表达式。

分析：该数的最低位字节中的偶数位置为 1，即与二进制数"1010 1010"进行位或运算，故实现该功能的表达式为：n = n|170。

3. "按位异或"运算（^）

"按位异或"运算是将两个操作数的对应二进制位进行异或运算。

运算规则：如果两个相应位的值不同，则该位的结果为 1，如果两个相应位的值相同，则该位的结果为 0。

例如：0125^0017（以 0 开头的数表示八进制数）。运算过程如下。

0125 的补码：0101 0101

0017 的补码：0000 1111

^运算：　　0101 1010　（注意，结果是补码，故 0125^0017 的结果是 0x5a）

说明："按位异或"运算通常用于对一个数中的某些位取反，即需要取反的位与"1"相异或。

4. "按位取反"运算（~）

"按位取反"运算是对一个操作数的各二进制位进行按位取反。即将 0 取为 1，将 1 取为 0。

例如：~0125（以 0 开头的数表示八进制数）。运算过程如下。

0125 的补码：0101 0101

~运算：　　1010 1010　（注意，结果是补码，故结果是十进制数：-86）

5. "左移"运算（<<）

"左移"运算是将一个操作数的对应二进制位依次左移若干位。高位丢弃，低位补 0。

例如：设有"int a = 3, b;"，则执行了"b = a << 2;"后，b 的值是 12。

说明：

1）左移运算后只是产生一个表达式的值，被移位的变量的值保持不变。上例中 a 的值仍是 3。

2）左移 1 位，相当于乘 2。

6. "右移"运算（>>）

"右移"运算是将一个操作数的对应二进制位依次右移若干位。操作数若为无符号数，移位后左端补 0。操作数若为有符号数，如果是正数（高位为 0），移位后左端补 0；如果是负数（高位为 1），移位后左端补 1。

例如：设有"int a = 128, b;"，则执行了"b = a >> 2;"后，b 的值是 32。

说明：右移 1 位，相当于除以 2。

在系统软件、压缩软件或硬件相关的程序中，每个二进制位都是非常宝贵的资源，二进制位的重组或拆分是常见的，因此位运算是非常普遍和必不可少的。

7.2.3 位运算应用举例

【例 7-6】编写一个函数 Getbits()，在一个 32 位（4 字节）的整数 value 中，从起始位 n1 处开始，到结束位 n2 为止，取出指定的几位二进制位。函数调用形式：Getbits(value,n1,n2)。

分析：

1）32 位整数，需要定义一个 int 型变量，如：temp。

2）先将 temp 左移 n1 -1 位，结果仍存放在 temp 中，使第 n1 位成为 temp 的最高位。

3）计算 temp & 0x80000000，产生一个临时结果值，使 temp 中除了最高位外，其余位均为 0。

4）对上述所得临时结果右移 31 位，结果使我们要找的最高位成为最低位，而其余高位全部为 0。

5）输出临时运算结果。

6）对 temp 再左移一位，结果保存在 temp 中。

7）转 3）继续。共循环执行 n2 - n1 +1 次。

程序如下。

```
#include <stdio.h>
void Getbits(int n,int n1,int n2);
void main()
{    int n,n1,n2;
     scanf("%d%d%d",&n,&n1,&n2);
     Getbits(n,n1,n2);
}
void Getbits(int n,int n1,int n2)
{    int i;
     int temp = n;
     temp = temp << (n1 -1);
     for(i = n1;i <= n2;i ++)
     {    printf("%d 的第 %d 位为:%d\n",n,i,(temp&0x80000000) >> 31);
          temp = temp << 1;
     }
}
```

运行程序，输入：105　27　31 ↙

输出：

```
105 的第 27 位为:1
105 的第 28 位为:0
105 的第 29 位为:1
105 的第 30 位为:0
105 的第 31 位为:0
```

【例 7-7】写一个函数 GetOddBits()，对于一个 16 位的二进制数取出它的奇数位（即从左边起第 1、3、5……15 位）。

程序如下。

```
#include <stdio.h>
void GetOddBits(short value);
int main()
{    short value;           //16 位的二进制数声明一个 short 类型变量
     scanf("%hd",&value);   //%hd 为 short 类型数据的输入输出格式符
```

```
        GetOddBits(value);
        return 0;
    }
    void GetOddBits(short value)
    {   short temp = value;              //定义一个临时变量存放 value
        int i;
        for(i = 1;i < 16;i = i + 2)      //从 1 开始输出各奇数位
        {   printf("%d 的第 %d 位为:%d\n",value,i,(temp & 0x8000) >> 15);
            temp = temp << 2;            //输出一个奇数位后左移两位使下一位奇数位移到最高位
        }
    }
```

运行程序，输入：27 ↙

输出：

```
27 的第 1 位为:0
27 的第 3 位为:0
27 的第 5 位为:0
27 的第 7 位为:0
27 的第 9 位为:0
27 的第 11 位为:0
27 的第 13 位为:1
27 的第 15 位为:1
```

【例 7-8】 按照以下要求写出位运算的实现方法。

1）判断 int 型变量 a 是奇数还是偶数。

2）取 int 型变量 a 的第 k 位（最低位数为 0）（k = 0，1，2，…，sizeof（int））。

3）将 int 型变量 a 的第 k 位清 0。

4）将 int 型变量 a 的第 k 位置 1。

5）int 型变量循环左移 k 次。

6）求两个整数 x，y 的平均值。

7）对于一个整数 x(x >= 0)，判断它是否为 2 的幂。

解：

1）若(a&1) == 0 成立，则 a 为偶数；若(a&1) == 1 成立，则 a 为奇数。

2）a >> k&1 得到的就是 a 的第 k 位的数字（k 从右到左数，从 0 开始）。

3）通过表达式：a = a & ~(1 << k)，可使 a 的第 k 位清 0，其余位不变。

4）通过表达式：a = a | (1 << k)，可使 a 的第 k 位置为 1，其余位不变。

5）设 sizeof(int) = 32，则 a = a << k | a >> (32 - k)后，可使 a 循环左移 k 位。

6）对于两个较大的整数 x，y，如果用(x + y)/2 求平均值，会产生溢出，因为 x + y 可能会大于系统能表示的最大整数，此时可用如下表达式求平均值：(x & y) + ((x ^ y) >>1)。

7）若((x &(x - 1)) == 0)&&(x != 0)成立，则正整数 x 是 2 的幂，否则不是。

习题 7

一、单项选择题

1. C 语言的编译系统对宏命令的处理是（　　）。

   A. 在程序运行时进行

B. 在程序连接时进行

C. 和程序中的其他语句同时进行编译

D. 在对源程序中其他成分正式编译之前进行

2. 以下程序的输出结果是（　　）。

```
#include < stdio. h >
#define MUL(x,y)   (x)*y
void main( )
{       int a =3,b =4,c;
        c = MUL(a ++ ,b ++ );
        printf( "%d\n" ,c);
}
```

A. 12　　B. 15　　C. 20　　D. 16

3. 以下正确的描述是（　　）。

A. C 语言的预处理功能是指完成宏替换和包含文件的调用

B. 预处理命令只能位于 C 源程序文件的首部

C. 凡是 C 源程序中行首以“#”标识的控制行都是预处理命令

D. C 语言的编译预处理就是对源程序进行初步的语法检查

4. 以下运算符中优先级最低的是（　　），优先级最高的是（　　）。

A. &&　　B. &　　C. ‖　　D. |

5. 若有运算符 <<, sizeof, <<,^& =，则它们按优先级由高到低的正确排列次序是（　　）。

A. sizeof,& = , << ,^　　B. sizeof, << ,^,& =

C. ^, << ,sizeof,& =　　D. << ,^,& = ,sizeof

6. 在 C 语言中，要求运算数必须是整型或字符型的运算符是（　　）。

A. &&　　B. &　　C. !　　D. ‖

7. siziof（float）是（　　）。

A. 一种函数调用　　B. 一个不合法的表示形式

C. 一个整型表达式　　D. 一个浮点表达式

8. 表达式 0x13 & 0x17 的值是（　　）。

A. 0x17　　B. 0x13　　C. 0xf8　　D. 0xec

9. 以下程序段的运行结果是（　　）。

```
char x =56;
x =x & 056;
printf( "%d,%o\n" ,x,x);
```

A. 56，70　　B. 0，0　　C. 40，50　　D. 62，76

10. 在执行完以下 C 语句后，B 的值是（　　）。

```
char Z ='A ';
int B;
B = ((241 & 15)&&(Z| 'a ');
```

A. 0　　B. 1　　C. TURE　　D. FALSE

11. 若有以下宏定义：

```
#define N   2
#define Y(n)   ((N+1)*n)
```

则执行语句 Z=2*(N+Y(5));后结果是（　　）。

A. 语句有误　　　　B. Z=34

C. Z=70　　　　D. Z 无定值

12. 若有宏定义：#define MOD(x,y)　x%y，则执行以下语句后的输出为（　）。

```
int z,a=15,b=100;
z=MOD(b,a);
printf("%d\n",z++);
```

A. 11　　　　B. 10

C. 6　　　　D. 宏定义不合法

13. 以下程序的运行结果是（　　）。

```
#define MAX(A,B)   (A)>(B)?(A):(B)
#define PRINT(Y) printf("Y=%d\t",Y)
void main()
{     int a=1,b=2,c=3,d=4,t;
      t=MAX(a+b,c+d);
      PRINT(t);
}
```

A. y=3　　　　B. 存在语法错误

C. Y=7　　　　D. Y=0

14. 以下程序的运行结果是（　　）。

```
#define MUL(x,y)   (x)*y
void main()
{     int a=3,b=4,c;
      c=MUL(a++,b++);
      printf("%d\n",c);
}
```

A. 12　　B. 15　　C. 20　　D. 16

15. 对以下程序段：

```
#define A   3
#define B(a) ((A+1)*a)
x=3*(A+B(7));
```

正确的判断是（　　）。

A. 程序错误，不许嵌套宏定义　　　　B. x=93

C. X=21　　　　D. 程序错误，宏定义不许有参数

16. 在“文件包含”预处理语句的使用形式中，当#inlcude 后面的文件名用“”（双引号）括起时，寻找被包含文件的方式是（　　）。

A. 直接按系统设定的标准方式搜索目录

B. 先在源程序所在目录搜索，再按系统设定的标准方式搜索

C. 仅仅搜索源程序所在目录

D. 仅仅搜索当前目录

二、简答与填空

1. 设有以下宏定义：

```
#define WIDTH   80
#define LENGTH   WIDTH + 40
```

则执行赋值语句：v = LENGTH*20；（v 为 int 型变量）后，v 的值是________。

2. 设有以下程序，为使之正确运行，请填入应包含的命令行。

```
________
________
void main( )
{     double x = 2, y = 3;
      printf("%lf\n", pow(x,y));
}
```

3. 用 1010 1010 1010 1010 这个二进制对 00ff 这个十六进制数分别进行与、或、异或操作。

4. 分别写出下列表达式的十进制结果。

(1) 200&15

(2) (200 >>4)&15

(3) 200^15

(4) ~10^ ~12

三、编程题

1. 试定义一个带参数的宏 swap(x,y)，以实现两个整数之间的交换，并利用它将一维数组 a 和 b 的值进行交换。

2. 分别用函数和带参数的宏编程实现从 3 个数中找出最小数。

3. 已知整数 x、y 的值分别为 0x1532、0xabcd，编程将整数 x 的高字节作为整数 z 的高字节，整数 y 的高字节作为整数 z 的低字节，并输出整数 z。

第8章　结构体和共用体

内容提要　在生活及工程中，经常需要处理一些类型不同但密切关联的数据，这些数据通常共同用以描述一个事物的属性，一般关联使用而不宜拆分。由于其包含不同类型的数据，不能采用数组存放。在C语言中，提供了用户可自行定义的结构体类型，用以解决这种类型数据的存放和处理问题。

本章主要介绍结构体类型、共用体类型和枚举类型的定义和使用。

目标与要求　理解结构体和结构体类型变量的概念；掌握结构体类型声明、变量定义及引用方法；掌握结构体数组的定义和使用；了解结构体指针的定义及使用；掌握结构体类型作为函数参数和函数返回值的方法；了解链表的使用；了解共用体、枚举类型、用户自定义类型的定义和使用。

8.1　结构体类型

在C语言中，结构体（structure）是由用户根据需要自行定义的一种复合数据类型，它比数组更灵活。同一个结构中可以包含多个数据项，各数据项可以具有不同的数据类型。

8.1.1　结构体类型及结构体变量

1. 结构体类型声明

结构体类型声明的一般格式如下。

```
struct 结构体类型名
{
    成员声明表;
};
```

说明：

1）struct是关键字，不能省略。

2）结构体类型名要符合C语言的标识符命名规则。

3）成员声明表中各数据成员的定义方式同普通变量定义一样。

4）结构体类型声明后的分号不可省略。

例如，要描述一个学生的基本信息，包括学号（字符串）、姓名（字符串）、性别（字符串）、年龄（整型），可定义如下结构体类型。

```
struct stud                  //声明结构体类型:struct stud
{   char num[8];             //学号
    char name[20];           //姓名
    char sex[3];             //性别
    int age;                 //年龄
};
```

5）结构体的数据成员的类型可以是基本数据类型，也可以是数组，甚至可以是另一个已经定义的结构体类型，形成结构体类型的嵌套形式。例如：

```
struct date
{   int year,month,day;
};
struct person
{    char name[20];
     char sex[3];
     struct date birthday;
};
```

其中，struct person 中的成员 birthday 就是另一个结构体类型（struct date）的变量。struct person 类型可以理解为如图 8-1 所示的表格嵌套结构。

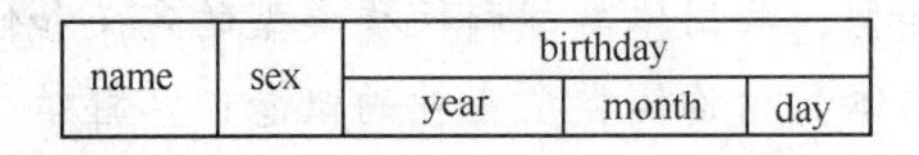

name	sex	birthday		
		year	month	day

图 8-1　结构体类型嵌套声明的结构示意图

2. 结构体变量的定义

类型为结构体类型的变量为结构体变量。必须在声明一个结构体类型后，才可以用该类型定义结构体变量。结构体变量的定义有以下 3 种形式。

1）在定义结构体类型结束后，再用该类型定义结构体变量。例如：

```
struct stud
{   char num[8],name[20],sex[3];
    int age;
};
struct stud s1,s2;              //函数外声明了结构体变量 s1、s2
void main()
{   struct stud s3,s4;          //函数内定义了结构体变量 s3、s4
     …
}
```

2）在定义结构体类型后直接定义变量。例如：

```
struct stud
{    char num[8],name[20],sex[3];
     int age;
} s1,s2;                          //类型后直接定义了结构体变量 s1、s2
void main()
{   struct stud s3,s4;            //利用已经定义的结构体类型声明结构体变量 s3、s4
   …
}
```

3）无名结构体，直接在其后定义变量。例如：

```
struct                                  //struct 后没有结构体名字
{    char num[8],name[20],sex[3];
     int age;
} s1,s2;                                //在无名结构体类型后直接定义变量 s1、s2
```

说明：

1）结构体类型与结构体变量不同，不能混淆。结构体类型不占用内存空间，只有当声明了结构体变量时，才会给变量分配内存空间。

2）结构体变量中的各个成员，在内存中是按顺序存放的。结构体变量所占的存储空间大小大于或等于各个成员所占存储空间的总和（即结构体变量所占的存储空间大小为结构体中最宽基本类型成员大小的整数倍，不足整数倍时就按内存对齐原则，凑足整数倍）。

3）对于有名结构体类型，可在程序中多次使用该类型进行变量声明。但对于无名结构体类型，由于无法标识该结构体类型，所以只能在定义类型时进行一次性变量声明，即将该类型所使用的所有变量全部一次声明完，以后就不可使用该类型再声明别的变量。

【例 8-1】 运行下列程序，查看运行结果。

```
#include <stdio.h>
struct s1
{    double a;
     char ch;
};
struct s2
{    int b;
     char ch;
};
struct s3
{    short int c;
     char ch;
};
struct s4
{    char sno[2];
     char ch;
};
void main()
{    printf("%4d",sizeof(struct s1));
     printf("%4d",sizeof(struct s2));
     printf("%4d",sizeof(struct s3));
     printf("%4d\n",sizeof(struct s4));
}
```

运行程序，输出：

```
16  8  4  3
```

分析：理论上结构体类型“struct s1”在内存中占用空间的总字节数应该为 9，其中成员 a 是所有成员中最宽类型的成员，a 的类型为 double，而一个 double 类型数据在内存占用 8 字节，9 并不是 8 的倍数，按内存对齐原则，实际上结构体类型“struct s1”在内存中占用的总字节数被扩充为 16。同样的道理，结构体“struct s2”在内存中的占用空间的总字节数也被扩充为 8。结构体“struct s3”在内存中的占用空间的总字节数被扩充为 4。而结构体“struct s4”在内存中的占用空间的总字节数为 3，等于它的成员所占空间之和，没有扩充。

3. 结构体变量的初始化

同普通变量一样，结构体变量也可以在定义时对其进行初始化。只是注意，由于结构体类型中各成员的数据类型不同，故结构体变量初始化其实是对各个成员变量分别进行初始化。结构体变量初始化格式如下。

```
struct [结构体类型名]
{    成员列表;
} 结构体变量名 = {各成员初值列表};
```

或者

```
struct 结构体类型名
```

```
{    成员列表;
};
struct 结构体类型名  结构体变量名 = {各成员初值列表};
```

说明：

1）初值要用一对{ }括起来。

2）各成员的初值的次序与成员在类型定义中的次序一一对应且类型必须匹配。

3）各成员初值之间用逗号隔开。

4）初值的个数不能超过成员数量，但可以少于成员数量，没有得到初值的成员，系统会自动按“清0”处理。例如：

```
struct stud
{    char num[8],name[20],sex[3];
     int age;
}    s = {"300001","Zhang","男",18};
```

初始化后，变量 s 各成员在内存中的值如图 8-2 所示。

成员名	num	name	sex	age
成员的值	"300001"	"Zhang"	"男"	18

图 8-2　结构体类型变量 s 在内存中的存储

有嵌套声明的结构体变量初始化时，嵌套的结构体成员的初值可用 { } 括起来，也可以不用 { } 括起来，只要注意次序和类型一一对应就可以。为了清晰，建议还是用 { } 括起来。例如：

```
struct date
{    int year,month,day;
};
struct person
{    char name[20];
     char sex[3];
     struct date birthdy;
}p1 = {"杜鹏","男",{1975,10,20}};
```

初始化后，变量 p1 各成员在内存中的示意图如图 8-3 所示。

name	sex	Birthday		
		year	month	day
"杜鹏"	"男"	1975	10	20

图 8-3　p1 初始化后的内存结构示意图

4. 结构体变量的引用

定义了结构体变量后，就可以使用它了。但一个结构体变量中包含了若干成员变量，且这些成员变量类型也不一定相同，因此不能直接对一个结构体变量整体进行输入、输出或者做一些其他操作（除赋值运算外），只能对结构体变量的各个成员变量分别进行操作。程序中对结构体变量的操作几乎都是通过对其成员的操作来完成。

结构体成员的引用方式既可以通过结构体变量，也可以通过指针变量（后面介绍）。

通过结构体变量名引用其成员的方法：

```
结构体变量名.成员名
```

其中，“.”是成员运算符，优先级最高。例如：

```
struct stud
{    char num[8],name[20],sex[3];
     int age;
};
void main()
{    struct stud s1,s2={"300001","Zhang","男",18};
     ……
}
```

变量 s2 各成员的引用形式：s2. num、s2. name、s2. age、s2. sex。

例如，要输入一个学生的信息存放到变量 s1 中，可以使用语句：

```
scanf ("%s%s%s%d",s1.num,s1.name,s1.sex,&s1.age);  //输入这几个字符串时之间用空
                                                  //格隔开
```

再如，要使学生结构体变量 s1 的年龄增加 1 岁，可以使用语句：

```
s1.age=s1.age+1;
```

而对于有嵌套声明的结构体变量成员的引用则需要通过多个成员运算符（“.”），一层层地找到最低一层的成员进行引用。例如：

```
struct date
{    int year,month,day;
};
struct person
{    char name[20];
     char sex[3];
     struct date birthdy;
}p1={"杜鹏","男",{1975,10,20}};
```

p1 的各成员引用形式：p1. name、p1. age、s1. birthday. year、p1. birthday. month、p1. birthday. day。

5. 结构体变量的赋值

给结构体变量赋值可以通过初始化，也可以通过赋值语句将一个结构体变量的值直接赋值给另一个同类型的结构体变量。除此之外，程序中不能以其他任何方式给一个结构体变量整体赋值。例如，若有语句“struct stud s1,s2;”，则：

1）s2=s1;　　　　　　　是正确的。

2）printf ("%s",s1);　是错误的。因为该语句中对结构体变量 s1 进行了整体引用。

3）s2={"300002","liu","女",19};是错误的。只有在初始化时才可以将{}括起来的一组初值给一个结构体变量，除此之外，均是错误的。

【例 8-2】 编写程序，输入两个学生的个人信息，信息包括姓名（字符串）和年龄（整型），将两个学生信息互换后输出。

分析： 先声明一个结构体类型（struct student），两个学生信息需要定义两个结构体变量进行存放，而互换两个学生信息，还需要第三方结构体变量。注意，这 3 个结构体变量只有是同类型时，才可以相互间直接赋值。程序如下。

```
#include <stdio.h>
```

```
struct student
{    char name[20];
     int age;
};
void main()
{    struct student s1,s2,temp;
     scanf("%s%d",s1.name,&s1.age);              //输入第1个学生信息
     scanf("%s%d",s2.name,&s2.age);              //输入第2个学生信息
     temp = s1;s1 = s2;s2 = temp;                //此3条语句互换2个学生的信息
     printf ("%s %d\n",s1.name,s1.age);
     printf ("%s %d\t",s2.name,s2.age);
}
```

运行程序，输入：

```
Zhang  18↙
li  20↙
```

输出：

```
li  20
Zhang  18
```

8.1.2 结构体数组

1. 结构体数组的定义与初始化

类型为结构体的数组称为结构体数组。一个结构体变量只能存放一个对象的数据，若要存放多个同类型的对象的数据，则需要使用结构体数组。

结构体数组的声明格式：

```
struct [结构体类型名]
{    成员列表;
} 数组名[常量表达式];
```

或者

```
struct 结构体类型名
{    成员列表;
};
struct 结构体类型名  数组名[常量表达式];
```

同普通数组一样，结构体数组也可进行初始化。例如：

```
struct stud
{   char num[8],name[20],sex[3];
    int age;
}   s1[2]={{"300001","Sun","男",18},{"300002","Li","女",19}};
struct stud s2[3]={{"300001","Sun","男",18},{"300002","Li","女",19}};
```

说明：

1）由于数组每个元素都是结构体变量，每个元素都有其自己的成员，为了清晰划分出数组各元素的初值，通常用一对{}将每一个数组元素的初值括起来，如上例。当然也可以将所有初值用一对{}括起来，这时要注意初值与元素对应关系以及与元素的各成员的对应次序。建议各元素初值用{}括起来，既清晰，也方便对元素进行部分成员的初始化。例如：

```
struct stud s3[2]={{"300001","Sun","男"},{"300002","Li"}};
```

这样 s3[0]没有提供年龄初值，s3[1]没有提供性别和年龄初值。

2）上例中初始化后，数组 s3 的各元素值如图 8-4 所示。数组元素中没有得到初值的成员都会自动“清 0”。

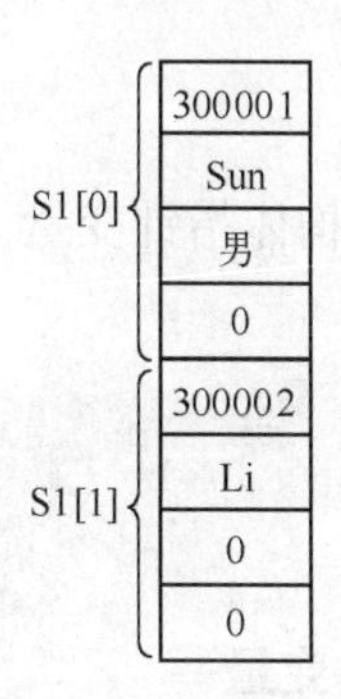

图 8-4　结构体数组的存储形式

2. 结构体数组的使用

对于结构体数组而言，数组中的元素是一个个结构体变量，对结构体数组的使用均是指对结构体数组元素中的各个成员进行操作。

结构体数组元素的成员的引用方法：

```
结构体数组名[下标]. 成员名
```

【**例 8-3**】编写程序，从键盘输入 3 个学生信息并输出。程序如下。

```
#include <stdio.h>
struct stud                                    //定义结构体类型
{   char num[8],name[20],sex[3];
    int age;
};
void main( )
{   struct stud s[3];                          //在主函数中定义结构体数组
    int i;
    for (i=0;i<3;i ++)
    {   printf ("请输入第%d 个学生的学号、姓名和年龄:\n",i+1);      //输入提示信息
        scanf ("%s%s%s%d",s[ i ]. num,s[ i ]. name,s[ i ]. sex,&s[ i ]. age);
    }
    printf ("Num\t Name\t sex\t age\n");                //显示表头信息
    for (i=0;i<3;i ++)                                  //循环输出 3 个学生信息
        printf ("%s\t %s\t %s\t %d\n",s[ i ]. num,s[ i ]. name,s[ i ]. sex,s[ i ]. age);
}
```

运行程序，显示：请输入第 1 个学生的学号、姓名和年龄：

输入：300001 Sun 男 18 ↙

显示：请输入第 2 个学生的学号、姓名和年龄：

输入：300002 Li 女 19 ↙

显示：请输入第 3 个学生的学号、姓名和年龄：

输入：300003 Zhao 男 20 ↙

输出：

```
Num      Name     sex     age
300001   Sun      男      18
```

```
300002    Li     女    19
300003    Zhao   男    20
```

8.1.3 结构体指针变量及应用

1. 结构体指针变量的定义

指向结构体类型的指针变量就是结构体指针变量。

结构体指针变量的定义格式：

```
struct 结构体类型名
{
    成员列表;
} *结构体指针变量名;
```

2. 结构体指针变量指向单个结构体变量

结构体指针变量用于存放同类型的结构体变量的地址，可通过初始化或者赋值的方法实现这种指向关系。例如：

```
struct stud
{
    char num[8],name[20],sex[3];
    int age;
}  s1,*p1 = &s1;              //初始化方式建立结构体指针变量 p1 和变量 s1 的指向关系
struct stud s2,*p2 = &s2;     //初始化方式给结构体指针变量 p2 赋值,使其指向 s2
struct stud s3,*p3;
p3 = &s3;                     //通过赋值语句使结构体指针变量 p3 指向变量 s3
```

不论上述哪种方式，都可使指针变量指向同类型的结构体变量。

3. 通过指针变量访问结构体变量的成员

通过结构体指针变量可以访问到它所指向的结构体变量，但操作仍然只能对成员进行，而不能对结构体变量整体。通过指针变量访问结构体变量的成员有以下两种形式。

1）指针指向运算符（->）：指针变量->成员

2）指针间接运算符（*）及成员运算符（.）：（*指针变量）. 成员

其中，“->”为指向运算符，它的优先级和成员运算符“.”相同，属于优先级最高的运算符。这里要特别强调，用指针间接运算符“*”方式访问成员，圆括号不可省略，因为“.”的优先级高于“*”，不加圆括号“()”就会报错。

例如，引用变量 s1 的各个成员，可用下述方法：p1->num、p1->name、p1->sex、p1->age 或 (*p1).num、(*p1).name、(*p1).sex、(*p1).age。

【例 8-4】使用指向结构体变量的指针变量来访问结构体变量的各个成员。程序如下。

```
#include <stdio.h>
struct stud
{   char num[8],name[20],sex[3];
    int age;
};
void main()
{   struct stud s = {"300001","Sun","男",18},*p = &s;
    printf ("Num:%s\t",p->num);
    printf ("Name:%s\t",p->name);
    printf ("Sex:%s\t",(*p).sex);
    printf ("Age:%d\n",(*p).age);
}
```

运行程序，输出：

```
Num:300001   Name:Sun   Sex:男   Age:18
```

4. 结构体指针变量指向同类型的结构体数组

一个结构体类型的指针变量可以指向同类型的结构体数组，从而通过该指针就可访问结构体数组元素。

【例 8-5】使用指向结构体数组的指针变量来访问数组元素，输出 3 个学生信息。程序如下。

```
#include <stdio.h>
struct stud
{   char num[8],name[20],sex[3];
    int age;
};
void main()
{    struct stud s[3] = {{"3001","Sun","男",18},{"3002","Li","女",19},
                         {"3003","Zhao","男",20}};
   struct stud*p;
   int i;
   printf ("Num\t Name\t Sex\t Age\n");                      //输出表头
   p=s;
   for (i=0;i<3;i ++,p ++)
       printf ("%s\t %s\t %s\t%d\n",p->num,p->name,p->sex,p->age);
}
```

虽然一个结构体变量中包含了若干不同类型的数据，但它仍属于一个变量，因此在函数中，如果是一个结构体变量作参数，仍属于按值传递方式。如果结构体指针变量作参数，则属于按地址传递方式。

【例 8-6】阅读下列程序。程序如下。

```
#include <stdio.h>
struct stud
{    char num[8],name[20],sex[3];
     int age;
};
void display_1 (struct stud s)            //函数形参为 struct stud 类型的指针变量
{    printf ("%s\t %s\t %s\t %d\n",s.num,s.name,s.sex,s.age);
}
void display_2 (struct stud*p,int n)      //函数形参为 struct stud 类型的指针变量
{     int i;
     printf ("Num\t Name\t Sex\t Age\n");
     for(i=0;i<n;i++,p++)
          printf ("%s\t %s\t %s\t %d\n",(*p).num,p->name,(*p).sex,p->age);
}
void main()
{     struct stud s[3] = {{"300001","Sun","男",18},{"300002","Li","女",19},
                          {"300003","Zhao","男",20}};
      int i;
      printf ("Num\t Name\t Sex\t Age\n");
      for (i=0;i<3;i ++)
          display_1(s[ i ]);              //调用函数,一次输出一个学生信息
      printf ("通过传递结构体数组,一次输出 3 个学生信息:\n");
      display_2(s,3);                     //调用函数 display_2,输出结构体数组中每个学生信息
}
```

程序的功能是通过函数 display_1()和 display_2()分别输出 3 个学生信息。其中 display_1()的

形参是结构体变量，而对应实参是结构体数组元素，实现按值传递方式；display_2()的第1个形参是结构体指针变量，而对应实参是结构体数组名，实现按地址传递方式。

运行程序，输出：

```
Num       Name    Sex   Age
300001    Sun     男    18
300002    Li      女    19
300003    Zhao    男    20
```

通过传递结构体数组，一次输出3个学生信息：

```
Num       Name    Sex   Age
300001    Sun     男    18
300002    Li      女    19
300003    Zhao    男    20
```

8.2 共用体类型和枚举类型

在C语言中，用基本数据类型构造的类型总共有4种：数组、结构体、共用体和枚举类型。其中，共用体（union）和结构体（structure）是两种很相似的复合数据类型，都可以用来存储多种不同的数据类型，但是两者又有着很大的区别，即共用体虽然能够存储不同的数据类型，但每一时刻只能存储其中的一个成员。

8.2.1 共用体类型

共用体是指几个不同变量共同占用一块内存空间，它们拥有相同的内存地址。在C语言中，通过共用体类型实现这种内存覆盖技术。

1. 共用体类型的定义

共用体类型的定义形式：

```
union 共用体类型名
{
    成员列表;
};
```

可以看出，共用体类型的定义格式与结构体类型定义极为相似，只是其类型关键字为union，成员列表说明与结构体成员列表一样，类型后的分号也不可省略。例如：

```
union untp
{   int i;
    char ch;
    float f;
};
```

上例中，定义了共用体类型union untp，它有i、ch、f共3个成员，这3个成员共用同一段内存。在VC++ 6.0中，这3个成员空间共享示意图如图8-5所示。

2. 共用体类型变量的定义

有了共用体类型，就可以用该类型声明共用体变量。共用体类型变量的定义与结构体类型变量的定义类似，可以用以下3种方式来定义：

1）先定义类型，然后再定义变量。例如：

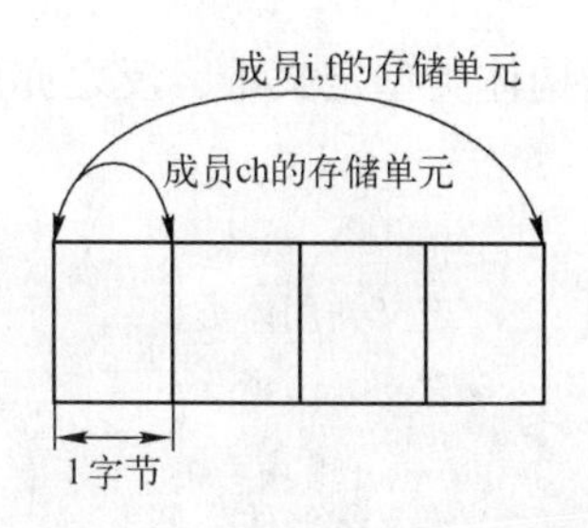

图 8-5 union untp 各成员共享空间示意图

```
union untp
{   int i;
    char ch;
    float f;
};                          //定义共用体类型
union untp un1,un2;         //定义共用体类型变量
```

2）定义共用体类型时直接在其后定义变量。例如：

```
union untp
{   int i;
    char ch;
    float f;
} un1,un2;
```

3）对无名共用体类型直接定义变量。例如：

```
union
{   int i;
    char ch;
    float f;
} un1,un2;       //定义共用体类型变量,因无名只能定义一次变量
```

与结构体类型变量不同的是，共用体类型变量占用的存储空间，等于其中占用空间最大的那个成员的字节数，而不是所有成员字节数之和。例如，共用体类型 union untp 的一个变量占用的内存空间均为 4 字节，即整数成员 i 所占的字节数或者单精度成员 f 所占字节数，而不是 3 个成员所占字节数之和。

3. 共用体类型变量的引用

共用体类型变量的引用与结构体类型变量一样，一般不能整体引用，只能引用它的某一个成员。例如，访问共用体类型变量 un1 各成员的格式：un1. i、un1. ch、un1. f。

4. 共用体类型的主要特点

1）系统采用覆盖技术，共用体类型各成员变量实现内存共享。所以在某一时刻，存放并起作用的是最后一次存入的成员的值。例如，执行“un1. i = 1; un1. ch ='c'; un1. f = 3. 14f;”语句后，un1. f 才是有效的成员。

2）由于所有成员共享同一段内存空间，故共用体类型变量及其各成员的地址是相同的。例如，&un1、&un1. i、&un1. ch、&un1. f 的地址值完全相同。

3）不能对共用体类型变量进行初始化，但变量之间可以整体赋值。

共用体类型变量、共用体指针变量可以用作函数的参数，也可以使函数返回一个共用体类型数据。只是注意，使用共用体变量时要明白当前所起作用的成员是哪个，否则数据会没有意义。

4）共用体类型可以出现在结构体类型定义中，反之亦然。

【例 8-7】阅读程序。

```
#include  <stdio.h>
union un1                        //定义共用体类型
{   char a;
    int b;
};
struct stu1                      //定义结构体类型
{   char c;
    int d;
};
void main()
{   union un1 u1;
    struct stu1 s1;
    u1.a='E';u1.b=101;
    s1.c='H';s1.d=98;
    printf("a=%c,b=%d\t",u1.a,u1.b);
    printf("c=%c,d=%d\n",s1.c,s1.d);
}
```

分析：上述程序定义了一个共用体类型和一个共用体变量 u1，还定义了一个结构体类型和一个结构体变量 s1。先给共用体变量 u1 的成员 a 赋值为'E'，然后又给其成员 b 赋值为 101。由于 u1 是共用体变量，故成员 b 将成员 a 的值覆盖。因此，结果显示两个成员的值均为成员 b 的值，只是一个用字符显示，一个用 ASCII 码显示。而结构体变量 s1 的两个成员各自占用不同空间，故其值不会相互覆盖。

运行程序，输出：

```
a=e,b=101    c=H,d=98
```

在共用体中，系统采用覆盖技术，实现各变量成员的内存共享。任何时刻共用体成员的值取决于最后一次存入的成员的值。

8.2.2 枚举类型

1. 枚举类型的定义

所谓“枚举”是指将变量的值一一列举出来，变量的值只限于列举出来的值的范围内。枚举类型的定义格式：

```
enum 枚举类型名{ 枚举元素值列表 };
```

例如：

```
enum weekday { sun,mon,tue,wed,thu,fri,sat };
```

说明：

1）枚举类型适宜于表示取值有限的数据类型，例如【例 8-8】中一周 7 天。

2）枚举元素的值是常量，不是变量，不能对枚举元素再进行赋值操作。

3）枚举元素作为常量是有值的，是按照定义时的顺序号，从 0 开始取值。例如，前面例子中的枚举元素 sun 的值为 0，mon 的值为 1，依此类推。枚举元素也可以比较大小，如 sun < mon。

4）枚举元素的值可以在定义时指定。例如，若有：

```
enum weekday {sun = 7, mon = 1, tue, wed, thu, fri, sat};
```

则 sun 的值为 7，mon 的值为 1，从 tue 开始，枚举元素的值依次为 2，3，4，5，6。

再例如，若有：

```
enum weekday { sun = 7, mon, tue, wed, thu, fri, sat };
```

则 mon 的值为 8，tue 的值为 9，wed 的值为 10，依次类推。

2. 枚举类型变量的定义

枚举类型变量的定义也和结构体类型变量的定义类似，也可以采用以下 3 种方式。

1）定义枚举类型后，再定义变量。例如：

```
enum color { red, green, blue};
enum color c1;
```

2）定义枚举类型的同时直接在其后定义变量。例如：

```
enum color { red, green, blue } c1;
```

3）无名枚举类型直接定义变量。例如：

```
enum { red, green, blue } c1;  //只可使用一次
```

值得注意的是，一个枚举变量的值只能取相应枚举元素中的某一个，例如 c1 = red。

【例 8-8】枚举类型应用举例。程序如下。

```
#include <stdio.h>
void main ()
{    enum weekday {sun, mon, tue, wed, thu, fri, sat} a, b, c;
     a = sun; b = wed; c = fri;
     printf ("%d,%d,%d", a, b, c);
}
```

运行程序，输出：

```
0,3,5
```

8.3 使用 typedef 命名已有类型

在 C 语言中，可以直接使用 C 提供的标准类型名（如 int、char、float 等）和自己声明的结构体、共用体等类型，还可以用 typedef 指定一个类型名来代替已有的某个类型名。

定义的一般形式：

```
typedef 已有类型名  类型别名;
```

例如：

```
typedef float MF;      //指定 MF 为 float 类型的别名
MF x,y;                //用别名 MF 定义了两个变量 x、y,相当于:float x,y;
```

说明：

1）typedef 语句只能够指定一个已有类型的别名，并不能生成或创建一种新的数据类型。

2）用 typedef 为数组、结构体、共用体等类型定义别名，可使程序代码简洁。在数据结

构等课程中用 typedef 定义类型别名的应用很多。例如：

```
typedef int ARR[8];      //指定别名 ARR 为有 8 个元素的 int 类型数组
ARR a,b;                 //用 ARR 定义了 2 个有 8 个元素的 int 数组,相当于:int a[8],b[8];
```

【例 8-9】用 typedef 为结构体类型定义别名的应用。程序如下。

```
#include <stdio.h>
typedef struct stud                    //指定结构体类型 struct stud 的别名为 STU
{   char num[5],name[10];
    int age;
} STU;
void main ()
{   STU a = {"3001","Sun",18}; //用别名定义了一个结构体变量 a
    printf ("%s %s %d",a.num,a.name,a.age);
}
```

8.4 单链表

在程序设计中，结构体数组带来了很多方便，但同样也存在一些弊病。因为数组的大小必须在定义时确定，在程序运行过程中不能再调整。因而，数组的定义往往是按其最大需求量来声明的，这常常会造成一定存储空间的浪费。利用 C 语言的函数 malloc( )、free( )以及结构体类型，在程序中根据需要动态地申请或释放空间，以满足不同的内存需要，一定程度上可提高内存利用率。

8.4.1 单链表概述及动态内存分配

1. 单链表概念及其结点结构定义

链表是结构体类型最重要的应用。根据数据的结构特点和使用数量，链表可以实现内存的动态分配，提高内存的利用率。链表有单链表和双链表，其中单链表是最简单的一种链表。

一个单链表由若干个结构相同的“结点”和一个指向头结点的“头指针”变量组成，如图 8-6 所示。其中，head 为指向链表头结点的指针变量，称为头指针，它存放单链表第一个结点的地址，图中的数字表示内存地址。

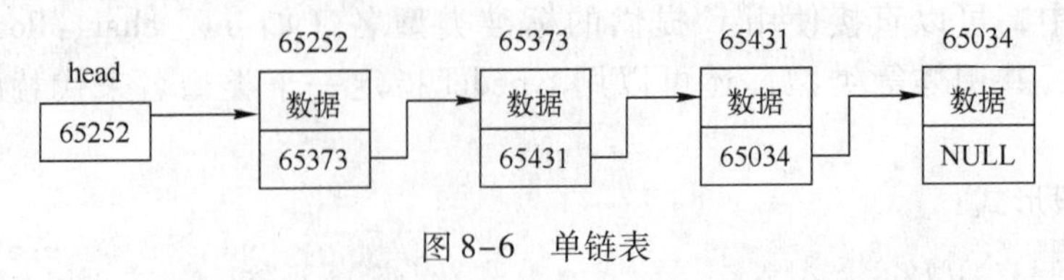

图 8-6　单链表

单链表的每个结点包含两部分：数据域和指针域。数据域用来存放该结点的实际数据，而指针域用来存放下一个结点的地址，链尾结点的指针域为空（用 NULL 或符号 ∧ 表示）。

由于单链表的每个结点中存放了不同类型的数据，因此单链表的结点通常用结构体类型来描述。如图 8-7 所示的单链表，其中的每个结点中存放一个学生的信息（学号、姓名和年龄）。这个单链表的结点可以用下面的结构体类型来描述。

```
struct stu_node
{   int num;
```

```
    char name[10];
    int age;
    struct stu_node*next;
};
```

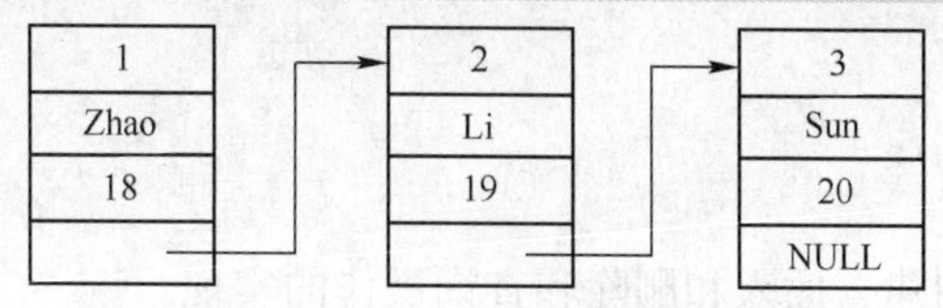

图 8-7　用结构体描述的单链表

结构体类型 struct stu_node 有 4 个成员，其中，num、name、age 分别用来表示学号、姓名和年龄，这是该结点的学生信息；而 next 成员是 struct stu_node 类型的指针变量，用来存放逻辑次序上相邻的同类型的下一个结点的地址。

2. 单链表和数组的区别

1）单链表结点的存储空间是在程序运行过程中分配的，即“动态分配”，故单链表的结点在内存中的地址通常是不连续的，结点之间通过指针域形成逻辑上的先后次序。因此，单链表的结点只能从前到后顺序访问，不能像数组那样通过下标随机访问。

2）数组元素的空间是连续的，空间分配是采用静态方式，程序运行中数组的内存空间不能改变，这种连续存储的方式使得数组适合采用随机访问方式。

3. 动态内存分配及释放

由于链表的每一个结点可以在程序的执行过程中建立和删除，因此需要以下函数来动态申请内存空间及释放内存空间。

（1）malloc()函数

格式：void *malloc（unsigned int size)

功能：动态申请一个长度为 size 字节的连续空间。申请成功，函数返回一个指向该空间的起始地址，申请失败，则返回空指针（NULL)。

（2）calloc()函数

格式：void *calloc（unsigned int n,unsigned int size)

功能：申请 n 个同一类型的大小为 size 的连续内存空间，若成功，则返回连续内存空间的首地址，并对该空间清 0，申请失败，则返回空指针（NULL)。

（3）realloc()函数

格式：void*realloc（void *p,unsigned int size)

功能：将 p 指向的存储区的大小重新申请为 size 个字节。申请成功，返回首地址给 p，不成功，则返回 NULL 给变量 p。注意申请新空间不保证与原地址相同。

使用该函数特别注意，若申请失败，则 p 原指向的内存被“遗失”，从而导致程序崩溃。

（4）free()函数

格式：void free（void *ptr)

功能：释放指针变量 ptr 所指向的内存区，其释放内存区的大小由 ptr 的类型决定。注意，ptr 所指向的内存空间必须是由函数 malloc()申请到的。有关动态存储分配函数的头文件请查看附录 D。

8.4.2 单链表的主要操作

设单链表结点的结构体类型定义如下。

```
struct node
{   int data;
    struct node *next;
};
```

下面讨论单链表的创建、插入和删除和查询操作的实现。

1. 单链表的创建

从无到有地建立起一个有 n 个结点的单链表，即逐个申请结点空间、输入各结点数据并建立起前后结点之间的链接关系。

创建步骤：

1）定义链表的数据结构，根据结构创建一个空链表。

2）利用 malloc( )函数向系统申请分配一个结点空间。将该新结点的指针成员赋值为空。若是空链表，将该新结点连接到表头；若是非空链表，将该新结点接到表尾。

3）判断结点数目是否已经满足，若不满足则转 2）继续，否则结束。

建立单链表的操作过程如图 8-8 所示。

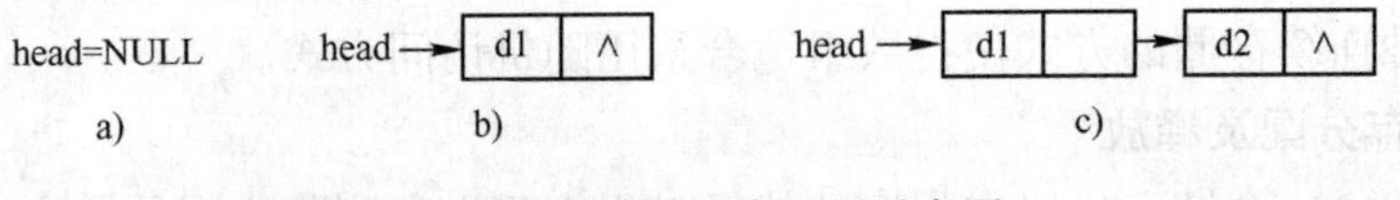

图 8-8 创建单链表过程示意图

a）空链表 b）1 个结点的单链表 c）2 个结点的单链表

建立一个长度为 n 的单链表的函数代码如下。

```
struct node *creat (int n)
{   struct node *head,*tail,*p;    //head 为头指针,tail 为尾指针
    int i = 0, d;
    head = tail = NULL;
    while (i < n)
    {   p = (struct node *)malloc (sizeof (struct node));
        p -> next = NULL;
        printf ("input data:");
        scanf ("%d",&d);
        p -> data = d;
        if (head == NULL)
                head = p;              //新结点作为链表的第一个结点
        else
                tail -> next = p;      //新结点链入原链表尾
        tail = p;                      //新结点成为链表的最后一个结点
        i ++;                          //计数
    }
    return head;                       //链表第一个结点的地址作为函数的返回值
}
```

2. 单链表的查询

单链表的查询操作，就是要在指定的单链表中查询是否存在某个确定值的结点。查询操作不会改变链表中的结点，故不会修改链表的头结点的位置。查询的方法就是从头到尾依次比较，直到找到该结点或者遇到 NULL 说明查找失败为止。

查找操作的函数代码如下。

```
int search (struct node *head,int x)
{    struct node *p;
     p = head;
     while (p != NULL)
     {       if (p -> data == x)
                 return 1;       //存在该结点
             p = p -> next;
     }
     return 0;                   //查找失败,不存在该结点
};
```

3. 单链表的插入操作

插入的结点可以位于表头、表中或表尾。假设单链表中的各结点是按其成员项 data 由小到大排列，则插入结点的方法：插入的结点依次与表中结点相比较，找到插入位置。若插入的结点在表头，会对链表的头指针造成修改，所以将插入结点函数的返回值定义为结构体指针类型。若插入位置在中间或表尾，按一定顺序修改相应结点的指针。插入结点操作如图 8-9 所示。

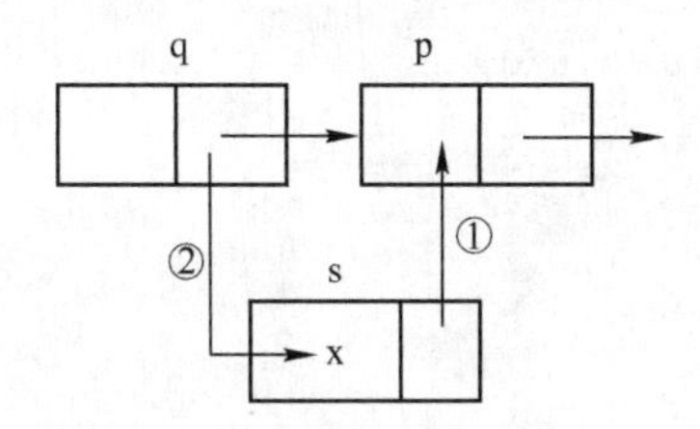

图 8-9　将 s 指向的结点插入到 q 指向的结点之后的操作示意图

实现单链表插入结点的函数代码如下。

```
struct node *insert (struct node *head,int d) //将值为 d 的结点插入到单链表,保持 data 升序
{    struct node *p,*q,*s;
     s = (struct node *) malloc (sizeof (struct node));
     s -> data = d;
     if ((head == NULL) || (s -> data < head -> data))
     {    s -> next = head;          //在表头插入
          head = s;
     }
     else
     {    p = head;                  //查找单链表中 data 的值比 d 大的第一个结点
          while (p != NULL && p -> data < s -> data)
          {    q = p;
               p = p -> next;
          }
          s -> next = p;             //插入结点的第 1 步
          q -> next = s;             //插入结点的第 2 步,必须按这个顺序修改指针
     }
     return head;
}
```

4. 单链表的删除操作

删除的结点可以在表头、表中或表尾。根据要删除结点的 data，在链表中从头到尾依次查找，找到要删除结点的位置。如果要删除的结点在表头，会对链表的头指针造成丢失，所以将删除结点函数的返回值定义为结构体指针类型。删除结点操作如图 8-10 所示。

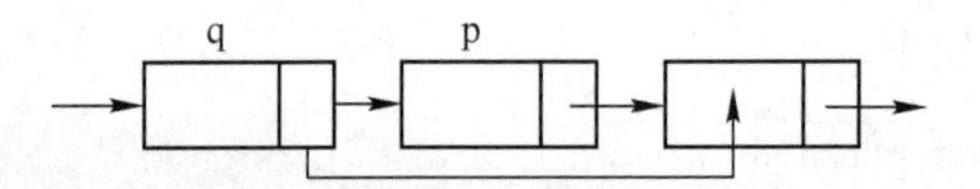

图 8-10　从单链表中删除 p 所指向的结点操作示意图

删除单链表某结点的函数代码如下。

```
struct node *delete (struct node *head,int d)   //从单链表中删除 data 值为 d 的结点
{   struct node *p,*q;
    p = head;
    q = p;
    while (p != NULL && p -> data != d)
    {   q = p;
        p = p -> next;
    }
    if (p == NULL)
        printf ("无此结点\n");
    else
    {   if (p == head)
            head = p -> next;
        else
            q -> next = p -> next;
        free (p);                              //释放 p 所指向的结点
    }
    return head;
}
```

习题 8

一、选择题

1. 设有以下说明语句，则下面的叙述不正确的是（　　）。

```
struct stu
  {  int a;
     float b;
} stutype;
```

A. struct 是结构体类型关键字

B. struct stu 是用户定义的结构体类型名

C. stutype 是用户定义的结构体类型名

D. a、b 都是用结构体成员名

2. 当说明一个结构体变量时，系统分配给它的内存是（　　）。

A. 各成员所需内存的总和

B. 结构中第一个成员所需内存量

C. 成员中占内存量最大者所需的容量

D. 结构中最后一个成员所需内存量

3. C 语言结构体类型变量在程序执行期间（　　）

A. 各成员一直驻留在内存中

B. 只有一个成员驻留在内存中

C. 部分成员驻留在内存中

D. 没有成员驻留在内存中

4. 以下 scanf 函数调用语句中，对结构体变量成员的不正确引用是（　　）。

```
struct stu
{    char name[20];
     int age;
}    pup[5],*p;p = pup;
```

A. scanf("%s",pup[0]. name);

B. scanf("%d",&pup[0]. age);

C. scanf("%d",&(p. age));

D. scanf("%d",&(p->age));

5. 在如下定义中，对变量 person 的年份成员（year）进行赋值，正确的语句是（　　）。

```
struct date
{
     int year,month,day;
};
structworklist
{    char name[10],sex;
     struct date birthday;
} person;
```

A. year = 1976　　　　B. birthday. year = 1976

C. person. birthday. year = 1976　　　　D. person. year = 1976

6. 以下对 C 语言中共用体类型数据的叙述正确的是（　　）。

A. 可以对共用体变量名直接赋值

B. 一个共用体变量所有成员的地址相同

C. 一个共用体变量所有成员的地址各不相同

D. 共用体类型定义中不能出现结构体类型的成员

7. 下面对 typedef 的叙述中不正确的是（　　）。

A. 用 typedef 可以定义各种类型名，但不能用来定义变量

B. 用 typedef 可以增加新类型

C. 用 typedef 只是将已存在的类型用一个新的标识符来代表

D. 使用 typedef 有利于程序的通用移值

8. 若有如下定义和语句：

```
struct student
{    int age,num
};
struct student stu[3] = { {1001,20 },{ 1002,19 },{1003,21 } };
void main()
{    struct student *p;
     p = stu;……
}
```

则以下不正确的引用是（　　）。

A. (p++)->num　　　　B. p++

C. (*p). num　　　　D. p = &stu. age

9. 设有定义“enum date {year,month,day} d;”，则正确的表达式是（　　）。

A. year = 1　　B. d = year

C. d = "year"　　D. date = "year"

二、程序阅读题

1. 下面程序的输出结果：________

```
#include <stdio.h>
struct cp
{    int a;
     int b;
};
main()
{    struct cp p[2] = { 1,3,2,7 };
     printf ("%d\n",p[0].b / p[0].a*p[1].a);
}
```

2. 下面程序的输出结果：________

```
#include <stdio.h>
struct s
{    int x,y   ;
} data[2] = {10,100,20,200};
void main()
{    struct s  *p = data;
     printf ("%d\n", ++ (p->x));
}
```

3. 下面程序的输出结果：________

```
#include <stdio.h>
struct stu_xx
{    char name[10];
     float k1,k2;
};
void main()
{
     struct stu_xx a[2] = { {"zhang",100,70 },{"wang",70,80 } },*p = a;
     printf ("\n name:%s,total = %f",p -> name,p -> k1 + p -> k2);
     printf ("\n name:%s,total = %f\n",a[1].name,a[1].k1 + a[1].k2);
}
```

4. 下面程序的输出结果：______（字符 0 的 ASCII 码为十六进制的 30）。

```
#include <stdio.h>
union
{    char c;
     char i[4];
} z;
void main()
{    z.i[0] =0x39;
     z.i[1] =0x36;
     printf ("%c\n",z.c);
}
```

5. 下面程序的输出结果：________

```
#include <stdio.h>
void main()
{    enum em { em1 =3,em2 =1,em3 };
     char *aa[ ] = {"AA","BB","CC","DD"};
```

```
    printf ("%s,%s,%s\n",aa[em1],aa[em2],aa[em3]);
}
```

6. 下面程序的输出结果：________________

```
#include <stdio.h>
struct stu
{   int x,*y;
} *p;
void main()
{   int i,n=1;
    struct stu k[3];
    for (i=0;i<3;i++)
    {   k[i].x=n;
        k[i].y=&(k[i].x);
        n++;
    }
    p=k+1;
    printf ("%d\n",*p->y);
}
```

三、编程题

1. 某名学生的注册信息包括学号、姓名、出生日期、入校日期和所属班级。从键盘输入该学生的基本信息，然后输出该学生信息。

2. 口袋里有红、黄、蓝、白、黑5色球若干个，每次从口袋里先后取出3个球，问得到3种不同颜色的球的可能取法有多少种？并输出每种排列情况。

3. 编写一个同学信息管理程序，利用结构体数组存储和显示4个学生的基本信息（信息包括学号、姓名、出生日期和一门课成绩），请按照成绩从高到低依次输出所有学生的基本信息。

4. 编写一个函数，该函数功能为计算head所指链表中结点的总个数。

5. 有两个链表a和b，设结点中包括学号、姓名。从a链表中删去与b链表中有相同学号的那些结点。

6. 定义一个结构体变量（包括年、月、日），计算该日期在本年度是第几天，注意闰年问题。

第9章 文件操作

内容提要 数据是程序的重要组成部分之一。不论通过哪种方式给程序提供的数据，都是保存在内存中。程序运行结束，这些数据将不复存在，下次运行程序需要重新提供数据。这种运行机制对于需要大量原始数据的程序来说，效率比较低，而且程序运行的结果也只能输出到屏幕或打印机上，不能永久保存。在C语言中，使用文件操作可以把需要长期保存的原始数据或结果存储到磁盘上。

本章主要介绍数据文件的概念、文件的各种不同读写函数、文件的其他操作函数。

目标与要求 了解文件的作用和不同的文件类型；能够熟练地对文件进行读写操作；重点掌握字符读写函数、字符串读写函数、数据块读写函数、格式化读写函数的使用方法。

9.1 文件概述

文件是存储在外部介质上的数据集合。引入文件后，程序的输出结果可以转变为程序的输入数据，且能实现数据编辑和检索。

9.1.1 文件的概念与分类

1. 文件的概念

所谓“文件”，一般指存储在外部存储介质（如磁盘、光盘等）上数据的集合。由于外部介质主要是磁盘，因此也称其为磁盘文件。操作系统就是以文件为单位对数据进行管理的。为了区分不同的文件，每个文件都必须有一个文件名。对文件操作实行“按名存取”。

2. 文件的分类

常见的文件分类方法如表9-1所示。

表9-1 文件的分类

划分角度	分类	
从用户角度	普通文件	设备文件
从存储形式	ASCII码文件	二进制文件
从文件内容	程序文件	数据文件

（1）普通文件和设备文件

普通文件是指驻留在磁盘或其他外部介质上的有序数据集合，即磁盘上的文件。设备文件是指与主机相连的各种外部设备，如显示器、打印机、键盘等。通常把显示器定义为标准输出文件，把键盘定义为标准输入文件。标准输入/输出文件有以下3个，在程序中可以直接使用。

1）标准输入文件，文件指针为stdin，系统指定为键盘。

2）标准输出文件，文件指针为stdout，系统指定为显示器。

3）标准错误输出文件，文件指针为stderr，系统指定输出错误信息到显示器。

(2) 文本文件和二进制文件

文本文件，也称ASCII文件，它是把数据转换成对应的ASCII码值存放在磁盘上，每个字符占1字节。二进制文件则将数据以二进制形式存放到磁盘上。例如，短整型数据1234，在二进制文件中，占用2字节；而在文本文件中，则需占用4字节。

数据按文本文件形式存储在磁盘上时，占用存储空间较多，可直接输出显示，但操作时需进行二进制与ASCII码值之间的转换。数据按二进制形式存储在磁盘上时，占用空间少，操作时无需花费转换时间，但不能直接输出显示。

(3) 程序文件和数据文件

程序文件即程序的源代码形成的文件；数据文件即程序运行时需要使用的数据保存在磁盘上时形成的文件。本章所讨论的是数据文件。

3. 缓冲区和文件指针

缓冲区是系统在内存中为每一个正在使用的文件开辟的一片存储区，它的大小由C语言的版本确定，一般为512字节。C语言对文件的读写都是通过缓冲区进行，即从文件读数据时，先从磁盘文件一次性读取一批数据到缓冲区，然后再从缓冲区逐个将数据送入变量或数组中。向文件写数据时，也是将变量中的数据送到缓冲区，待缓冲区装满后，再一次写入磁盘。

文件指针是指向含有文件信息的结构体类型的指针，在stdio.h文件中将其定义为FILE类型。因此，在程序中对每一个需要使用的磁盘文件必须先定义一个FILE类型的指针变量，用于记录一个文件使用时的相关信息。定义方法如下。

```
FILE *fp;
```

只要把某个文件的FILE型变量地址赋给fp，就表明在这个文件和fp之间建立起了联系，C语言就把这个指针作为该文件的标识，在程序中就可以通过fp来访问这个文件。

9.1.2 文件的操作方式

1. 数据文件的操作步骤

C语言中对文件有以下3个主要操作。

(1) 打开文件

用标准库函数fopen()打开文件，它通知编译系统3个信息：需要打开的文件名、使用文件的方式（读还是写等）、使用的文件指针。

(2) 读/写文件

用文件输入、输出函数对文件进行读写操作。将磁盘上文件的内容传送到内存的过程称为“读”文件，即输入。把内存中的数据传送到磁盘文件中的过程称为“写”文件，即输出。

C语言本身并不提供文件操作语句，而是由C编译系统以标准库函数的形式提供对文件的操作，所有对文件操作的函数都包含在头文件“stdio.h”中。

(3) 关闭文件

文件读写完毕，用标准库函数fclose()将文件关闭。关闭文件主要完成以下工作：关闭文件缓冲区，将缓冲区中还没有输出的数据输出到磁盘文件中，以保证数据不丢失；切断文件指针与文件名之间的联系，释放文件指针。

2. 数据文件操作方式

C 语言中对数据文件的操作主要是读和写，在打开文件时，必须指明以何种方式打开该文件，从而决定在文件成功打开后，对文件可以进行何种操作。

有关文件不同操作方式见表 9-2 所示。

表 9-2　文件操作方式

文件打开方式		含　义	指定文件（包括路径）		对文件的读写操作
			不存在	存在	
文本文件打开方式	"rt"或"r"（只读）	只读方式打开一个已存在的文本文件	出错	打开正确	允许读
	"wt"或"w"（只写）	只写方式打开一个文本文件	建立新文件	删除原内容	允许写
	"at"或"a"（追加写）	追加方式打开一个文本文件	建立新文件	打开正确	尾部写
	"rt+"或"r+"（读写）	读/写方式打开一个文本文件	出错	打开正确	允许读、从头写
	"wt+"或"w+"（读写）	读/写方式打开一个文本文件	建立新文件	写则删除原内容	允许读、写
	"at+"或"a+"（读写）	追加方式打开一个文本文件	建立新文件	打开正确	允许读、尾部写
二进制文件打开方式	"rb"（只读）	只读方式打开一个二进制文件	出错	打开正确	允许读
	"wb"（只写）	只写方式打开一个二进制文件	建立新文件	删除原内容	允许写
	"ab"（追加写）	追加方式打开一个二进制文件	建立新文件	打开正确	允许写
	"rb+"（读写）	读/写方式打开一个二进制文件	出错	打开正确	允许读、写
	"wb+"（读写）	读/写方式打开一个二进制文件	建立新文件	写则删除原内容	允许读、写
	"ab+"（读写）	读/写方式打开一个二进制文件	建立新文件	打开正确	允许读、写

3. 数据文件的打开与关闭

（1）数据文件的打开函数 fopen( )

fopen( )函数的一般格式如下。

```
fopen（文件名,文件操作方式）
```

功能：使程序与文件之间建立关联。若文件打开成功，返回一个 FILE 类型的指针值；若不成功，则返回一个空指针值 NULL。

说明：

1）“文件名”是指要打开的、包含路径的一个文件名字，要用西文双引号括起来。若文件在默认路径上，则可以省略路径而只写文件名。

2）“文件操作方式”是指以文本文件还是二进制文件方式对文件进行何种操作（有关文件操作方式如表 9-2 所示）。

3）为确保文件操作的正常进行，有必要在程序中检测文件是否正常打开。常用下面的程序段来打开一个文件，并检查是否打开成功。

例如，以只读方式打开“d:\c_c ++ \data. txt”文件，代码如下。

```
FILE *fp;
if ((fp = fopen ("d:\\c_c ++ \\data. txt","r")) == NULL)  //\\为'\'的转义字符
{
    printf ("file can not open! \n");
    exit (0);
}
…(文件打开成功后的语句)
```

如果文件打开失败（如在所给路径下没有找到 data. txt 文件），则 fp 获得一个空指针 NULL，然后输出信息：“file can not open!”，调用系统函数 exit(0)，终止程序运行；如果文件打开成功，fp 就指向该文件，在程序中对该文件进行操作时，就用这个指针 fp 来标识。

（2）数据文件的关闭函数 fclose()

fclose()函数的一般格式如下。

```
fclose (文件指针名);
```

功能：关闭文件指针指向的文件。如果文件关闭成功，函数返回 0 值，如果关闭失败，函数返回 EOF（-1）。

9.2 文件的读写操作

对文件的读和写是最常用的文件操作。C 语言中提供了多种文件的读写函数。

9.2.1 字符读/写函数

字符读函数 fgetc()和写函数 fputc()用于从文件中读取一个字符或把一个字符写入文件。因此，这是以字节为单位进行的输入输出操作。

1. 写字符函数 fputc()

fputc()函数的一般格式如下。

```
fputc (ch,fp);
```

功能：将 ch 代表的字符输出到 fp 所指向的文件中。如果输出成功，函数返回刚写入的字符；否则返回 EOF(-1)值。例如：

```
fputc ('A',fp);                    //将字符 A 写入 fp 指向的文件中
```

2. 读字符函数 fgetc()

fgetc()函数的一般格式如下。

```
ch = fgetc (fp);
```

功能：从文件指针 fp 所指的文本文件中读取一个字符，并赋给字符型变量 ch。如果读取成功，返回读出的字符；如果读到文件结束符或出错，则返回 EOF(-1)值。

【例 9-1】 将键盘输入的一串字符（以输入的回车符为结束标志）以单个字符形式写入 L9-1. txt 文件中，再将文件内容以单个字符形式从该文件中读出并显示到屏幕上。程序如下。

```
#include <stdio.h>
#include <stdlib.h>
```

```
void readchar ()              //自定义函数:按字符读取方式读取文件 L9 - 1. txt 中所有内容
{    FILE *fp;
     char ch;
     if ((fp = fopen("L9 - 1. txt","r")) == NULL)   //L9 - 1. txt 的路径与当前的程序文件路
                                                    //径相同
     {   printf ("file can not open!\n");
         return;
     }
     ch = fgetc (fp);
     while (ch != EOF)          //只要文件没有结束,则重复执行以下操作
     {   putchar (ch);          //将当前读取的字符显示到屏幕
         ch = fgetc (fp);       //继续读取下一个字符
     }
     fclose(fp);
}
void writechar ()               //自定义函数:向文件中写字符,直到遇回车符为止
{   FILE *fp;
      char ch;
      if ((fp = fopen ("L9 - 1. txt","w")) == NULL)
      {   printf ("file can not open!\n");
          return;
      }
     ch = getchar ();
     while (ch != '\n')         //只要输入的不是回车符,则重复执行以下操作
     {   fputc (ch,fp);         //向指定的文件中写入刚输入的字符
         ch = getchar();        //继续输入下一个字符
     }
     fclose (fp);
}
void main()
{    writechar ();
     readchar ();
     printf ("\n");
}
```

9.2.2 字符串读/写函数

1. 写字符串函数 fputs()

fputs()函数的一般格式如下。

```
fputs (str,fp);
```

功能：将 str 代表的字符串写入 fp 指向的文件中，字符串末尾的'\0'不予写入。若该函数执行正确，返回写入文件的实际字符个数，文件内部指针会自动后移到新的写入位置；如果执行错误，则返回 EOF(-1)值。

str 为要输出的字符串，可以是一个字符串常量、字符数组名或是一个字符型指针（它指向待输出的字符串）。

2. 读字符串函数 fgets()

fgets()函数的一般格式如下。

```
fgets (str,n,fp);
```

功能：从文件指针 fp 所指向的文件中读取不超过 n - 1 个的字符，将读入的字符串存到 str 中，在最后一个字符后加'\0'。若操作成功，返回读取的字符串，否则返回 NULL。

说明：

1）str 是字符型指针，指向存放字符串的存储区，str 也可以是一个字符数组名；n 是要读出的字符串所占的最大字节数，字符串结束标志'\0'占 1 字节，故最多可读取 n－1 个字符。

2）在读满 n－1 个字符前，若遇回车换行符（'\n'），则读出这个回车换行符，结束读操作，并在字符串末尾后加'\0'，函数正常返回。这时文件读写指针已经移到这个回车换行符后面。

3）在读满 n－1 个字符前，若遇文件结束标志，直接加'\0'，结束读操作，函数正常返回。

4）在读满 n－1 个字符前，如果遇回车符（'\r'）则读出该字符，而继续读取的下一个字符会存放在 str 指向的内存区域的第 1 个位置，直到遇到'\n'或者遇文件结束或者读满 n－1 个字符为止，字符串末尾后加'\0'。

【例 9-2】 下列程序的功能是将字符串"Beijing\r123456\n&&**^^"以字符串方式写入文件“L9－2. txt”，再以字符方式读出。程序如下。

```
#include <stdio.h>
#include <stdlib.h>
#include <string.h>
int main ( )
{   FILE *fp;
    char str1[40] = "abcdefg\r123456\n&&**^^",str2[40];
    if ((fp = fopen ("L9-2.txt","w")) == NULL)
     {  printf ("file can not open!\n");exit (0);}
    fputs (str1,fp);                     //写字符串到文件
    fclose (fp);
    if ((fp = fopen ("L9-2.txt","r")) == NULL)
     {  printf ("file can not open!\n");exit (0);}
    fgets (str2,12,fp);                  //读字符串到 str2 数组中,最多读 11 个字符
    puts (str2);                         //输出字符串到屏幕
    printf ("本次读取的字符串长度为:%d\n",strlen (str2));
    fgets (str2,14,fp);                  //读字符串到 str2 数组中,最多读 13 个字符
    puts (str2);
    fgets (str2,10,fp);                  //继续读取不超过 10 个字符的字符串
    puts (str2);
    fclose (fp);
    return 0;
}
```

运行结果：

```
123defg
本次读取的字符串长度为:11
456
&&**^^
本次读取的字符串长度为:6
```

结果分析：

1）首先将字符"abcdefg\r123456\n&&**^^"通过语句“fputs (str1,fp);”已经写入文件“L9－2. txt”中。关闭文件后，以只读方式打开文件“L9－2. txt”，执行第 1 个字符串读语句“fgets (str2,12,fp);”，希望从文件中读取不超过 11 个字符的字符串，但在读到第 8 个字符时，遇到'\r'，读出这个字符，产生的效果是使下一个字符的存放位置回到 str2 的开始

位置，继续读取的 123 就覆盖了原来存放在此处的 3 个字符 abc，读取 11 个字符后，最后放置一个'\0'。故显示字符串为“123defg”，但所显示字符串长度是 11 而不是 7。

2）继续执行第 2 个字符串读语句“fgets（str2,14,fp）;”，最多读取不超过 13 个字符的字符串，但读取 456 后就遇到了回车换行符'\n'，读出这个'\n'后，再加上'\0'结束本次读操作，显示结果是在 456 的下方出现一个空行。

3）继续执行第 3 个字符串读语句“fgets（str2,10,fp）;”，最多读取不超过 9 个字符的字符串，在连续读取 6 个字符后遇文件结束标志，结束本次读操作，最后加'\0'。故显示结果“&&**^^”。

这里要注意的是，若第一个字符就遇到'\n'，正常读取它，然后加'\0'结束。

【例 9-3】 将字符串"Beijing"、"Shanghai"、"Xi'an"、"Dalian"写入文件“L9-3.txt”中，然后再从文件中读出来，并显示在屏幕上。

分析： 在向文件写入一个字符串时，其结束标志'\0'并不写入，如果连续将多个字符串写入文件，读出时就无法判断一个字符串的结束位置。因此，写入一个字符串后需要再写入一个'\n'，在读出时遇'\n'则自动替换成'\0'，从而正确读出一个字符串。

程序如下。

```
#include <stdio.h>
#include <stdlib.h>
void main ()
{   FILE *fp;int i;
    char str1[4][10] = {"Beijing","Shanghai","Xi'an","Dalian"},str2[4][10];
    if ((fp = fopen ("L9-3.txt","w")) == NULL)
    {   printf ("file can not open!\n");exit (0);
    }
    for (i = 0;i < 4;i ++)
    {   fputs (str1[ i ],fp);                //写字符串到文件
        fputs ("\n",fp);                     //写完一个字符串后,再写一个换行符
    }
    fclose (fp);
    if ((fp = fopen ("L9-3.txt","r")) == NULL)
    {   printf ("file can not open!\n");   exit(0);
    }
    for (i = 0;i < 4;i ++)
        fgets (str2[ i ],10,fp);             //读字符串到 str2 数组中,每次最多读 10 个字符
    fclose (fp);
    for (i = 0;i < 4;i ++)                   //输出字符串到屏幕
        printf ("%s",str2[ i ]);
}
```

运行程序，输出：

```
Beijing
Shanghai
Xi'an
Dalian
```

思考： 去掉上面程序中的语句“fputs("\n",fp);”，运行结果是什么？

9.2.3 数据块读/写函数

数据块读写函数是指一次性地将一个或若干个指定长度的数据块写入文件或从文件中读出的函数。

1. 写数据块函数 fwrite( )

fwrite( )函数的一般格式如下。

```
fwrite (buf,size,n,fp);
```

功能：从 buf 所指向的内存地址开始，将 n 个大小为 size 字节的数据块写入 fp 所指向的文件中。如果操作成功，函数返回实际写入的数据块的个数，否则返回 NULL。

说明：

buf 为内存中要输出数据（源数据）的首地址；size 为每个数据块的大小；n 为数据块的个数；fp 为文件指针，指向要写入的文件。写入的信息全部按二进制存放。例如：

```
fwrite (buf,2,18,fp);
```

它表示要把数据写入文件 fp 中，数据存放在内存中由指针 buf 指向的区域中。写入的数据总共有 18 个，每个长 2 字节。

2. 读数据块函数 fread( )

fread( )函数的一般格式如下。

```
fread (buf,size,n,fp);
```

功能：从 fp 所指向的文件中，一次读取 n 个大小为 size 的数据块，存放到 buf 所指向的内存中。如果操作成功，返回读取的数据块的个数，否则返回 0。

说明：

buf 为将要存放数据的内存首地址，size 为每个数据块的大小，n 为数据块的个数，fp 为文件指针。

【例 9-4】 用 fwrite( )函数把数组中的 10 个数据写入文件“L9-4.txt”中，然后再用 fread( )函数读出并显示在屏幕上。程序如下。

```
#include <stdio.h>
#include <stdlib.h>
void main ()
{   FILE *fp;
    int a[10] = { 1,2,3,4,5,6,7,8,9,10 },b[10],i;
    if ((fp = fopen ("L9-4.txt","w")) == NULL)
    {   printf ("file can not open!\n");
        exit(0);
    }
    fwrite (a,sizeof (int),10,fp);  //写数据到文件,不论哪种打开方式,均以二进制形式存放
    fclose (fp);
    if ((fp = fopen ("L9-4.txt","r")) == NULL)
    {   printf ("file can not open!\n");
        exit (0);
    }
    fread (b,sizeof (int),10,fp);              //读数据到数组 b
    fclose (fp);
    for (i = 0;i < 10;i ++)                    //输出数据到屏幕
        printf ("%5d",b[ i ]);
}
```

运行程序，输出：

```
1 2 3 4 5 6 7 8 9 10
```

思考： 上述程序中若把第一个“fclose(fp)”去掉，结果会如何？

9.2.4 格式读/写函数

格式读函数 fscanf( ) 和格式写函数 fprintf( ) 是按指定格式对文件进行读、写操作的常用函数。它们与前面学过的格式输入函数 scanf( ) 和格式输出函数 printf( ) 相对应，其功能和格式基本相同，不同的是 scanf（）和 printf（）的读写对象是标准输入输出设备，而 fscanf( ) 和 fprintf( ) 的读写对象是磁盘文件。

1. 格式写函数 fprintf( )

fprintf( ) 函数的一般格式如下。

```
fprintf (文件指针, <格式控制字符串>, <输出变量列表>);
```

功能：将“输出变量列表”中的各输出项，按“格式控制字符串”中指定的格式写入由文件指针指向的文件中。若写入成功，返回实际写入文件的数据个数，否则返回 EOF(-1)。

说明：

“格式控制字符串”和“输出变量列表”的含义，与格式输出函数 printf( ) 完全一样。写入的信息全部按 ASCII 码值存放。

2. 格式读函数 fscanf( )

fscanf( ) 函数的一般格式如下。

```
fscanf (文件指针, <格式控制字符串>, <输入地址列表>);
```

功能：从文件指针所指的文件中，按“格式控制字符串”指定的格式读取数据，输入到“输入地址列表”所列出的变量地址中。若读取正确，返回实际读取的数据个数；若没有读到数据项，返回 0；若文件结束，则返回 EOF。

说明：

在使用 fprintf( ) 和 fscanf( ) 这两个函数时，要保证格式描述符与数据类型的一致性，否则会出错。通常应该是按什么格式写入数据，再按什么格式读出数据。

【例 9-5】 利用格式读写函数，将整数 24、实数 12.34、字符串“hello”写到“L9-5.txt”文件中，然后再读出并显示在屏幕上。

分析： 3 个数据的类型分别为整型、实型和字符串，因此写入时格式符为%d %f %s，而读出时也必须按这个格式（注意数据之间用空格分隔），否则会出错。程序如下。

```
#include <stdio.h>
#include <stdlib.h>
int main ()
{   FILE *fp;
    int a1 = 24, a2;
    float f1 = 12.34F, f2;
    char c1[ ] = "hello", c2[10];
    if ((fp = fopen ("L9-5.txt", "w")) == NULL)
    {   printf ("file can not open!\n");
        exit (0);
    }
    fprintf (fp, "%d %f %s", a1, f1, c1);          //写数据到文件 fp 中
    fclose (fp);
    if ((fp = fopen ("L9-5.txt", "r")) == NULL)
    {   printf ("file can not open!\n");
        exit (0);
```

```
    }
    fscanf (fp,"%d %f %s",&a2,&f2,c2);  //从 fp 中读数据到内存变量中
    fclose (fp);
    printf ("\n %d %f %s",a2,f2,c2);
    return 0;
}
```

运行程序，输出：

```
24 12.340000 hello
```

9.3 文件操作的其他函数

在对文件的操作中，除了前面讲述的各种读、写函数外，还需要一些其他函数来配合，以便对文件的操作能够更加完善、灵活。这些函数包括文件尾测试函数 feof( )、文件头定位函数 rewind( )、文件随机定位函数 fseek( )和错误测试函数 ferror( )等。

1. 文件尾测试函数 feof( )

feof( )函数的一般格式如下。

```
feof (fp);
```

功能：测试 fp 所指向的文件指针是否遇到文件结束标志。如果文件指针已经到达文件尾，函数返回非 0 值，否则返回 0 值。通常，feof(fp)为 0 时才可对文件进行读操作，若为非 0 则应该结束读操作。

【例 9-6】将字符串“We are studying language C.”写入文件“L9-6.txt”中，然后再从文件中读出所有字符，并显示在屏幕上。程序如下。

```
#include <stdio.h>
#include <stdlib.h>
void main()
{   FILE *fp;
    char str1[ ] = "We are studying language C. ",str2[50];
    if ((fp = fopen ("L9-6.txt","w")) == NULL)
    {
        printf ("file can not open!\n");
        exit (0);
    }
    fputs (str1,fp);
    fputc ('\0',fp);                        //在文件尾写入'\0'
    fclose (fp);
    if ((fp = fopen ("L9-6.txt","r")) == NULL)
    {   printf ("file can not open!\n");
        exit(0);
    }
    int i = 0;
     while (!feof (fp))                     //测试文件是否结束
     {   str2[i] = fgetc (fp);             //若文件没有结束,则继续读取下一字符
         i++;
     }
    fclose (fp);
    printf ("\n %s",str2);
}
```

2. 错误测试函数 ferror( )

ferror( )函数的一般格式如下。

```
ferror (fp);
```

功能：对文件最近一次操作进行正确性测试。如果操作出错，返回非0值，否则返回0值。例如，可以编写一个通用的出错处理函数供其他函数调用：

```
void errp (FILE *fp)
{   if (ferror (fp) != 0)                               //操作出错,终止运行
    {   printf ("file operate be defeated. \n");
        exit (0);
    }
    else
        return;                                          //操作成功,返回继续运行
}
```

3. 文件头定位函数 rewind( )

rewind( )函数的一般格式如下。

```
rewind (fp);
```

功能：使文件的内部读写指针移动到文件的开头，该函数无返回值。

4. 返回文件当前读写位置函数 ftell( )

ftell( )函数的一般格式如下。

```
ftell (fp);
```

功能：返回文件指针的当前读写位置值。调用正确，返回文件指针的当前位置，返回值为长整型数，是相对于文件头的字节数；出错时，返回 -1L。

例如，下面程序段可以通知用户在文件的什么位置出现了文件错误：

```
long i;
if ((i =ftell (fp)) == -1L)
    printf ("file error has occurred at %ld\n",  i);
```

5. 文件随机定位函数 fseek( )

fseek( )函数的一般格式如下。

```
fseek(fp,位移量,起始位置);
```

功能：将 fp 指向的文件指针从指定的"起始位置"移动一个指定的"位移量"。移动成功，返回0；否则返回非0。其中，"起始位置"指明文件定位的起始基点。"位移量"指明从起始基点开始移动的字节数，它是一个长整型，值为正时，表示向文件尾的方向移动；值为负时，表示向文件头的方向移动。

如果只需读取文件中的某一个或某一部分数据，可使用文件随机定位函数 fseek( )。fseek 函数的"起始位置"如表 9-3 所示，可用符号常数，也可用对应的整数。

表 9-3　fseek( )函数"起始位置"参数取值表

符号常数	值	含　义
SEEK_SET	0	文件头
SEEK_CUR	1	文件内部指针当前位置
SEEK_ END	2	文件尾

例如，将文件 fp 的内部指针移到距文件头 100 字节的地方，用如下命令：

```
fseek(fp,100L,SEEK_SET);                    //等价于 fseek(fp,100L,0);
```

再如，从文件 fp 的尾部开始朝头部移动 100 字节，用如下命令：

```
fseek (fp, -100L,SEEK_END) ;                //等价于 fseek(fp, -100L,2);
```

【例 9-7】若有文件“L9-7.txt”，存放了 10 个下列结构体类型的数据，试从该文件中取出第 2 个记录并输出。程序如下。

```
#include <stdio.h>
#include <stdlib.h>
struct student                                          //定义结构体类型
{   int num;
    char name[10];
    int sc[4];
};
void main ()
{   struct student s;
    FILE *fp;
    if ((fp=fopen ("L9-7.txt","rb")) == NULL)
    {   printf ("can't open this file\n");
        exit (0);
    }
    //————以下语句将文件位置指针移到第 2 个学生记录的开始位置————
    fseek (fp,sizeof(struct student),0);
    fread (&s,sizeof(struct student),1,fp);        //读第 2 个学生记录
    printf ("%-8d %-8s%-8d%-8d %-8d%-8d",s.num,s.name,s.sc[0],s.sc[1],s.sc
[2],s.sc[3]);
    fclose (fp);
}
```

习题 9

一、选择题

1. 系统的标准输入设备是指（　　）。

   A. 键盘　　B. 显示器　　C. 软盘　　D. 硬盘

2. 若执行 fopen()函数时发生错误，则函数返回值为（　　）。

   A. 地址值　　B. 0　　C. 1　　D. EOF

3. 如果打开文件时，选用的文件操作方式为“wb+”，则下列说法中错误的是（　　）。

   A. 要打开的文件名必须存在　　B. 要打开的文件可以不存在

   C. 打开文件后可以读取　　D. 要打开的文件是二进制文件

4. 当文本文件 abc.txt 已经存在时，执行函数“fopen("abc.txt","r+")”的功能是（　　）。

   A. 打开 abc.txt 文件，清除原有内容

   B. 打开 abc.txt 文件，只能写入新的内容而不能读出

   C. 打开 abc.txt 文件，只能读取原有内容

   D. 打开 abc.txt 文件，可以读取和写入新的内容

5. 若用 fopen()函数打开一个新的二进制文件，该文件可以读也可以写，则文件打开的

方式应该是（　　）。

A. "ab+"　　B. "wb+"　　C. "rb+"　　D. "ab"

6. fputc()函数的功能是向指定的文件写入一个字符，文件的打开方式必须是（　　）。

A. 只写　　B. 追加　　C. 可读写　　D. 以上均正确

7. 若定义了“FILE *fp;char ch;”且成功地打开了文件，欲将 ch 变量中的字符写入文件，正确的语句是（　　）。

A. fputc(fp,ch);　　B. fputc(ch,fp);

C. fputc(ch);　　D. putchar(ch,fp);

8. 设有如下定义，欲将 st 数组中 30 位学生的数据写入文件，以下不能实现此功能的语句是（　　）。

```
struct student
{       char name[10];
        float score;
} st[30];FILE *fp;
```

A. for(i=0;i<30;i++) fwrite(&st[i],sizeof(struct student),1,fp);

B. for(i=0;i<30;i++) fwrite(st+i,sizeof(struct student),1,fp);

C. fwrite(st,sizeof(struct student),30,fp);

D. for(i=0;i<30;i++) fwrite(st[i],sizeof(struct student),1,fp);

9. 若 fp 是指向某文件的指针，且读取文件时已读到文件末尾，则函数 feof(fp)的返回值是（　　）。

A. EOF　　B. 0　　C. 非零值　　D. NULL

10. 函数调用语句 fseek(fp,-20L,2);的含义是（　　）。

A. 将文件位置指针移到距文件头 20 字节处

B. 将文件位置指针从当前位置向后移动 20 字节

C. 将文件位置指针从文件尾处后退 20 字节

D. 将文件位置指针从当前位置向前移动 20 字节

二、程序阅读题

1. 假定名为 data1.dat 的二进制数据文件中存放了下列 4 个单精度实型数：-12.1、12.2、-12.3 和 12.4。程序运行结果：________________

```
#include <stdio.h>
void main()
{   FILE *fp;float sum=0.0,x;int i;
    if ((fp=fopen ("data1.dat","rb")) == NULL)
        exit(0);
    for (i=0;i<4;i++,i++)
    {   fread (&x,4,1,fp);
        sum += x;
    }
    printf ("%f\n",sum);
    fclose (fp);
}
```

2. 阅读下列程序，程序的主要功能：________________

```
#include <stdio.h>
void main()
```

```
{   FILE *fp;char ch;long count1 =0,count2 =0;
    if ((fp =fopen ("p1.c","r")) == NULL)
        exit (0);
  while (!feof (fp))
    {  ch =fgetc(fp);
       if (ch == '{') count1 ++;
       if (ch == '}') count2  ++;
    }
   if (count1 == count2) printf("YES!\n");
   else printf("ERROR!\n");
   fclose (fp);
}
```

3. 设文件“text1. txt”中的内容为 CHINA BEIJING，程序的输出结果：________

```
#include <stdio.h>
void main()
{  FILE *fp;char ch;
    if ((fp =fopen("text1.txt","r")) == NULL)
        exit(0);
    ch =fgetc(fp);
    while (! feof (fp))                    //stdout 为标准的输出文件(显示器)的指针
    {  if (ch >= 'A'&& ch <= 'Z')
            fputc (ch +32,stdout);
        ch =fgetc (fp);
    }
}
```

4. 下面程序的输出结果：________

```
#include <stdio.h>
void fout (char *fname,char *str)
{   FILE *fp;
    fp =fopen(fname,"w");
    fputs (str,fp);
    fclose (fp);
}
void main()
{   FILE * fp;char ch;
    fout ("file2.dat","well comming");
    fout ("file2.dat","hello");
    fp =fopen ("file2.dat","r");
    ch =fgetc (fp);
    while (! feof (fp))
    {   putchar (ch);
        ch =fgetc (fp);
    }
    fclose(fp);
}
```

第10章　面向对象程序设计基础

内容提要　面向对象程序设计是软件系统设计与实现的新方法，这种新方法是通过增加软件的可扩充性和可重用性来提高程序员的编程能力，解决维护软件的复杂性，并控制软件维护的开销。面向对象程序设计模拟了真实世界对象的属性和行为，使程序设计过程更自然和直观。

目标与要求　了解面向对象的基本原理和面向对象程序设计的基本特点；理解类与对象的概念；理解面向对象的重要特点：封装性、继承性和多态性；理解对象的声明和引用。重点掌握类的封装，熟练使用构造函数创建对象。

10.1　面向对象程序设计概述

为了解决软件危机，20世纪80年代提出了面向对象的程序设计（Object Oriented Programming，OOP）。它是针对开发较大规模的程序而提出的，目的是提高软件开发的效率。不要将面向对象和面向过程对立起来，它们并不相互矛盾，而是各有用途，互为补充。

10.1.1　面向过程的程序设计

面向过程的程序设计的核心思想是功能的分解：将问题分解成若干个功能模块，根据模块功能设计用于存储数据的数据结构，编写函数对数据进行操作，从而实现模块功能。程序由处理数据的一系列函数构成，设计方法是面向过程的。

面向过程的程序设计过程分为以下3个步骤，简称AQP方法。

第一步：分析问题。

1）对问题进行定义与分析，确定要产生的输入数据。

2）确定要产生的输出数据。

3）设计一种算法，通过有限步的运算获取输出的结果。

第二步：设计算法。

设计程序的轮廓（程序结构），并画出程序的流程图。

1）对于简单的程序，通过列出程序执行的动作，直接画出程序的流程。

2）对于复杂的程序来说，使用自顶向下的设计方法，把程序分割为一系列的模块，形成一张结构图，每一个模块完成一项任务，再对每一项任务进行逐步求精，描述这一任务的全部细节，最终将所有的执行动作画出流程。

第三步：编写程序。

采用一种计算机语言（如C语言）实现算法编程，并测试程序，得到最终结果。

面向过程的程序设计面临的问题如下。

1）当解决一个复杂的问题时，难以很快写出一个层次分明、结构清晰、算法正确的程序。

2）当用户的需求发生变化时，可能要重新设计整个程序结构。

3）当数据的表示发生变化时，对数据操作的有关函数均需要修改。

这些问题都会使程序的实现和维护的难度随着程序规模的增加而呈指数上升。

10.1.2 面向对象程序设计

面向对象程序设计是针对开发较大规模的程序而提出来的。它更接近于人的思维活动，不仅吸收了结构化程序设计的思想，而且又有效地改进了结构化程序设计中存在的问题。人们利用这种思想进行程序设计时，可以更大程度地提高编程能力，减少软件维护的开销。

面向对象方法认为现实世界是由一个个对象组成的，构成客观事物的基本单元是对象。解决某个问题时，先要确定这个问题是由哪些对象组成。如一个学校是一个对象，一个班级是一个对象，一个学生是一个对象，而一个班级又是由若干个学生对象组成，一个学校又是由若干个班级对象和若干个其他对象组成。

作为对象，它一般应具备两个因素：一个是从事活动的主体，例如班级中的若干名学生；另一个是活动的内容，如上课、开会等。从计算机的角度看，一个对象一般包括两个因素：一个是数据，相当于班级中的学生属性；另一个是需要进行的操作（函数），相当于班级中学生进行的各种活动。对象就是一个包含数据以及与这些数据有关的操作集合。

面向对象的基本思想：

- 整个软件由各种各样的对象构成。
- 每个对象都有各自的内部状态和运动规律。
- 根据对象的属性和运动规律的相似性可以将对象分类。
- 复杂对象由相对简单的对象构成。
- 不同对象的组合及其间的相互作用和联系构成系统。
- 对象间的相互作用通过消息传递，对象根据所接收到的消息做出自身的反应。

面向对象的程序设计过程也分为以下 3 个阶段。

第一阶段：面向对象的分析（Object Oriented Analysis，OOA）。

自上而下地进行分析，将整个软件系统看成是一个对象，然后将这个大的对象分解成具有语义的对象簇和子对象，同时确定这些对象之间的相互关系。

第二阶段：面向对象的设计（Object Oriented Design，OOD）。

将对象及其相互关系进行模型化，建立分类关系，确定对象及其属性和影响对象的操作，并实现每个对象。

第三阶段：面向对象的实现（Object Oriented Implementation，OOI）。

是软件具体功能的实现，包括面向对象编程（Object Oriented Programming，OOP）、面向对象测试（Object Oriented Test，OOT）、面向对象维护（Object Oriented Soft Maintenance，OOSM）。

通过上面的介绍可以看出，面向过程的程序设计是将问题进行分解，然后用许多功能不同的函数来实现，数据与函数是分离的，程序可以描述为：

程序 = 模块 + 模块 + … + 模块，模块 = 数据结构 + 算法

面向对象的程序设计是将问题抽象成许多类，将数据与对数据的操作封装在一起，各个类之间可能存在着继承关系，对象是类的实例，程序由对象组成，程序可以描述为：

程序 = 对象 + 对象 + … + 对象，对象 = 数据结构 + 算法

面向对象的程序设计可以较好地克服面向过程程序设计存在的问题，使用得好，可以开

发出健壮的、易于扩展和维护的应用程序。

10.1.3 面向对象程序设计的基本特点

1. 抽象

抽象是指对具体问题进行概括，提取出一类对象的公共性质并加以描述的过程。抽象的过程也是对问题进行分析和认知的过程，这是人类认识世界的基本手段之一。抽象的作用是表示同一类事物的本质。如不同品牌的电视机、不同形状的桌子等，它们分别属于同一类事物，所以可以对它们进行归纳，找出共同的属性和行为。

例如，对人进行抽象，通过对人类进行归纳、抽象，抽取出其中的共性，可得如下结论。

人的共同属性：姓名、性别、年龄、身高、体重等。人的共同行为：吃饭、走路、睡觉等生物性行为；工作、学习等社会性行为。

属性可用变量来表达，行为可用函数来表达。

2. 封装

将抽象得到的数据和行为相结合，形成一个有机的整体。即将数据和操作数据的函数进行有机结合，形成“类”。

封装是面向对象程序设计方法的一个重要特点。所谓封装，包含两个含义：一是将有关的数据和函数封装在一个对象中，形成一个基本单位，各个对象之间相互独立，互不干扰；二是将对象中某些部分对外隐蔽，即隐蔽其内部细节，只留下少量接口，以便与外界联系，接收外界的消息，这种对外界隐蔽的做法称为信息隐蔽。信息隐蔽还有利于数据安全，防止无关的人了解和修改数据。

3. 继承

如果汽车制造厂想生产一款新型汽车，一般不会全部从头开始设计，而是选择已有的某一型号汽车为基础，增加新的功能后形成一款新型汽车，从而提高生产效率，降低成本。这种新产品的研制方式称为继承。

继承是面向对象程序设计方法的又一个重要特点。只有继承，才可以在别人认识的基础之上有所发现、有所突破，摆脱重复分析、重复开发的困境。

4. 多态

广义地说，多态是一种行为表现出了多种形态。如你“吃饭”我“吃饭”，但吃的东西不一样，所以吃饭的动作不同。

C++中，所谓多态性是指由继承而产生的不同的派生类，其对象对同一消息会做出不同的响应。多态性是面向对象程序设计的一个重要特征，能增加程序的灵活性。

10.2 从 C 到 C++

C++从C发展而来，它继承了C语言的优点，并引入了面向对象的概念，同时也增加了一些非面向对象的新特性，这些新特性使C++程序比C程序更简洁、更安全。本节主要介绍C++对C的非面向对象特性的部分新扩展。

10.2.1 C++对C的一般扩充

1. 源程序文件扩展名

C语言源程序文件的扩展名为“c”，C++中对源程序并没有明确规定，不过一般约定，

C ++ 源程序文件的默认扩展名为“cpp”，该扩展名的由来是因为“加”在英语中的读法为 Plus，于是 C ++ 标准的英文名就是 C Plus Plus，故源程序文件的扩展名为“cpp”。

2. 新增的关键字

C ++ 在 C 语言关键字的基础上增加了许多关键字，表 10-1 是 C ++ 中新增的部分关键字。

表 10-1　C ++ 中新增的部分关键字

catch	class	delete	friend	inline
new	private	protected	public	virtual
try	using	string		

3. 强制类型转换

C ++ 支持两种不同的强制类型转换形式，代码如下。

```
int x = 1;
long n = (long) x;                //C 的类型转换,C ++ 支持
long m = long(x);                 //C ++ 的新风格
```

4. 灵活的变量声明

C 语言中，局部变量的声明必须置于可执行代码段之前，不允许局部变量声明和可执行代码段混合起来。但在 C ++ 中，允许在代码段的任何地方说明局部变量，即随用随定义。这样避免了在修改程序时必须回到函数体开始处查看和修改所声明的变量。另外，变量在远离被使用处的地方声明，易引起混淆或导致错误。

5. C ++ 的字符串类型（string 类型）

C 语言中使用字符数组处理字符串，C ++ 中提供了一种新的数据类型——字符串类型（string 类型），它是在头文件 string 中定义的。用 string 类型可以定义字符串变量，并直接用“+”运算符实现字符串的连接。代码如下。

```
#include <string>                     //注意头文件名不是 string. h
…… ……
string s1;                            //定义 s1 为字符串变量
string s2 = "china" + "people";       //定义 s2 同时对其初始化为“china people”
```

6. C ++ 的输入与输出

C 语言的编译系统对输入/输出函数缺乏类型检查机制。在 C 语言中，输入/输出函数的格式控制符的个数或类型与输入/输出表列中参数的个数或类型不相同时，编译时并不报错，但是在运行时却不能得到正确的结果。

C ++ 中，除了可以用 C 语言中的输入/输出函数进行数据的输入和输出外，还增加了标准的输入流 cin 和标准的输出流 cout，它们是在头文件 iostream. h 和 iostream 中定义的。

（1）输出流 cout

cout 和插入运算符“<<”一起使用，可以输出整数、实数、字符和字符串。注意，cout 后每输出一项就要用一个插入运算符“<<”。可以使用多个“<<”，每个“<<”后面可以跟一个要输出的常量、变量、转义字符、对象及表达式等。代码如下。

```
int x = 10;
double y = 5. 6;
cout << "x = " << x << ",y = " << y << endl;     //输出,endl 与\n 作用相同,代表回车换行
cout << "x = ",x,",y = ",y,endl;                 //错误
```

(2) 输入流 cin

cin 和提取运算符 “>>” 一起使用，实现键盘输入。可以使用多个 “>>”，每个 “>>” 后面可以跟一个要获得输入值的变量或对象。代码如下：

```
int x;
double y;
char z[10];
cin>>x>>y>>z;                    //输入的数据之间用空格或回车分隔
```

用 cin 和 cout 进行数据的输入和输出要比用 scanf()函数和 printf()函数方便得多。cin 和 cout 可以自动判断输入和输出的数据类型，自动调整输入和输出的格式，不必像用 scanf()函数和 printf()函数那样一个一个地指定数据的格式，也就减少了程序出错的可能性。

7. 头文件有无“h”扩展名的区别

C++标准类库被修订了两次，有两个标准 C92 和 C99，这两个库现在都在并行使用，带有“h”扩展名的头文件是 C92 标准（旧标准），没有“h”扩展名的头文件是 C99 标准（新标准）。早期的 C++编译器，如 VC6.0，既支持旧的标准，也支持新的标准，但新的C++编译器摒弃了.h 形式的头文件，如 VS2005 及以后产品中不再支持“*.h”的头文件。

以输入输出流的头文件举例，如果使用#include <iostream>，得到的是置于名字空间 std 下的 iostream 库的元素；如果使用#include <iostream.h>，得到的是置于全局空间的同样的元素。例如，在 C++中的输出有以下几种实现方法。

方法 1：完全使用 C 语言中的输出方式。程序如下。

```
#include <stdio.h>
void main()
{
    printf("abc \n");                //完全兼容 C,在 C++中不赞成这样使用
}
```

方法 2：使用 C++的旧标准。程序如下。

```
#include <iostream.h>               //使用旧标准,目前也不赞成这样使用
void main()
{
    cout<<"abc"<<endl;
}
```

方法 3：使用 C++的新标准。程序如下。

```
#include <iostream>                 //使用新标准
using namespace std;
void main()
{
    cout<<"abc"<<endl;
}
```

10.2.2 C++中的函数

C++对传统的 C 函数说明作了一些改进，这些改进主要是为了满足面向对象机制以及可靠性、易读性的要求。

1. 内联函数

函数调用会导致一定数量的额外开销，如参数入栈、出栈等，有时正是这种额外开销迫使C程序员在整个程序中复制代码以提高效率。C++的内联函数就专门用于解决这一问题。

当函数定义由inline开头时，表明此函数为内联函数。编译时，可使用函数体中的代码替代函数调用表达式，从而完成与函数调用相同的功能。这样能加快代码的执行，减少调用开销。如：两个整数求和的sum()函数定义为内联函数的代码如下。

```
inline int sum(int x,int y)                    //内联函数
{
    return x + y;
}
```

说明：

1）内联函数必须先定义后调用，否则编译不会得到预想的结果。

2）若内联函数较长，且调用太频繁，则编译后程序将加长很多，通常只有较短的函数才定义为内联函数，较长的函数最好作为一般函数处理。

2. 函数重载

C语言中函数名是不能相同的，如果相同就会出错。但C++中，提供对函数重载的支持，允行函数名同名。所谓重载，就是在程序中相同的函数名对应不同的函数实现。在一个C++源程序中，如果有多个函数具有相同的名称，这些函数可以完成不同的功能，并有不同的参数个数或参数类型，这些函数就是重载函数。

函数重载要求C++编译器能够唯一确定调用的是哪个函数，这是依据参数个数的不同或者参数类型的不同来实现的。

【**例10-1**】用函数重载求两个整数或实数的最大数。程序如下。

```
#include <iostream.h>
int max(int a,int b)                           //求两个整数中的大数
{   if(a > b)
        return a;
    else
        return b;
}
double max(double a,double b)                  //求两个实数中的大数
{   if(a > b)
        return a;
    else
        return b;
}
int main()
{   int a,b;
    cin >> a >> b;
    cout << max(a,b) << endl;                  //编译器确定调用第1个函数
    double x,y;
    cin >> x >> y;
    cout << max(x,y) << endl;                  //编译器确定调用第2个函数
    return 0;
}
```

说明：

1）函数重载只能以函数的参数个数或参数的数据类型不同为依据。

2）当发生函数重载时，系统会根据参数个数或类型的不同自动找到与之相匹配的函数。

3. 带默认参数值的函数

C++中可以在函数声明或函数定义中给函数定义默认参数值，这时在函数调用时允许实参和形参的个数不同。其办法是在形参表中给一个或几个形参指定默认值，在函数调用过程中如果没有给指定了默认值的形参传值，函数会自动使用形参的默认值。有时这个默认值可以带来很大的方便。

通常，在调用函数时，要为函数的每个形参提供对应的实参。例如：

```
void delay(int n);                    //函数声明
void delay(int n)                     //函数定义
{
    for(int i=0;i<n;i++);
}
```

无论何时调用 delay()函数，都必须给 n 传一个值以确定延迟多长时间。但有时需要用相同的实参 1000 反复调用 delay()函数，这时可将 delay()函数中的 n 定义成默认值 1000，只需简单地把函数声明改为：

```
void delay(int n=1000);
```

这样，无论何时调用 delay()函数，可以给 n 赋值，也可以不给 n 赋值，当没有给 n 赋值时程序会自动将 n 当作 1000 进行处理。例如进行如下调用时：

```
delay(2500);                          //n 设置为 2500
delay();                              //n 采用默认值 1000
```

C++中若为函数形参指明了默认值，在调用中如果不给出参数，则按指定的默认值进行工作。允许函数默认参数值是为了让编程简单，让编译器做更多的检查错误工作。

【例 10-2】 求两个或 3 个正整数中的最大数，用带有默认参数的函数实现。程序如下。

```
#include<iostream.h>
int max(int a,int b,int c=0)                   //定义带有默认参数的函数
{   int m;
    if(a>b)
        m=a;
    else
        m=b;
    if(c>m)
        m=c;
    return m;
}
int main()
{   int a,b,c;
    cin>>a>>b>>c;
    cout<<max(a,b,c)<<endl;                     //输出 3 个数中的大数
    cout<<max(a,b)<<endl;                       //输出 2 个正数中的大数
    return 0;
}
```

说明：

1）默认参数的声明。如果程序中既有函数声明又有函数定义，则默认参数只能在函数声明中提供，函数定义中不允许默认参数。如果程序中只有函数定义，则默认参数才可出现在函数定义中。例如：

```
void point(int x=3,int y=4);          //声明中给出默认值
void point(int x,int y)               //定义中不允许再给出默认值
```

```
{    cout << x << endl;
     cout << y << endl;
}
```

2）默认参数的顺序规定。如果一个函数中有多个形参，可以使每个形参有一个默认值，也可以只对一部分形参指定默认值，另一部分形参不指定默认值，实参与形参的结合是从左至右顺序进行的。因此指定默认值的参数必须放在形参表列中的最右端，否则出错。例如：

```
void fun1(int a = 1, int b, int c = 3, int d = 4);          //错误
void fun2(int a, int b = 2, int c = 3, int d = 4);          //正确
```

对于第 2 个函数声明，其调用的方法规定：

```
fun2(10,15,20,30);                 //正确,调用时给出所有实参
fun2(2,19,30);                     //正确,参数 d 默认
fun2(2,12);                        //正确,参数 c 和 d 默认
fun2();                            //错误,参数 a 没有默认值
```

3）一个函数不能既作为重载函数，又作为有默认参数的函数。因为当调用函数时如果少写一个参数，系统无法判定是利用重载函数还是利用默认参数的函数，出现二义性，系统无法执行。

10.3 类与对象

本节及以后章节主要介绍 C ++ 对面向对象特性的主要新扩展。

10.3.1 类

1. 类的定义

类是 C ++ 中的一种特殊的数据类型，是数据和函数的封装体，是对所要处理的问题的抽象描述，是面向对象程序的核心。类的特殊性是它不仅封装了数据，还封装了对数据的操作。类定义的一般形式如下。

```
class 类名
{
    [private:]
        私有的数据成员;
        私有的成员函数;
    protected:
        受保护的数据成员;
        受保护的成员函数;
    public:
        公有的数据成员;
        公有的成员函数;
};
```

说明：

1）类的定义由类首部和类体两个部分组成。类定义的第一行为类首部，类首部中 class 是关键字，用于标识这是类的定义，类名的命名规则与 C 语言中标识符的命名规则一致。但美国微软公司的 MFC 类库中的所有类均以大写字母“C”开头，实际应用中建议类名的第一个字母大写。

2）类体放在一对大括号中，用于定义类的成员，它支持数据成员和成员函数（又称成

员方法）这两种类型的成员。

3）类中的成员（数据成员、成员函数）有 3 种访问控制属性，分别用符号 public（公有类型）、private（私有类型）、protected（受保护类型）加以修饰。在类体中使用这 3 个修饰符的成员无次序之分，且一个类中这 3 个修饰符并不一定全都使用。如果私有成员紧接着类的名称，则关键字 private 可以省略。使用时建议把所有的私有成员和公有成员归类放在一起，程序将更加清晰。

4）一个类就是一个封装体，程序设计都在类中进行。

【例 10-3】定义一个人类 Person。代码如下。

```
#include <string>
using namespace std;
class Person
{     private:
          string name;                          //姓名
          char sex;                             //性别
          int age;                              //年龄
      public:
          void Walk();                          //走路
          void Work();                          //工作
};
```

5）数据成员和成员函数不一定每一部分都有。当类体中只有数据成员且访问属性是 public 时，该类与 C 语言中结构体类型相似。例如：

```
#include <string>
using namespace std;
class A
{
    public:
        string name;
        char sex;
        int age;
};
```

6）数据成员可以是任何数据类型，但不能用自动（auto）、寄存器（register）、外部（extern）进行说明。

7）C++规定，不能在类的声明中给数据成员赋初值，只能在类对象定义之后给数据成员赋初值。例如：

```
class B
{
    public:
        int x = 1;                  //错误
        char y = 's';               //错误
    private:
        float z = 2.7f;             //错误
};
```

2. 类成员的访问控制

类成员的访问控制属性可以有以下 3 种：

1）public — 公有类型。

2）private — 私有类型。

3）protected — 受保护类型。

公有类型成员其实就是类的外部接口，用关键字 public 声明，在类外只能访问类的公有成员。通常成员函数定义为公有类型。

私有成员用关键字 private 声明，声明为私有类型的成员只能被本类的成员函数访问，来自类外部的任何访问都是非法的。这是 C++ 实现封装的一种方法，通过这种方法能严格控制对自身成员的访问。

受保护类型成员用关键字 protected 声明，其性质和私有成员的性质相似，差别在于继承过程中对产生的派生类影响不同。

10.3.2 类的成员函数

类的成员函数有构造函数、析构函数、普通成员函数。无论哪一种函数，它都是描述类的行为，是对封装的数据进行操作的方法，是程序算法的实现部分。它们的定义方式基本相同。本节只介绍类的普通成员函数，构造函数和析构函数将在 10.4 节中介绍。

1. 成员函数的定义

类成员函数的定义通常采用以下两种方式。

1）方式 1：在类的声明中只给出成员函数的原型，而成员函数的实现部分在类的外部定义。其一般形式如下。

```
返回值类型类名::成员函数名(形参表)
{
    //函数体
}
```

【例 10-4】 用方式 1 实现【例 10-3】中 Person 类的成员函数。程序如下。

```
#include <iostream>
#include <string>
using namespace std;
class Person
{   private:
        string name;                    //姓名
        char sex;                       //性别
        int age;                        //年龄
    public:
        void Walk();                    //走路
        void Work();                    //工作
};
void Person::Walk()
{   cout << name << "正在走路!" << endl;
}
void Person::Work()
{   cout << name << "正在工作!" << endl;
}
```

2）方式 2：在类的声明中直接把成员函数定义在类的内部。

【例 10-5】 用方式 2 实现【例 10-3】中 Person 类的成员函数。程序如下。

```
#include <iostream>
#include <string>
using namespace std;
class Person
```

```
{       private:
            string name;                    //姓名
            char sex;                       //性别
            int age;                        //年龄
        public:
            void Walk( )
            {   cout << name << "正在走路!" << endl;
            }
            void Work( )                    //工作
            {   cout << name << "正在工作!" << endl;
            }
};
```

说明：

1）使用方式 2 定义的成员函数又称为内联成员函数，这是内联函数的隐式定义。同普通的内联函数一样，内联成员函数的函数体在编译时会被插入到每一个调用它的地方，这样做可以减少调用的开销，提高执行效率，但是却增加了编译后代码的长度，所以在使用时要权衡利弊慎重选择。实际应用中一般只有相当简单的成员函数才被声明为内联函数。

2）使用方式 1 也可以显示定义内联成员函数，即在函数定义前使用 inline 关键字，即可使函数起到内联函数的作用。显示定义内联函数的代码如下。

```
#include <iostream>
#include <string>
using namespace std;
class Person
{       private:
            string name;                    //姓名
            char sex;                       //性别
            int age;                        //年龄
        public:
            void Walk( );                   //走路
            void Work( );                   //工作
};
inline int Person::Walk( )
{   cout << name << "正在走路!" << endl;
}
inline void Person::Work( )
{   cout << name << "正在工作!" << endl;
}
```

2. 成员函数的重载

类的成员函数可以像普通函数一样重载，通过参数个数或类型的不同确定执行哪个同名函数。

【例 10-6】 为【例 10-3】中的 Person 类添加一个同名的成员函数，以实现成员函数的重载。程序如下。

```
#include <iostream>
#include <string>
using namespace std;
class Person
```

```
{      private:
            string name;                              //姓名
            char sex;                                 //性别
            int age;                                  //年龄
       public:
            void Walk()
            {  cout << name << "正在走路!" << endl;
            }
            void Work()                               //工作
            {  cout << name << "正在工作!" << endl;
            }
            void Work(int days)                       //函数重载
            {  cout << name << "已经工作了" << days << "天!" << endl;
            }
};
```

3. 带有默认形参值的成员函数

类的成员函数也可以像普通函数一样带有默认的形参值。

【例 10-7】为 Person 类添加一个输入数据的成员函数。程序如下。

```
#include <iostream>
#include <string>
using namespace std;
class Person
{      private:
            string name;                              //姓名
            char sex;                                 //性别
            int age;                                  //年龄
       public:
            //…… ……    //其他成员函数省略
            void Input(string n = "zhang",char   se = 'F',int a = 20)
            {      name = n;sex = se;age = a;
            }
};
```

说明：调用 Input()成员函数时，如果没有给出实参，则会按照默认实参值设置此人的姓名为“zhang”，性别为“F”，年龄为“20”。

10.3.3 对象的定义及引用

在定义了类以后，就可以定义其类型的变量。C++中，将类的变量称为对象或者类的对象或者类的实例。

1. 对象的定义

C++中有以下 3 种方法定义类的对象。

1）先定义类，再定义类的对象。例如：

```
class Person
{
     …;
};
Person p1,p2;
```

2）定义类的同时直接定义类的对象。例如：

```
class Person
{
```

```
    …. ;
} p1,p2;
```

3）定义类的同时直接定义类的对象，并省去类名。例如：

```
class
{
    …. ;
} p1,p2;
```

说明：用第3种方式定义对象时，因为没有指明类名，所以只能使用1次。故一般不建议这样使用。

2. 对象的引用

对象的引用是指对象成员的引用。不论是数据成员还是成员函数，只有被定义为公有的，才可以被外部函数直接引用。

对象的数据成员引用格式：

```
对象名．数据成员名
```

对象的成员函数引用格式：

```
对象名．成员函数名(实参列表)
```

说明：

1）“.”是成员运算符。

2）不管是数据成员还是成员函数，只有被定义为公有类型，才能在类的外面被访问到。

3）在类的内部，所有成员都可以直接通过名称访问。

【例 10-8】定义 Person 类的对象。程序如下。

```
#include <iostream>
#include <string>
using namespace std;
class Person
{     private:
          string name;                     //姓名
          char sex;                        //性别
          int age;                         //年龄
      public:
          void Walk()
          {   cout << name << "正在走路!" << endl;}
          void Work()
          {      cout << name << "正在工作!" << endl; }
          void Input(string n = "zhang",char se = 'F',int a = 20)
          {      name = n;sex = se;age = a;}
} p1;
void main()
{   p1. Input();
    p1. Work();
}
```

【例 10-9】设计一个圆类，计算圆的周长和面积。

方法1：所有成员均为公有的，数据不安全。程序如下。

```
#include <iostream.h>                    //使用旧标准的头文件
class Circle
```

```
{   public:
        double r;
        double Area()                              //在类体内实现的函数
        {       return 3.14*r*r;}
        double Peri();                             //类体中只有函数的声明
};
double Circle::Peri()                              //在类体外实现的函数
{       return 2*3.14*r;}
void main()
{       Circle c;                                  //在类体外可以对类的所有公有类成员进行操作
        c.r=3.78;                                  //对数据成员 r 的写操作
        cout<<"圆的半径是:"<<c.r<<endl;             //对数据成员 r 的读操作
        cout<<"面积是:"<<c.Area()<<",周长是:"<<c.Peri()<<endl;
                                                   //对成员函数的调用
}
```

方法 2：数据成员为私有的，但要对读写操作设置接口。程序如下。

```
#include<iostream>                                 //使用新标准的头文件
using namespace std;
class Circle
{       private:
            double r;
        public:
            double Area()                          //在类体内实现的函数
            {       return 3.14*r*r;}
            double Peri();
            void SetR(double x);
            double GetR()
            {       return r;}
} c;
double Circle::Peri()                              //在类体外实现的函数
{       return 2*3.14*r;}
void Circle::SetR(double x)
{   r=x;}
void main()
{       c. SetR(3.78);                             //调用成员函数完成对数据成员 r 的写操作
        cout<<"圆的半径是:"<<c. GetR()<<endl;
                                                   //调用成员函数完成对数据成员 r 的读操作
        cout<<"面积是:"<<c. Area()<<",周长是:"<<c.Peri()<<endl;
                                                   //对成员函数的调用
}
```

说明：

1）类是面向对象程序设计中最基本的单元。在面向对象程序设计中，首先要以类的方式描述要解决的问题，即将问题所要处理的数据定义成类的私有或公有数据，同时将处理问题的“方法”定义成类的私有或公有成员函数。

2）为了实现封装，通常把特定的数据成员定义为私有成员，如【例 10-9】中方法 2 中的成员变量 r，从而可以控制对它的访问。对于私有成员，只有类本身的成员函数或友元函数（由于篇幅，本书不介绍友元函数，读者若感兴趣，可自行查阅其他资料）可以存取。

3）设计类时，若对某个私有成员允许读写操作，通常定义一个公有的成员函数（如【例 10-9】中的 GetR()函数和 SetR()函数），完成对指定私有成员的读和写操作。

4）当函数中的形参与类中的数据成员同名时，可用 this 指针指明所指的对象为类的数据成员。例如，改写【例 10-9】中的 SetR()函数的代码如下。

```
#include < iostream >                           //使用新标准的头文件
using namespace std;
class Circle
{   private:
        double r;                               //类的私有数据成员 r
    public:
        //……      省略其他函数
        void SetR( double r);
} c;
void Circle::SetR( double r)                    //形参 r
{   this -> r = r; }                            //this 所指的 r 为类的私有数据成员
```

10.4 构造函数和析构函数

类中有两个特殊的函数：构造函数和析构函数。构造函数主要用于为对象分配内存空间，对类的数据成员进行初始化等。析构函数主要用于在程序结束后释放对象。如果一个类含有构造函数，则在建立该类的对象时系统会自动调用它；如果一个类中含有析构函数，则在删除该类的对象时系统会自动调用它。

10.4.1 构造函数

C++中规定，在类的定义中不能对数据成员进行初始化，使用构造函数则可以为数据成员赋初值。当定义该类的对象时，构造函数完成对该对象的初始化。构造函数的名字要求必须与它所在的类同名，且不允许有返回值，即不能写返回类型（也不允许写 void）。

构造函数的特殊性体现在：

1）构造函数的函数名与类名相同。

2）构造函数没有返回值。

3）构造函数不能调用，而是在建立对象时自动执行。

【例 10-10】 对于例【10-9】中的圆类，使用构造函数设置半径值。

方法 1：构造函数写在类体内部。程序如下。

```
#include < iostream.h >
class Circle
{   private:
        double r;
    public:
        Circle( double x)                       //在类体内实现的构造函数
        {    r = x; }
        double Area( )
        {   return 3.14*r*r; }
        double Peri( );
        void SetR( double x);
        double GetR( )
        {   return r; }
};
double Circle::Peri( )
{      return 2*3.14*r; }
void Circle::SetR( double x)
{       r = x; }
void main( )
{   Circle c(3.78);                             //在创建对象时自动调用构造函数
    cout << "圆的半径是:" << c.GetR( ) << endl;  //调用成员函数完成对数据成员 r 的读操作
```

```
    cout << "面积是:" << c. Area( ) << ",周长是:" << c. Peri( ) << endl;
                                                    //对成员函数的调用
}
```

方法 2：构造函数写在类体外部。程序如下。

```
#include < iostream. h >
class Circle
{   private:
        double r;
    public:
        Circle( double r = 5. 12 ) ;                //在类体内只声明构造函数,且带有默认值
        double Area( )
        {       return 3. 14*r*r; }
        double Peri( ) ;
        void SetR( double r) ;
        double GetR( )
        {       return r; }
};
Circle: : Circle( double r)                          //在类体外实现的构造函数
{ this -> r = r; }
double Circle: : Peri( )
{   return 2*3. 14*r; }
void Circle: : SetR( double r)
{   this -> r = r; }
void main( )
{   Circle c(3. 78) ;                        //在创建对象时自动调用构造函数
    cout << "圆的半径是:" << c. GetR( ) << endl; //调用成员函数完成对数据成员 r 的读操作
    cout << "面积是:" << c. Area( ) << ",周长是:" << c. Peri( ) << endl;
                                             //对成员函数的调用
    Circle d;                             //在创建对象时自动调用构造函数,且使用默认参数
    cout << "圆的半径是:" << d. GetR( ) << endl;   //调用成员函数完成对数据成员 r 的读操作
    cout << "面积是:" << d. Area( ) << ",周长是:" << d. Peri( ) << endl;
                                             //对成员函数的调用
}
```

【例 10-11】在 Person 类中使用构造函数创建 Person 类对象。程序如下。

```
#include < iostream >
#include < string >
using namespace std;
class Person
{       private:
            string name;                             //姓名
            char sex;                                //性别
            int age;                                 //年龄
        public:
            Person( )                                //无参构造函数
            {       name = "" ; sex = 'F' ; age = 18 ; }
            Person( string name, char sex, int age)   //有参构造函数,实现构造函数的重载
            {   this -> name = name; this -> sex = sex; this -> age = age; }
            void Work( )                             //工作
            {   cout << name << "正在工作!" << endl; }
            void Input( string name = "zhang" , char sex = 'F' , int age = 20)
            {   this -> name = name; this -> sex = sex; this -> age = age; }
};
void main( )
{   Person p1( "liying" , 'F' ,21) ;
    p1. Work( ) ;
}
```

说明：

1）构造函数与普通函数一样，既可以定义在类体内部，也可以定义在类体外部；可以重载，也可以定义默认值参数。但是在一个类中，不能重载一个没有参数的构造函数和有全部默认参数的构造函数，因为这样会产生二义性，使用时当省略全部参数时，编译系统无法确定应使用哪个构造函数。

2）不管是构造函数还是普通函数，当函数的参数名与类的数据成员同名时，对数据成员的访问需要使用 this 指针，格式如下。

```
this -> 成员变量
```

10.4.2 析构函数

析构函数也是类中的特殊成员函数，它的作用与构造函数正好相反，用于释放分配给对象的存储空间。通常，可以利用析构函数释放构造函数动态申请的内存空间。

析构函数与定义它的类具有相同的名称，但前面需要加上一个“~”符号。析构函数同样不允许有返回值，与构造函数最大的差别是析构函数不允许带参数，而且不能重载，因此一个类中只能有一个析构函数。

如果在类的定义中没有定义任何构造函数和析构函数，编译系统将为其产生一个默认的不带参数的构造函数和析构函数。对于大多数类来说，默认的析构函数就能满足要求。如果在一个对象完成其操作之前还需要作一些内部处理，则应定义析构函数。

析构函数和构造函数一样，既可以定义在类体的内部，也可以定义在类体的外部。

析构函数只有在下面两种情况下才会被自动调用：

1）当对象定义在一个函数体中，该函数调用结束后，析构函数被自动调用。

2）用运算符 new 为对象分配动态内存后，用运算符 delete 释放对象时，析构函数被自动调用。

【例 10-12】 析构函数实例。程序如下。

```
#include <iostream>
#include <string>
using namespace std;
class MyString
{       private:
             char*str;
        public:
             MyString(char*s)                          //构造函数
             {   cout<<"构造函数被调用!! 创建一个字符串~~"<<endl;
                 str=new char[strlen(s)+1];
                 strcpy(str,s);
             }
             ~MyString()                               //析构函数
             {   cout<<"析构函数被调用!! 删除这个字符串~~"<<endl;
                 delete str;
             }
             void Display()
             {   cout<<"-----------显示这个字符串-----------"<<endl;
                 cout<<"字符串为:"<<str<<endl;
             }
};
int main()
{   MyString my("liying");
```

```
    my. Display( );
    return 0;
}
```

运行程序，输出：

```
构造函数被调用!!   创建一个字符串~~
-----------显示这个字符串-----------
字符串为:liying
析构函数被调用!!   删除这个字符串~~
```

10.5 静态成员

如果定义了某个类的 n 个对象，不同对象的数据成员各自有值，互不相干。但是有时可能需要一个或多个公共的数据成员能够被类的所有对象共享，这类数据成员称为静态成员。在 C++ 中，可以定义静态的数据成员和成员函数。

10.5.1 静态数据成员

静态数据成员是一种特殊的数据成员，它以关键字 static 开头。静态数据成员不同于非静态数据成员，一个类的静态数据成员仅创建和初始化一次，且在程序开始执行的时候创建，然后被该类的所有对象共享；而非静态的数据成员则随着对象的创建会被多次创建和初始化。

【例 10-13】 静态数据成员应用举例。程序如下。

```
#include <iostream>
using namespace std;
class Student
{   static int count;                           //静态数据成员,用于统计学生的总数
    int stuNumber;                              //普通数据成员,用于表示每个学生的学号
    public:
        Student()                               //构造函数
        {       count++;                        //每创建一个学生对象,学生数加 1
                stuNumber = count;              //给当前学生的学号赋值
        }
        void Display()
        {   cout << "学生学号为:" << stuNumber << "   ";
            cout << "学生总人数为:" << count << endl;
        }
};
int Student::count = 0;                         //给静态数据成员赋初值
int main()
{   cout << "-------第 1 次,创建一个学生,把 1 个学生输出------\n";
    Student s1;
    s1. Display( );
    cout << "-------第 2 次,又创建一个学生,把 2 个学生同时输出------\n";
    Student s2;
    s1. Display( );
    s2. Display( );
    cout << "-------第 3 次,又创建一个学生,把 3 个学生同时输出------\n";
    Student s3;
    s1. Display( );
    s2. Display( );
    s3. Display( );
```

```
    return 0;
}
```

运行程序，输出：

```
 -------第1次,创建一个学生,把1个学生输出------
学生学号为:1    学生总人数为:1
 -------第2次,又创建一个学生,把2个学生同时输出------
学生学号为:1    学生总人数为:2
学生学号为:2    学生总人数为:2
 -------第3次,又创建一个学生,把3个学生同时输出------
学生学号为:1    学生总人数为:3
学生学号为:2    学生总人数为:3
学生学号为:3    学生总人数为:3
```

此例中，stuNumber 是普通数据成员；count 是静态数据成员，所以它被所有 Student 类的对象共享，所有对象的 count 值保持一样。

说明：

1）静态数据成员不能在类中进行初始化，因为在类中不给它分配内存空间，必须在类外的其他地方为它提供定义。一般在 main( )开始之前、类的声明之后等特殊地带为它提供定义和初始化。缺省时，静态成员被初始化为“0”。

2）静态数据成员属于类，而不像普通数据成员属于某一个对象，因此可以使用“类名::”访问静态的数据成员，例如：

```
int Student::count = 0;
```

3）C ++ 中，对于静态数据成员也可以用对象名访问。如上例中，若把 count 定义为公有类型，则在 main( )中还可以使用如下代码：

```
cout << " -------最后,目前总人数为:" << s3.count << " ------\n";
```

4）静态数据成员与函数中的静态变量类似，它不随对象的建立而分配空间，也不随对象的撤销而释放（普通数据成员是在对象建立时分配空间，在对象撤销时释放）。静态数据成员是在编译时创建并初始化，直到程序结束时才释放空间。

5）静态数据成员的主要用途是定义类的各个对象所公用的数据，使同一类对象之间有一个公共信息交流通道，实现数据共享。

10.5.2 静态成员函数

在类中声明的函数前加上 static 关键字，该函数就成了静态成员函数。

和静态数据成员一样，静态成员函数是类的一部分而不是某个类的对象的一部分，如果要在类外调用公有的静态成员函数，可用“类名::”访问。格式如下。

```
类名::静态成员函数名(实参表)
```

C ++ 同样允许用对象名调用公有的静态成员函数。

【**例 10-14**】静态成员函数应用举例。程序如下。

```
#include <iostream>
using namespace std;
class Student
```

```
{    int stuNumber;                              //普通数据成员,用于表示每个学生的学号
     float score;                                //普通数据成员,用于表示每个学生的成绩
     static int count;                           //静态数据成员,用于统计学生的人数
     static float sum;                           //静态数据成员,用于计算成绩总分
  public:
     Student(intstuNumber,float score)           //构造函数
     {    this->stuNumber=stuNumber;
          this->score=score;
     }
     void total();                               //声明普通成员函数
     static float average();                     //声明静态成员函数
};
void Student::total()                            //定义普通成员函数
{    sum+=score;                                 //累加总分
     count++;                                    //累计已统计的人数
}
float Student::average()                         //定义静态成员函数
{
     return sum/count;                           //计算平均分
}
int Student::count=0;                            //给静态数据成员赋初值
float Student::sum=0;                            //给静态数据成员赋初值
int main()
{   Student stud[3]={Student(1001,70),Student(1002,78),Student(1005,98)};
    for(int i=0;i<3;i++)
        stud[i].total();
    cout<<"平均成绩是:"<<Student::average()<<endl;        //通过类名调用静态成员函数
    cout<<"平均成绩是:"<<stud[2].average()<<endl;
                                                 //通过对象名调用公有静态成员函数
    return 0;
}
```

10.6 继承与派生

代码复用是面向对象程序设计最重要的性能之一，它是通过类的继承机制实现的。利用继承机制，以原有的类派生出新的类，或新类继承了原有类的特征，从而实现最大限度地代码复用。

10.6.1 类的继承与派生

1. 继承与派生的概念

继承是指通过另一个已有的类得到一个新类，在拥有了已有类的一些特征的基础上，加入新类特有的特征的一种定义方式。这样，两个类之间就具有了继承关系，已有的那个类称为基类或父类，生成的那个新类称为派生类或子类。

派生类是C++提供继承的基础，也是对原来的类进行扩充和利用的一种基本手段。派生类不但拥有自己的新的数据成员和成员函数，还可以拥有父类的一些数据成员和成员函数，即它继承了基类中所有的公共的部分和受保护的部分，并且可以增加新的数据成员和成员函数。

任何类都可以作为基类，一个基类可以有一个或多个派生类，一个派生类还可以成为另一个类的基类。

2. 派生类的定义

定义派生类的一般形式如下。

```
class 派生类名 :[继承方式]基类名
{
    派生类新增加的数据成员;
    派生类新增加的成员函数;
};
```

其中，“派生类名”就是要定义的新类名，只要符合标识符的命名规则即可；“基类名”是一个已经定义过的类；“继承方式”的关键字可以是 public、private 和 protected。如果省略不写，则继承方式默认为 private。如果继承方式使用了 private，则称派生类从基类私有派生；如果使用了 public，则称派生类从基类公有派生；如果使用了 protected，则称派生类从基类保护派生。

【例 10-15】公有继承方式举例：从基类 Person 公有派生出子类 Teacher，并定义派生类的实例。程序如下。

```
#include <iostream>
#include <string>
using namespace std;
class Person
{   private:
        string name;                                    //姓名
        char sex;                                       //性别
        int age;                                        //年龄
    public:
        void Init(string name,char sex,int age)         //初始化成员函数
        {   this->name = name;
            this->sex = sex;
            this->age = age;
        }
        void Disp()                                     //输出成员函数
        {   cout << name << "," << sex << "," << age << endl;}
};
class Teacher:public Person                             //派生类的定义
{   private:
        string department;                              //部门
        float salary;                                   //工资
    public:
        void Init_Teacher(string department,float salary)
        {   this->department = department;
            this->salary = salary;
        }
        void Disp_Teacher()
        {   cout << department << "," << salary << endl;}
};
int main()
{   Teacher tc;
    tc.Init("liying",'F',20);
    tc.Init_Teacher("CS",3240);
    tc.Disp();
    tc.Disp_Teacher();
    return 0;
}
```

说明：

1）本例中 Teacher 类从 Person 类公有派生。Teacher 类继承了 Person 类中除构造函数和析构函数之外的所有特性，仅补充了新增的数据成员 department 与 salary，以及相关的初始

化成员函数和输出成员函数，达到了代码复用的目的。

2）如果派生类声明了一个和某个基类成员同名的新成员，则派生的新成员将覆盖外层同名成员。

3）如果派生类的新成员覆盖了外层的同名成员，此时如果使用这个成员名，将默认为派生类的新成员。如果想指明为基类中的成员，需要利用“ ::”运算符指定类范围。例如，上例中的 Teacher 类可以如下这样定义：

```
class Teacher:public Person                          //派生类的定义
{   private:
        string department;                           //部门
        float salary;                                //工资
    public:
        void Init(string department,float salary)    //初始化成员函数,与基类同名
        {   this->department = department;
            this->salary = salary;
        }
        void Disp()                                  //输出成员函数,与基类同名
        {   cout << department << "," << salary << endl;}
};
```

这时，Teacher 类中的初始化成员函数 Init( )和输出成员函数 Disp( )与基类中的函数同名，则在 Teacher 类的对象中使用 Init( )和 Disp( )时，编译器认为是派生类的新成员而不是基类中定义的成员函数，除非专门指明类的范围。此时主函数修改的代码如下。

```
int main()
{   Teacher tc;
    tc.Person::Init("liying",'F',20);          //指明使用基类的成员函数 Init()
    tc.Init("CS",3240);
    tc.Person::Disp();                         //指明使用基类的成员函数 Disp()
    tc.Disp();
    return 0;
}
```

3. 派生类的 3 种继承方式

（1）公有继承

定义派生类时，继承方式使用 public。这种方式下，基类的公有成员和保护成员作为派生类的成员时，它们都保持原有的状态，即仍作为派生类的公有成员和保护成员，派生类的其他成员可以直接访问它们；而基类的私有成员虽然是派生类的私有成员，但派生类的成员却不能访问基类的私有成员，对它们的访问只能通过基类的成员函数进行。

【例 10-16】修改【例 10-15】中的派生类 Teacher。修改方法：派生类的成员函数覆盖了基类的同名函数后，相当于以后不再使用基类的相关成员函数，在派生类的成员函数中直接操作它的所有成员。程序如下。

```
#include <iostream>
#include <string>
using namespace std;
class Person
{   private:
        string name;                                 //姓名
        char sex;                                    //性别
        int age;                                     //年龄
    public:
```

```
        void Init( string name, char sex, int age)               //初始化成员函数
        {     this -> name = name;
              this -> sex = sex;
              this -> age = age;
        }
        void Disp( )                                             //输出成员函数
        {     cout << name << "," << sex << "," << age << endl; }
};
class Teacher:public Person                                      //派生类的定义,公有继承
{     private:
          string department;                                     //部门
          float salary;                                          //工资
      public:
          void Init( string name, char sex, int age, string department, float salary)
          {     this -> name = name; this  -> sex = sex; this  -> age = age;     //编译出错
                this -> department = department; this  -> salary = salary;
          }
          void Disp( )
          {   cout << name << "," << sex << "," << age << endl;          //编译出错
              cout << department << "," << salary << endl;
          }
};
int main( )
{   Teacher tc;
    tc. Init( "liying",'F',20,"CS",3240);
    tc. Disp( );
    return 0;
}
```

说明：本例中由于基类中的成员 name、sex、age 为 private，从而导致派生类的成员函数 Init( )和 Disp( )不能访问它们，所以编译时会报错。

这时，如果把基类中的成员 name、sex、age 改为 public 或 protected，此程序即可运行。

【例 10-17】 修改【例 10-15】中的派生类 Teacher。修改方法：在派生类的成员函数中直接调用基类的成员函数。程序如下。

```
#include <iostream>
#include <string>
using namespace std;
class Person
{     private:
          string name;                                //姓名
          char sex;                                   //性别
          int age;                                    //年龄
      public:
          void Init( string name, char sex, int age)//初始化成员函数
          {   this -> name = name;
              this -> sex = sex;
              this -> age = age;
          }
          void Disp( )                                //输出成员函数
          {   cout << name << "," << sex << "," << age << endl; }
};
class Teacher:public Person                           //派生类的定义,公有继承
{     private:
          string department;                          //部门
          float salary;                               //工资
```

```
    public:
        void Init(string name,char sex,int age,string department,float salary)
        {   Person::Init(name,sex,age);              //编译通过
            this->department = department;this ->salary = salary;
        }
        void Disp()
        {   Person::Disp();                          //编译通过
            cout << department << "," << salary << endl;
        }
};
int main()
{  Teacher tc;
   tc.Init("liying",'F',20,"CS",3240);
   tc.Disp();
   return 0;
}
```

说明： 本例中由于基类中的成员函数 Init()和 Disp()为 public，所以派生类的成员和派生类的对象都可以访问它们。

（2）私有继承

定义派生类时，继承方式使用 private。这种方式下，基类的公有成员和保护成员都是派生类的私有成员；基类的私有成员仍然是派生类的私有成员，仍然只有基类的成员函数可以访问它们。即当继承方式为 private 时，派生类的对象不能访问基类中以任何方式定义的成员。

【例 10-18】 把【例 10-15】的继承方式改为 private。程序如下。

```
#include <iostream>
#include <string>
using namespace std;
class Person
{     private:
          string name;                        //姓名
          char sex;                           //性别
          int age;                            //年龄
      public:
          void Init(string name,char sex,int age)//初始化成员函数
          {  this -> name = name;
             this -> sex = sex;
             this -> age = age;
          }
          void Disp()                         //输出成员函数
          {     cout << name << "," << sex << "," << age << endl;  }
};
class Teacher:private Person                  //私有继承
{     private:
          string department;                  //部门
          float salary;                       //工资
      public:
          void Init_Teacher(string department,float salary)
          {  this ->department = department;this ->salary = salary;}
          void Disp_Teacher()
          {  cout << department << "," << salary << endl;  }
};
int main()
```

```
{       Teacher tc;
        tc. Init("liying",'F',20);          //编译报错,类的对象不能访问它的私有成员
        tc. Init_Teacher("CS",3240);
        tc. Disp();                         //编译报错,类的对象不能访问它的私有成员
        tc. Disp_Teacher();
        return 0;
}
```

【例 10-19】 把【例 10-17】的继承方式改为 private。程序如下。

```
#include <iostream>
#include <string>
using namespace std;
class Person
{       private:
            string name;                                    //姓名
            char sex;                                       //性别
            int age;                                        //年龄
        public:
            void Init(string name,char sex,int age)         //初始化成员函数
            {   this->name = name;
                this->sex = sex;
                this->age = age;
            }
            void Disp()                                     //输出成员函数
            {   cout << name << "," << sex << "," << age << endl;  }
};
class Teacher:private Person                           //私有继承
{       private:
            string department;                         //部门
            float salary;                              //工资
        public:
            void Init(string name,char sex,int age,string department,float salary)
            {       Person::Init(name,sex,age);        //编译通过,可访问自己的任何成员
                    this->department = department;this ->salary = salary;
            }
            void Disp()
            {       Person::Disp();                    //编译通过,可访问自己的任何成员
                    cout << department << "," << salary << endl;
            }
};
int main()
{   Teacher tc;
    tc. Init("liying",'F',20,"CS",3240);
    tc. Disp();
    return 0;
}
```

（3）保护继承

定义派生类时，继承方式使用 protected。这种方式下，基类的公有成员和保护成员都是派生类的保护成员；基类的私有成员仍然是派生类的私有成员，仍然只有基类的成员函数可以访问它们。即当继承方式为 protected 时，派生类的对象不能访问基类中以任何方式定义的成员。

表 10-2 给出了这 3 种继承方式的访问特性。

表 10-2　公有继承、私有继承、保护继承的访问特性

继承方式	基类中的访问权限	派生类中的访问权限
公有继承 public	public	public
	protected	protected
	private	不可访问
私有继承 private	public	private
	protected	private
	private	不可访问
保护继承 protected	public	protected
	protected	protected
	private	不可访问

C++的继承机制有些烦琐，在后期的 C#、Java 等面向对象程序设计语言中，不再存在私有继承和保护继承，只有公有继承，且不需要指明。

4. 类型兼容规则

类型兼容规则是指在需要基类对象的任何地方，都可以使用公有派生类的对象来替代。通过公有继承，派生类得到了基类中除构造函数和析构函数之外的所有成员，这样，公有派生类实际上拥有基类的所有功能，凡是基类能解决的问题，公有派生类都可以解决。在替代之后，派生类对象就可以作为基类的对象使用，但是只能使用从基类继承的成员。类型兼容规则中所指出的替代包括以下情况。

（1）派生类的对象可以赋值给基类对象

例如，Person 类和其派生类 Teacher 类：

```
Person p;
Teacher tc;
tc.Init("liying",'F',20,"CS",3240);
p = tc;
```

（2）派生类的对象可以初始化基类的引用

```
Person p2 = tc;
```

（3）派生类对象的地址可以赋给指向基类的指针

```
Person *p3 = NULL;
p3 = &tc;
```

类型兼容规则是多态性的重要基础之一。

10.6.2　派生类的构造函数和析构函数

C++中，定义一个对象时可以利用构造函数设置类的数据成员的初值，利用析构函数释放分配给对象的存储空间，这也是所有面向对象程序设计语言的通用做法。

但是，派生类不能继承基类的构造函数和析构函数，因此在派生类中，要对派生类新增的成员进行初始化，就需要重新加入新的构造函数，如果需要对基类的数据成员设置初值，可以调用基类的构造函数。

1. 构造和析构的次序

通常情况下，当创建派生类对象时，首先执行基类的构造函数，随后再执行派生类的构

造函数；当撤销派生类的对象时，则先执行派生类的析构函数，随后再执行基类的析构函数。

【例 10-20】 基类和派生类的构造函数和析构函数执行顺序的实例。程序如下。

```
#include <iostream>
using namespace std;
class Base
{    public:
        Base(){ cout<<" ~ 基类的构造函数 ~ "<<endl;}        //基类构造函数
        ~Base() { cout<<" ~ 基类的析构函数 ~ "<<endl;}      //基类析构函数
};
class Derived:public Base                                   //派生类公有继承基类
{    public:
        Derived() {cout<<"**派生类的构造函数**"<<endl;}     //派生类构造函数
        ~Derived() {cout<<"**派生类的析构函数**"<<endl;}    //派生类析构函数
};
int main()
{   Derived obj;
    return 0;
}
```

运行程序，输出：

```
~ 基类的构造函数 ~
**派生类的构造函数**
**派生类的析构函数**
~ 基类的析构函数 ~
```

说明：创建子类对象时，若子类的构造函数没有显示调用父类构造函数时，则会自动调用父类的无参构造函数。

2. 派生类构造函数的构造规则

如果基类没有显式定义构造函数，或者定义的构造函数没有参数，派生类可以不向基类传递参数，甚至可以不定义构造函数，而采用默认的构造函数。但如果基类定义了带有参数的构造函数，派生类就必须定义构造函数，通过构造函数将参数传递给基类的构造函数。

C++中，派生类构造函数的一般格式如下。

```
派生类构造函数名(参数表) :基类构造函数名(参数表)
{
    ......
};
```

【例 10-21】 派生类构造函数调用基类构造函数，为基类构造函数传递参数的实例。程序如下。

```
#include <iostream>
using namespace std;
class Base
{    private:
        int x;
     public:
        Base(int a) {cout<<" ~ 基类的构造函数 ~ "<<endl;x=a;}
        ~Base() {cout<<" ~ 基类的析构函数 ~ "<<endl;}
        void ShowX() {cout<<x<<endl;{
```

```
};
class Derived:public Base                        //派生类公有继承基类
{  private:
        int y;
   public:
        Derived(int a,int b):Base(a)             //派生类构造函数,调用基类构造函数
        {  cout<<"**派生类的构造函数**"<<endl;
           y=b;
        }
        ~Derived() { cout<<"**派生类的析构函数**"<<endl;}
        void ShowY()  {cout<<y<<endl;}
};
int main()
{  Derived obj(10,20);
   obj.ShowX();
   obj.ShowY();
   return 0;
}
```

运行程序，输出：

```
~ 基类的构造函数 ~
**派生类的构造函数**
10
20
**派生类的析构函数**
~ 基类的析构函数 ~
```

10.6.3　多重继承

前面的举例中，在派生类的定义中只有一个基类名，这种继承方式叫单继承。在派生类的定义中可以有多个基类名，基类名之间用逗号分开，这种继承方式叫多重继承。C++允许多继承。

在多继承的情况下，派生类同时得到已有的多个类的特征，这时，一方面给程序设计带来方便，另一方面也给程序带来了不确定性。如果派生类的多个基类中同时定义了同名的成员函数或数据成员，派生类调用这些成员时，编译程序将无法区分应该调用哪个基类的成员，从而导致错误。因此在使用多继承时一定要谨慎。

在C#、Java等面向对象程序设计语言中，明确规定只允许单继承而不允许多继承。

关于多继承，本教材不再详细叙述。

10.7　多态性

正如吃饭这个行为，对于不同动物实现吃饭的动作和方式是不同的；对于同一动物由于吃的食物不一样，因此吃饭的动作和方式也不相同。这就是多态。

10.7.1　多态性概述

多态，顾名思义就是指一个事物有多种形态。多态是面向对象程序设计的另一个重要特性。在面向对象方法中描述的多态一般是向不同的对象发送同一个消息，不同的对象在接收时会产生不同的行为（即方法）。也就是说，每一个对象可以用自己的方式去响应共同的消

息。在具体编程中，多态性是指用一个相同的名字定义不同的函数，这些函数执行过程不同，但是有相似的操作，即用同样的接口访问不同的函数。

C++中，多态的实现方式分两种，一种是在编译时出现的多态性，也称为静态多态性；一种是在运行时出现的多态性，也称为动态多态性。

10.7.2 函数重载

编译时的多态性可以通过函数重载来实现，函数重载有以下两种情况。

1. 函数参数有所差别的重载

访问相同名字的一组函数，在编译时通过参数个数或类型的不同确定执行哪一个函数。这在10.2.2节中已经做过介绍。例如：

```
void fun(int a)
{ … …
}
void fun(int a,int b)
{ … …
}
void fun(float a)
{ … …
}
```

此时在进行函数调用时，fun(3)、fun(3.0)、fun(3,2)这3次调用执行的不是同一个函数。

2. 函数所带参数完全相同，但它们属于不同的类

在基类和派生类中可以定义相同名称和相同参数的函数。这在10.6.1中也已经做过介绍。例如：

```
class Base
{   public:
        fun()                                   //基类中的fun()函数
        {… … }
};
class Derived:public Base
{   public:
        fun()                                   //派生类中的fun()函数
        {… … }
};
int main()
{   Base b;
    Derived d;
    … …
    return 0;
}
```

在基类和派生类中进行函数重载时，编译时可以用以下两种方法区别重载函数：

1）使用对象名加以区分。例如b.fun()和d.fun()分别调用类Base和Derived的fun()函数。

2）使用“类名::”加以区分。例如d.Base::fun()调用的是类Base的fun()函数。

10.7.3 虚函数

虚函数是重载的另一种表现形式。虚函数允许函数调用与函数体之间的联系在程序运行时才建立，是运行时多态性的体现。

1. 虚函数的定义

虚函数是在基类中定义的，用关键字 virtual 说明，并在派生类中重新定义的函数。在派生类中重新定义时，其函数原型（包括返回类型、函数名、函数参数的个数与参数类型的顺序）都必须与基类中的原型完全相同。

【例 10-22】 使用虚函数实现动态多态性的实例。程序如下。

```
#include <iostream>
using namespace std;
class Base
{   private:
        int x;
    public:
        Base(int a){ x=a;}
        virtual void Show() {cout<<"Base----------\n"<<x<<endl;}   //定义虚函数
};
class Derived : public Base                  //派生类公有继承基类
{   private:
        int y;
    public:
        Derived(int a,int b):Base(a) {y=b;}
        void Show(){cout<<"Derived----------\n"<<y<<endl; }   //重新定义虚函数
};
```

说明：

1）在基类中，用关键字 virtual 可以将其 public 或 protected 部分的成员函数声明为虚函数。在派生类对基类中声明的虚函数进行重新定义时，关键字 virtual 可以写也可以不写。

2）虚函数被重新定义时，其函数的原型与基类中的函数原型必须完全相同。

3）一个虚函数无论被公有继承多少次，它仍然保持虚函数的特性。

4）只有类的成员函数才能定义为虚函数，且该成员函数不能是友元函数或静态成员函数。

5）一个成员函数声明为虚函数后，在同一类族中的类就不能定义一个非 virtual 的但与该虚函数具有相同参数和函数返回值类型的同名函数。

6）virtual 只能用于函数的原型声明中，不能用在函数的实现中，如本例基类中 Show()函数的实现部分写在类体外时，正确的程序代码如下。

```
#include <iostream>
using namespace std;
class Base
{   private:
        int x;
    public:
        Base(int a){ x=a;}
        virtual void Show();                       //定义虚函数
};
void Base::Show() {cout<<"Base----------\n"<<x<<endl; }   //此处函数前不能有 virtual
```

2. 虚函数的调用

通过基类指针调用虚函数。

指向基类的指针可以用于派生类。当用指向派生类对象的基类指针对函数进行访问时，系统将根据运行时指针所指向的实际对象来确定调用哪个派生类的成员函数。当指针指向不同对象时，执行的是虚函数的不同版本。

【例 10-23】 虚函数调用的实例。对【例 10-22】调用的程序如下。

```
int main( )
{   Base obj1(10), *p;
    Derived obj2(20,30);
    p = &obj1;
    p -> Show( );
    p = &obj2;
    p -> Show( );
    return 0;
}
```

运行程序，输出：

```
Base ----------
10
Derived ----------
30
```

10.7.4 纯虚函数与抽象类

1. 纯虚函数

有时，在基类中的某个函数没有办法写出函数体，而只是留待在派生类中去定义具体的函数体，这里就需要定义此函数为纯虚函数。纯虚函数是没有函数体的函数。声明纯虚函数的一般形式如下。

```
virtual 函数类型 函数名(参数表) =0 ;
```

纯虚函数只有函数的名字而不具备函数的功能，不能被调用。只有在派生类中对此函数提供定义后，它才能具备函数功能，才可以被调用。

纯虚函数的作用是在基类中为其派生类保留一个函数的名字，以便派生类根据需要对它进行定义。如果在基类中没有保留函数名字，则无法实现多态性。

如果一个类中声明了纯虚函数，而在其派生类中没有对该函数定义，则该虚函数在派生类中仍然为纯虚函数。

2. 抽象类

有时，基类往往表示一种抽象的概念，它并不与具体的事物相联系，不能有实例对象，这种类被称为抽象类。

C++中，带有纯虚函数的类就是抽象类，抽象类的唯一用途就是被继承。一个抽象类至少具有一个纯虚函数。

如果一个抽象类的派生类没有实现来自基类的某个纯虚函数，则该函数在派生类中仍然是纯虚函数，这就使得该派生类也成为抽象类。

习题 10

一、选择题

1. 在下列关键字中，用于声明类中公有成员的是（　　）。

A. public　　B. private　　C. protected　　D. friend

2. 下面不属于面向对象编程的3个特征的是（　　）。

A. 指针操作　　B. 封装　　C. 继承　　D. 多态

3. （　　）是面向对象方法的一个重要特征，它使代码可重用。

A. 抽象　　B. 封装　　C. 继承　　D. 多态

4. （　　）不是构造函数的特征。

A. 构造函数的函数名与类名相同　　B. 构造函数可以重载

C. 构造函数可以重载设置默认参数　　D. 构造函数必须指定返回类型

5. （　　）是析构函数的特征。

A. 一个类中能定义一个析构函数　　B. 析构函数名与类名不同

C. 析构函数的定义只能在类体内　　D. 析构函数可以有一个或多个参数

6. 假设 MyClass 为一个类，则执行“MyClass　a，b(2)，*p;”语句时，自动调用该类的构造函数（　　）次。

A. 2　　B. 3　　C. 4　　D. 5

7. 下面关于继承的说法中，正确的是（　　）。

A. 子类只能继承父类的成员函数，而不能继承父类的数据成员

B. 子类能继承父类的所有成员

C. 子类只能继承父类的 public 的成员函数和数据成员

D. 子类能继承父类的非私有的成员

8. 下面对派生类的描述中，错误的是（　　）。

A. 一个派生类可以作为另一个派生类的基类

B. 派生类至少有一个基类

C. 派生类的成员除了它自己的成员外，还包含了它的基类的成员

D. 派生类中继承的基类成员的访问权限到派生类中保持不变

9. 在公有派生情况下，有关派生类对象和基类对象的关系，不正确的叙述是（　　）。

A. 派生类的对象可以赋给基类的对象

B. 派生类的对象可以初始化基类的引用

C. 派生类的对象可以直接访问基类中的成员

D. 派生类的对象的地址可以赋给指向基类的指针

10. 编译时的多态性可以通过（　　）获得。

A. 指针　　B. 重载函数　　C. 对象　　D. 虚函数

11. 运行时的多态性通过使用（　　）获得。

A. 虚函数　　B. 重载函数　　C. 析构函数　　D. 构造函数

12. 有如下类的定义：

```
class A
{       int x;
        public:
             A(int n) {x=n;}
};
class B:public A
{       int y;
        public:
             B(int a,int b);
};
```

在类 B 的构造函数的下列定义中，正确的是（　　）。

A. B::B(int a,int b):x(a),y(b){}

B. B::B(int a,int b):A(a),y(b){}

C. B::B(int a,int b):x(a),B(b){}

D. B::B(int a,int b):A(a),B(b){}

二、填空题

1. 派生类对基类的继承有 3 种方式：________、________、________。
2. 虚函数的声明方法是在函数原型前加上关键字________。
3. C++支持两种多态性，分别是________和________。
4. 对于类中定义的成员，其默认的访问权限是________。
5. 静态数据成员能够被类的所有对象________。

三、程序阅读题

1. 下面程序的输出结果：________

```
#include <iostream.h>
class Date
{   public:
        Date(int,int,int);
        Date(int,int);
        Date(int);
        Date();
        void display();
    private:
        int year;
        int month;
        int day;
};
Date::Date(int m,int d,int y){year=y;month=m;day=d;}
Date::Date(int m,int d){year=2016;month=m;day=d;}
Date::Date(int m){year=2016;month=m;day=1;}
Date::Date(){year=2016;month=1;day=1;}
void Date::display(){cout<<month<<"/"<<day<<"/"<<year<<endl;}
int main()
{     Date d1(10,13,2016);
      Date d2(12,30);
      Date d3(2);
      Date d4();
      d1.display();d2.display();d3.display();d4.display();
      return 0;
}
```

2. 下面程序的输出结果：________

```
#include <iostream>
using namespace std;
class A
{   public:
        A(int i,int j){ a=i;b=j;}
        A(int i){a=i;b=0;}
        A(){a=0;b=0;}
        void display(){cout<<"a="<<a<<"b="<<b;}
    private:
        int a;
        int b;
```

```
};
class B:public A
{  public:
        B(int i,int j,int k):A(i,j) {c=k;}
        B(int i,int j):A(i,j) {c=0;}
        B(int i):A(i) {c=0;}
        B() {c=0;}
        void display1() { display();cout<<"c="<<c<<endl;}
   private:
        int c;
};
int main()
{       B b1;
        B b2(1);
        B b3(1,3);
        B b4(1,3,5);
        b1.display1();
        b2.display1();
        b3.display1();
        b4.display1();
        return 0;
}
```

四、程序设计题

1. 下面是一个类的测试程序，设计出能使用如下测试程序的类。

```
void main()
{       Test a;
        a.Init(28,13);
        a.Print();
}
```

2. 编写一个程序，通过设计类 Student 来实现学生数据的输入、输出。学生的基本信息包括：学号、姓名、性别、年龄和专业。

3. 重新定义第 2 题的 Student 类，要求重载该类的构造函数。

4. 设计一个程序。有一个汽车类 Vehicle，它具有一个需要传递参数的构造函数，类中的数据成员包括：车轮个数 wheels 和车重 weight 作为保护成员；小车类 Car 是类 Vehicle 的私有派生类，其中包含载人数 passengers；卡车类 Truck 是类 Vehicle 的私有派生类，其中包含载人数 passengers 和载重量 payload。各个类都有相关数据的输出方法。

第 11 章　C 程序运行环境与调试

内容提要　本章主要介绍 Visual C ++6.0 的开发环境以及 Visual C ++6.0 集成开发环境中各个部分的使用；介绍如何根据需要设置自己独特的开发环境，并能编辑 C 语言应用程序以及完成程序上机调试过程。

目标与要求　熟悉 C 程序的上机环境及掌握 C 语句简单程序的调试过程和多文件的项目调试技巧。

11.1　认识 C 程序运行环境

本节以 Visual C ++6.0 为例，主要介绍 C 程序的编辑、编译、调试及运行环境。

11.1.1　C 语言编译系统介绍

目前常用的 C 语言编译系统有 Turbo C 2.0、Win – TC、Visual C ++6.0、Microsoft Visual Studio 2013、Dev – Cpp +5.3.0.3 等。Turbo C 2.0 简单、占用存储空间少，但运行于 DOS 环境，使用键盘操作方式，不支持鼠标操作，使用起来不太方便。Win – TC、Visual C ++6.0、Dev – Cpp +5.3.0.3、Microsoft Visual Studio 2013 等集成开发环境既支持键盘操作，也支持鼠标操作，使用起来很方便，近年来比较常用。

11.1.2　Visual C ++6.0 环境介绍

Visual C ++6.0 是 Microsoft 公司开发的 Visual Studio 6.0 的一部分，既可以开发 C ++程序，也可以开发 C 程序，有中文版和英文版。Visual C ++6.0 的安装很简单，找到 Visual Studio 6.0 的安装文件，执行其中的 setup.exe 文件，并按屏幕上的提示一步步进行操作即可。关于该软件的安装过程，这里不再赘述。下面以中文版 Visual Studio C ++6.0 为例介绍 C 语言程序的运行环境。

1. 启动 Visual C ++6.0

单击“开始”按钮，选择“Microsoft Visual C ++6.0”→“Microsoft Visual C ++6.0”命令。启动后的 Visual C ++6.0 主窗口如图 11-1 所示。

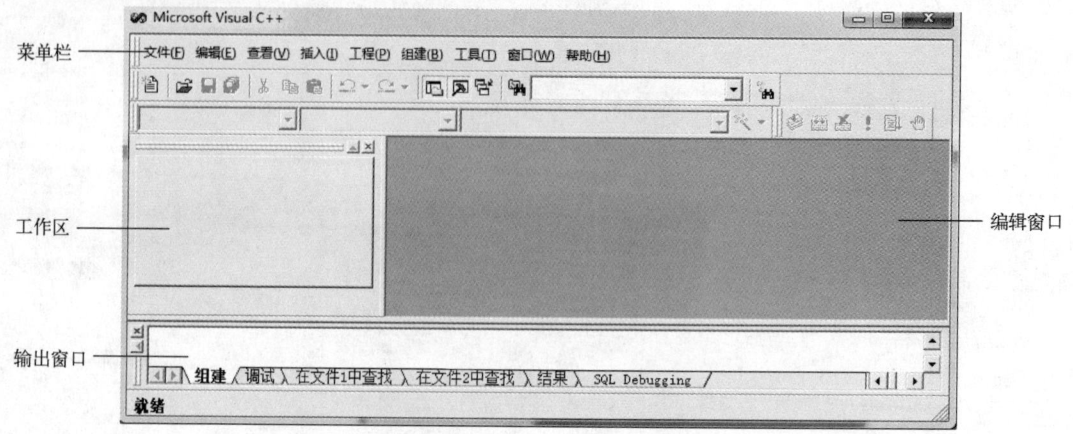

图 11-1　Visual C ++6.0 主窗口

在 Visual C++6.0 主窗口上方的菜单栏中有 9 个菜单项，分别是文件、编辑、查看、插入、工程、组建、工具、窗口和帮助。

主窗口的左侧是项目工作区窗口，用来显示所设定的工作区的信息；右侧是程序编辑窗口，用来输入和编辑源程序。

Visual C++6.0 输出窗口位于开发环境的下部，在执行编译、连接和调试等操作时将显示相关的信息。在输出窗口中，数据根据不同的操作显示在不同的选项卡中。各选项卡的功能如表 11-1 所示。

表 11-1　输出窗口中各选项卡的功能

选　项　卡	功　　能
组建	显示编译和连接结果
调试	显示调试信息
在文件 1 中查找	显示在文件查找中得到的结果
在文件 2 中查找	显示在文件查找中得到的结果
结果	显示运行结果
SQL Debugging	显示 SQL 调试信息

用户在进行编译、调试、查找等操作时，输出窗口会根据操作自动选择相应的选项卡进行显示。如果用户在编译过程中出现错误，只要双击错误信息，代码编辑器就会跳转到相应的错误代码处。

2. 自定义工具栏

Visual C++6.0 为用户提供了 11 个预定的工具栏，此外用户还可以根据需要自己定义工具栏。自定义工具栏的步骤如下。

1）在 Visual C++6.0 开发环境中选择菜单“工具”→“定制”命令，打开“定制”对话框，选择“工具栏”选项卡，如图 11-2 所示。

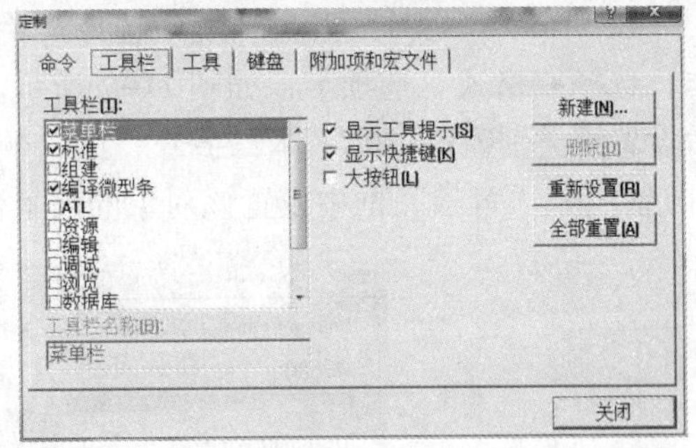

图 11-2　“定制”对话框

2）单击右侧的“新建”按钮，弹出“新建工具栏”对话框，在“工具栏名称”文本框中输入工具栏名称，如输入“工具栏 1”，如图 11-3 所示。单击“确定”按钮。创建了一个名为“工具栏 1”的工具栏，如图 11-4 所示。

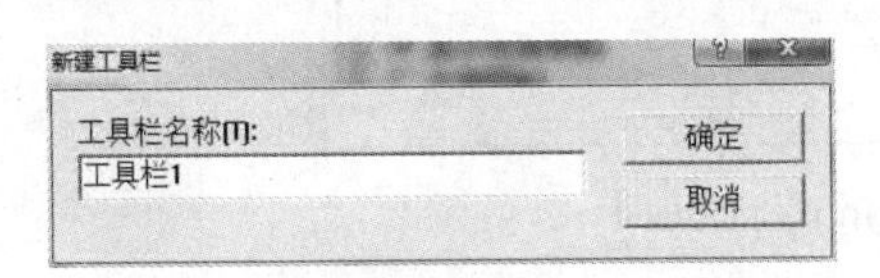

图 11-3　“新建工具栏”对话框

图 11-4　新建工具栏

3）在“定制”对话框中选择“命令”选项卡，在“类别”组合框中选择一个类别，如图 11-5 所示。

4）在单击某个类别后，其右侧的“按钮”栏中会显示该类别的所有按钮图标，利用鼠标将需要的功能按钮拖动到新建的工具栏窗口中。根据需要在不同的类别中选择工具栏按钮，将这些按钮都拖动到新建的工具栏窗口以后，单击“关闭”按钮，就完成了新工具栏的创建。新创建的“工具栏 1”如图 11-6 所示。

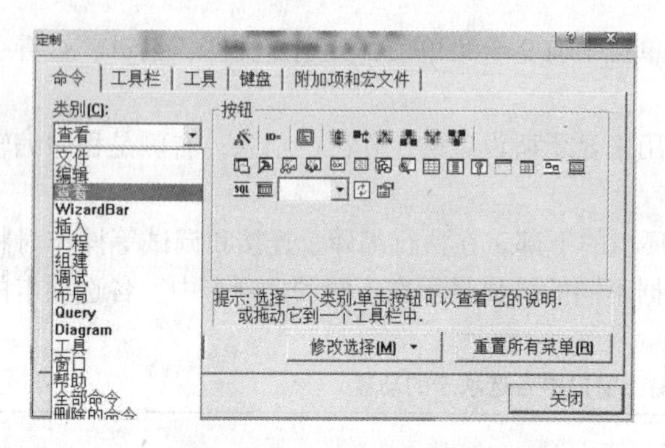

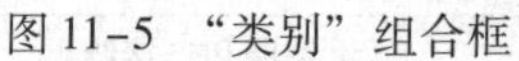
图 11-5 “类别”组合框

图11-6 自定义的“工具栏 1”

如果用户想要删除自己创建的工具栏，可以在“定制”对话框中选择“工具栏”选项卡，在工具栏列表框中选择要删除的工具栏，然后单击右侧的“删除”按钮即可。

3. 自定义代码编辑窗口

在“工具”菜单中包含了许多编辑选项，合理地设置这些选项可以提高程序的编译速度，使程序代码更易于阅读和理解，程序开发更加得心应手。用户可以设置代码编辑器中字体的大小、颜色等信息，其中最主要也是开发人员经常设置的是数字、字符串和注释的颜色。方法如下。

在 Visual C ++6.0 开发环境中选择菜单“工具”→“选项”命令，打开“选项”对话框，选择“格式”选项卡，如图 11-7 所示。首先在“类别”列表中选择一个窗口类别，然后设置该类别窗口中的字体、字号。在“颜色”列表中选择一种对象类别后，在其下方的“前景”和“背景”框中设置该对象的前景色和背景色。

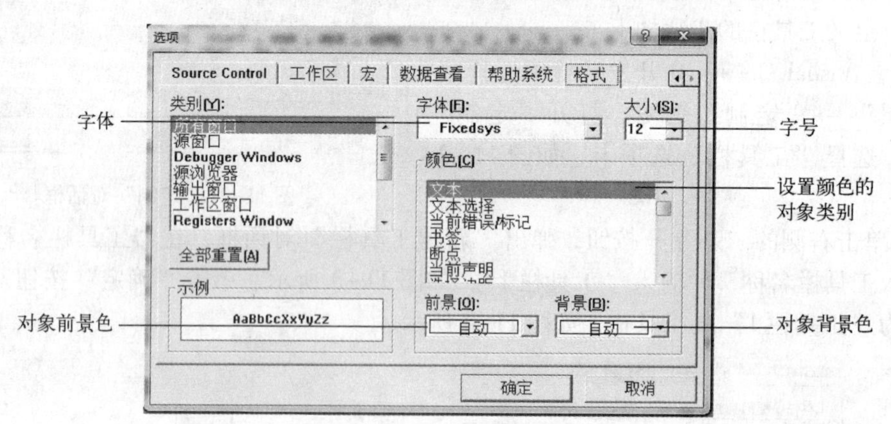

图 11-7 “格式”选项卡

11.2 C 语言源程序的调试过程

用户在 VC ++ 环境中编写多个 C 源程序文件时有两种方法，一种是一个源程序文件使用一个工作区，调试好一个程序后，关闭工作区，再新建下一个程序文件，这也是初学者大多采用的方法；另一种方法就是将多个源程序文件放在同一个工作区中。

本节介绍在 Visual Studio 6.0 环境中，如何编辑、编译、调试一个拥有单一源文件的 C 程序和含有多个源文件的 C 程序。

11.2.1 创建并调试一个简单的程序

本书把只包含一个 .C 文件的 C 程序称为一个简单 C 程序。

1. 创建一个新的 C 源程序文件

以编程计算 10+20 为例，介绍新建一个 C 源程序文件的操作过程。

(1) 新建一个 C 源文件

1) 选择菜单“文件”→“新建”命令，打开“新建”对话框。

2) 单击“文件”选项卡，在其列表框中选择“C++Source File”选项；在右侧的“位置”文本框中输入源程序文件的存储路径，如“F:\C++”，也可单击该文本框后的“浏览”按钮...，选择源程序文件的保存位置；在右侧的“文件名”的文本框中输入要编辑的源程序名字，如“p1.c”。注意文件的扩展名一定输入为“c”；否则，文件将以 C++ 源文件扩展名“cpp”进行保存，如图 11-8 所示。

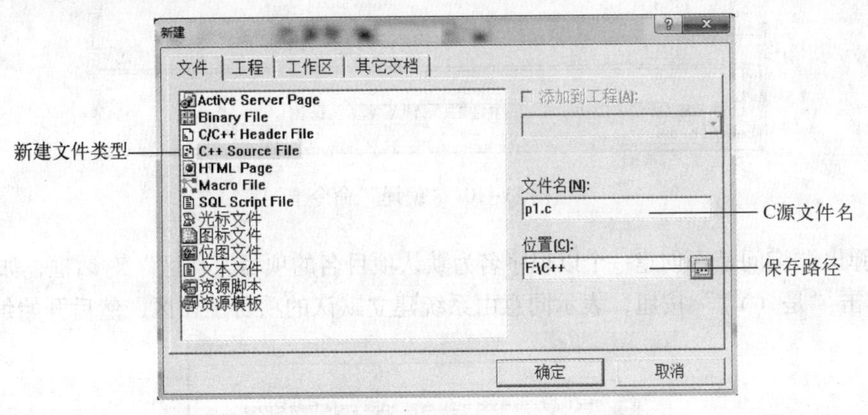

图 11-8 “新建”对话框的“文件”选项卡

3) 单击“确定”按钮，返回到主窗口。

(2) 输入和编辑源程序

在程序编辑窗口中输入源程序，如图 11-9 所示。在输入过程中，如果发现错误，可随时进行修改。这时的修改方法就如同在 Word 中一样。

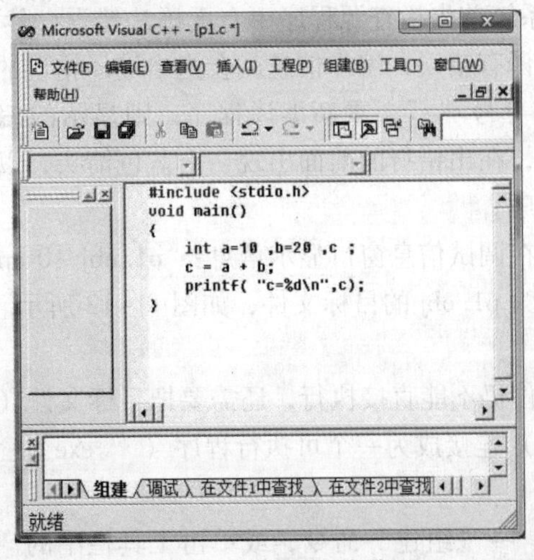

图 11-9 输入源程序代码

（3）保存源程序

选择菜单“文件”→“Save”命令，或者单击工具栏中的“保存”按钮，保存源程序。

2. 编译 C 源程序文件

输入并保存源程序文件后，需将源程序文件编译成机器语言目标程序。操作过程如下。

1）选择菜单“组建”→“编译”命令，或者单击工具栏上的“编译”按钮，如图 11-10所示。

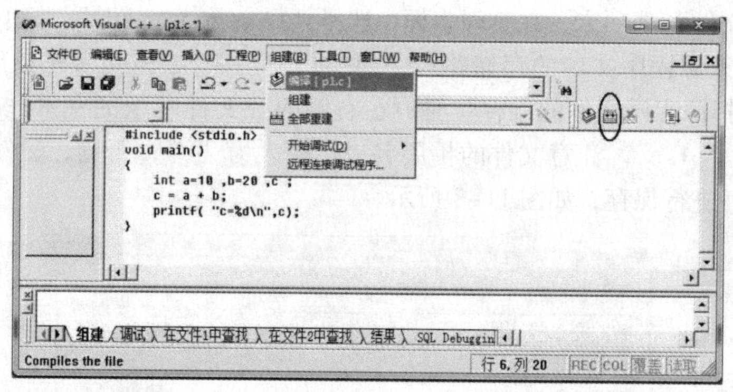

图 11-10 “编译”命令

2）弹出“询问是否创建一个以程序名为默认项目名的项目工作区”对话框，如图 11-11 所示。单击“是（Y）”按钮，表示同意由系统建立默认的项目工作区，然后开始编译。

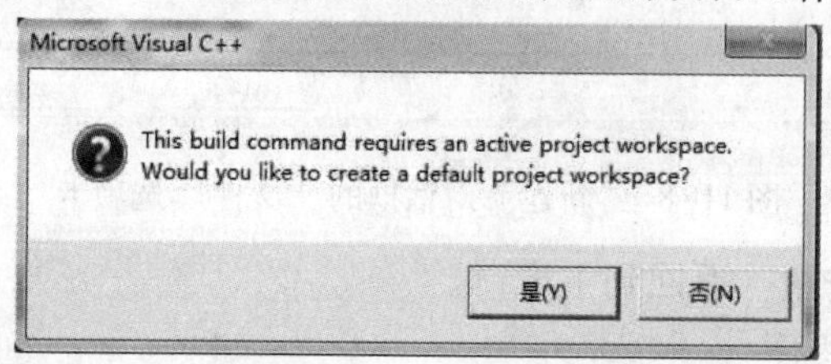

图 11-11 “询问是否创建一个项目工作区”的对话框

3）在编译时，编译系统首先检查源程序中有无语法错误，然后在主窗口下部的输出窗口显示编译信息。如果编译有错误，编译信息就会指出编译错误的位置和性质。例如，删除语句“c = a + b;”后面的分号“;”，重新编译程序，则显示的编译信息如图 11-12 所示。双击输出窗口的错误信息，在出错行的前面出现一个蓝色箭头，以示出错位置。然后修改程序，修改后，再次编译程序。

如果编译无错误，则在调试信息窗口显示信息：“p1. obj - 0 error（s），0 warning（s）”，表示编译成功，生成了名为 p1. obj 的目标文件，如图 11-13 所示。

3. 连接源程序

编译成功后，目标文件仍不能直接执行，还需要把目标文件（ *. obj）与系统提供的资源（如函数库、头文件等）连接成为一个可执行程序（ *. exe）。

操作过程如下。

1）选择菜单“组建”→“组建”命令，或单击工具栏中的“组建”按钮进行连接，如图 11-14 所示。若连接有错误，则必须修改程序。

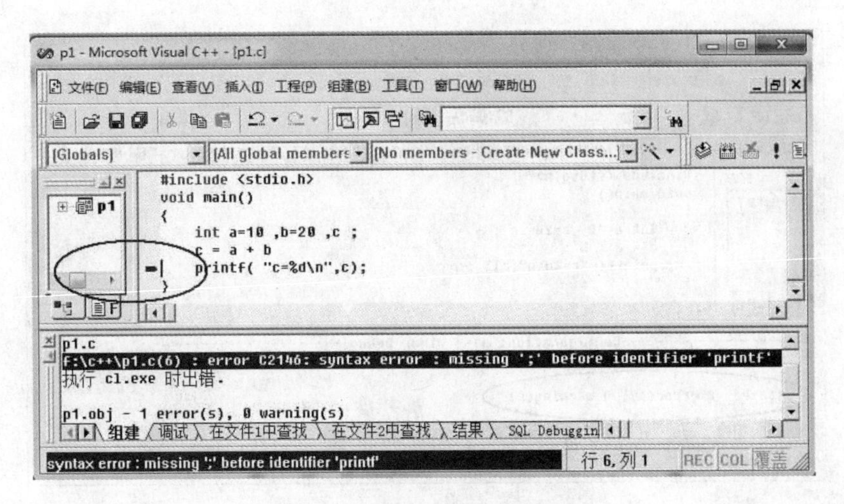

图 11-12　编译出现错误的界面

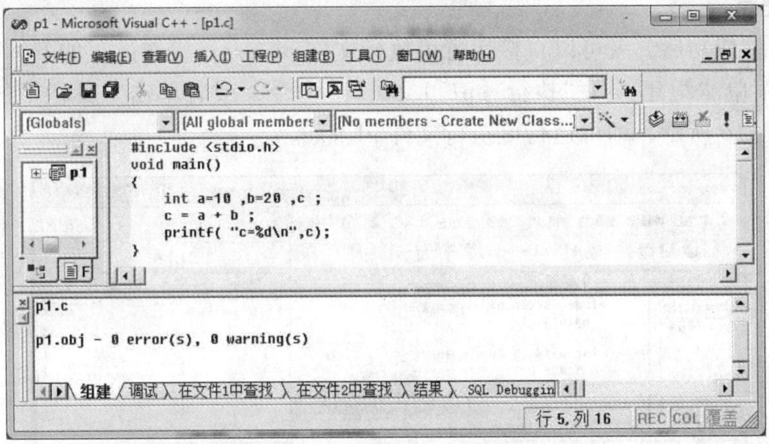

图 11-13　编译成功界面

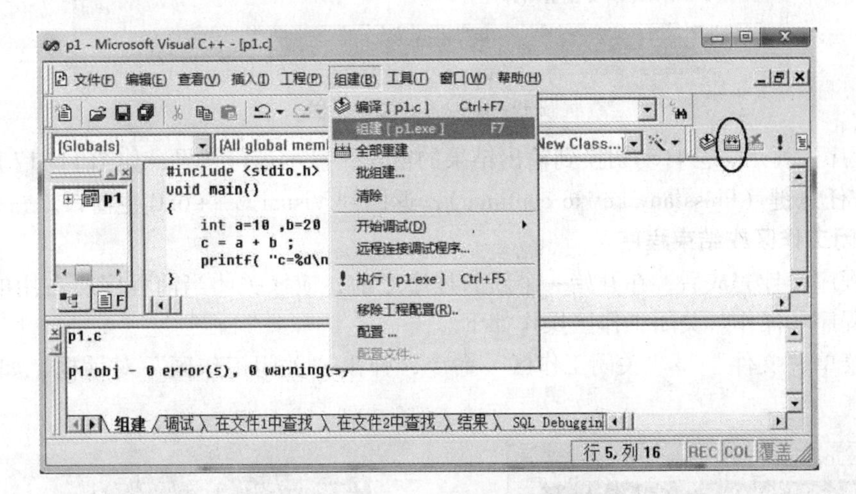

图 11-14　“组建”命令

2）连接成功后，显示如图 11-15 所示界面，表示生成了可执行文件 p1. exe。

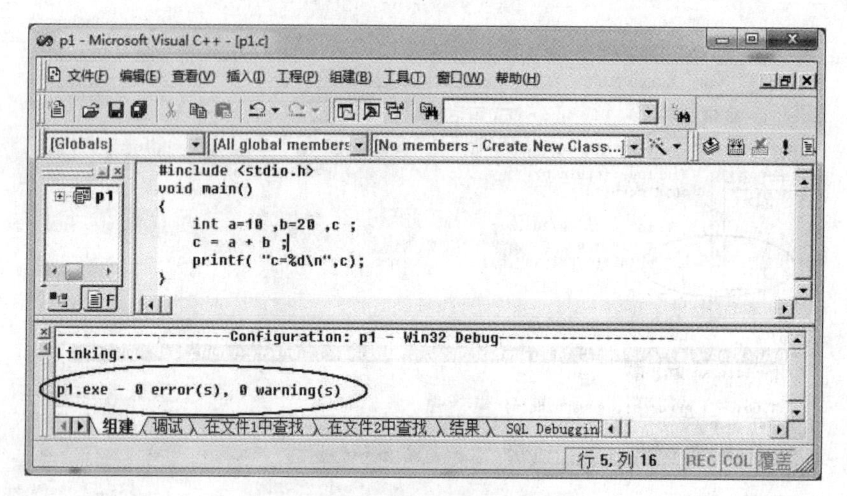

图 11-15　连接成功界面

4. 运行程序

编译、连接成功后，就可以直接运行可执行文件 p1. exe。操作过程如下。

1）选择菜单“组建”→“执行［p1_1. exe］”命令，或者单击工具栏中的“执行”按钮!，如图 11-16 所示，即可运行可执行文件 p1. exe。

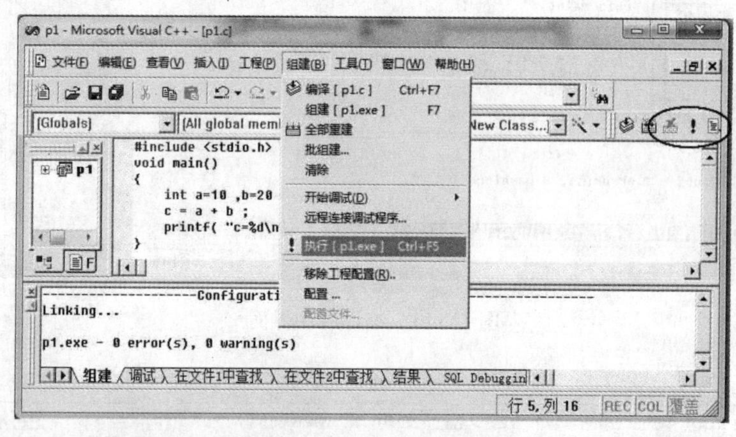

图 11-16　运行命令界面

2）程序运行后，会自动切换到输出结果的窗口，显示运行结果，如图 11-17 所示。

3）按任意键（Press any key to continue），返回到 Visual C ++6. 0 主窗口。

5. 关闭工作区或结束程序

一个程序设计完成后，在开始一个新的程序之前，应该关闭当前程序所占用的工作区，结束对该程序的操作。关闭工作区操作如下。

选择菜单“文件”→“关闭工作区”命令，弹出“关闭工作区”对话框，如图 11-18 所示。

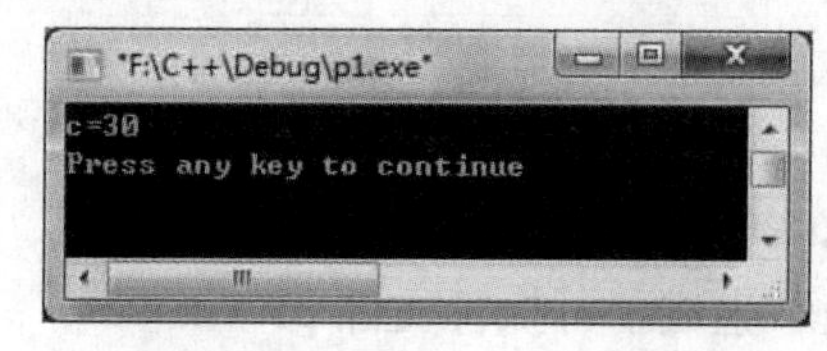

图 11-17　运行结果界面

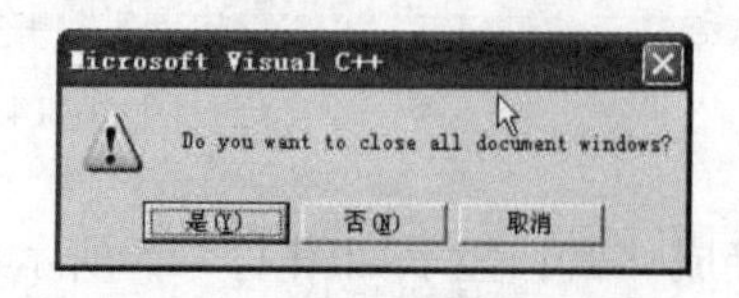

图 11-18　“关闭工作区”对话框

结束对程序的操作，单击“是”按钮，关闭所有窗口。

这里需要提醒的是，若不关闭工作区就立即新建下一个文件时，下一个文件编译连接必然报错，错误信息显示：“*. obj: error LNK2005: _main already defined in ##. obj”，意思就是在生成“*. obj”文件时发现错误，main 已经在一个名为“#. obj”的文件定义过了（注意：这里的*和#代表两个不同源文件名）。出现这种错误，通常的办法就是关闭工作区，再次打开*. c 文件，重新编译、连接运行即可。

6. 退出 Visual C ++6.0

单击窗口右上角的“关闭”按钮或选择菜单“文件”→“退出”命令，即可退出 Visual C ++6.0。

11.2.2 创建并调试一个拥有多个源文件的项目

一般来说，用户编写的 C 语言源程序都是放在一个扩展名为“c”的文件中，这对于一个较简单的问题是合适的，但对于大型复杂问题就不合适了，其一，一个大项目往往由多人合作完成，大家都来操作同一个文件极易出错；其二，大文件的编译、调试都极为复杂；其三，如果两个程序中都要用到同一个自定义的函数，此函数需从一文件移动到另一文件中，这种移动容易出错。为了解决这一矛盾，一个大的复杂任务通常会被划分为几个功能模块，每一个模块可以建立一个或多个文件。各个模块可以分开编辑、编译，最后再将这几个模块连编成一个完整的程序。

1. 将多个已经编译好的 C 源文件进行连编

（1）建立一个空的工作空间

启动 Visual C ++6.0，选择菜单“文件”→“新建”命令，在弹出的“新建”对话框中，选择“工程”选项卡，在列表中单击“Win32 Console Application”，在右侧的“位置”栏中，输入或选择项目的保存位置，在“工程名称”文本框中输入项目名称，如输入新项目名“project1”，选中“创建新的工作空间”，单击“确定”按钮，如图 11-19 所示。

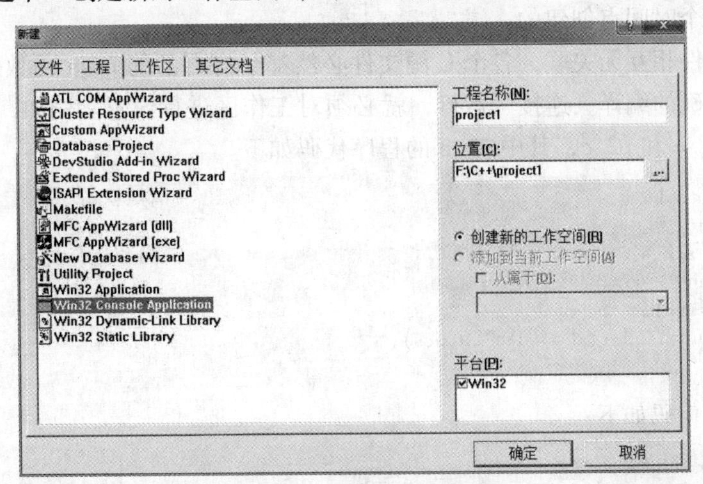

图 11-19 “新建”对话框

之后弹出选择工程类别对话框，如图 11-20 所示。选择“一个空工程”，单击“完成”按钮。

（2）在工作空间中将已经编译好的各个 C 源文件一一添加进来

将事先已经编译好的各 C 源文件添加到工作空间中，添加方法有以下两种。

方法1：指向工作区的“project1 files”，右击，在弹出的快捷菜单中选择“添加文件到工程”命令，然后按步骤将所选文件添加到工程中，如图11-21所示。

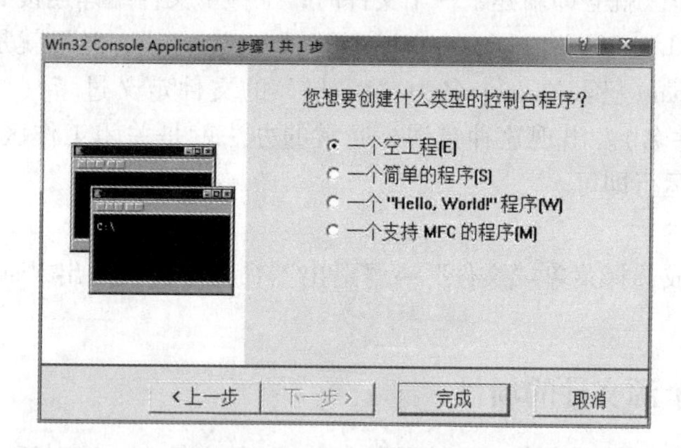

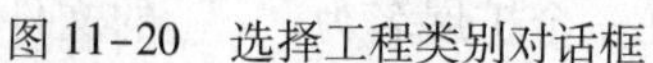
图11-20　选择工程类别对话框

图11-21　添加已有文件到工程中

方法2：先找到源文件所在文件夹，选中该文件，将其用鼠标拖曳到当前工作窗口，这时该文件处于打开状态并且已经添加到当前工作区中，放在工作区的名为“source Files”的组中。

(3) 包含多个源文件的项目连编

一个工作区中若有多个源文件，也并不代表这些文件之间一定会有必然的联系。

1) 对项目中彼此没有关联的各文件的连编。

如前所述这种一个工作区包含一个源文件时，整个工作区只能出现一个主函数的程序调试方法，程序调试效率不高，且使各源文件分散。其实把多个零散的且相互无必然关联的源文件放在一个工作区也可以进行调试，而不必每次关闭工作区。如在做编程作业时，一次作业中有几个题目，各个编程题目之间无必然关联，这时，可以对每个题目编写独立的C源程序，多个C源程序集中放在一个工作区中。工作区的命名可以用时间命名，表明项目中的源文件是某一个时间点创建的。

由于各源文件相互无关联，各个C源文件必然都会有自己的main函数，要分别对每一个源文件进行正确的编译、连接、运行，就必须对工作区进行设置。例如，在project2中新建两个源文件p1.c和p2.c，其中p1.c的程序代码如下。

```
#include <stdio.h>
void main()
{       int a,b,s;
        scanf("%d%d",&a,&b);
        s = a + b;
        printf("%d + %d = %d\n",a,b,s);
}
```

p2.c的程序代码如下。

```
#include <stdio.h>
void main()
{       int a,b,s;
        scanf("%d%d",&a,&b);
        s = a * b;
        printf("%d * %d = %d\n",a,b,s);
}
```

显然，p1. c 和 p2. c 这两个源文件都有自己的主函数。如果不设置而直接进行编译、连接，在连接时都会报错。因此，必须进行工作区的设置才能正确连接。

在工作区窗口中，指向“sourse Files”并右击，在弹出的快捷菜单中选择“设置”命令，如图 11-22 所示。

在弹出的“设置”对话框中，单击右侧的“常规”选项卡，在左侧的树形结构中，可以看到“source Files”中的各源文件，此时，若想编译、连接、运行的程序是“p1. c”，就单击选中“p2. c”，在右侧的“常规”选择卡中，将“总是使用自定义组建步骤”和“组建时排除文件”两个复选框选中，如图 11-23 所示。而对文件“p1. c”，对应的这两个复选框均不勾选，如图 11-24 所示。

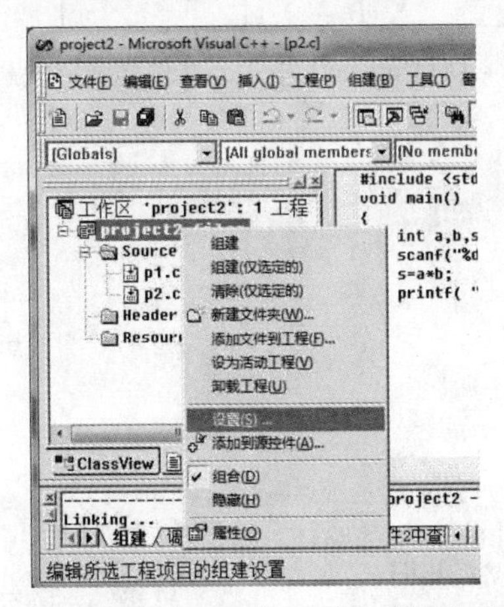

图 11-22　右击工作区后的下拉菜单

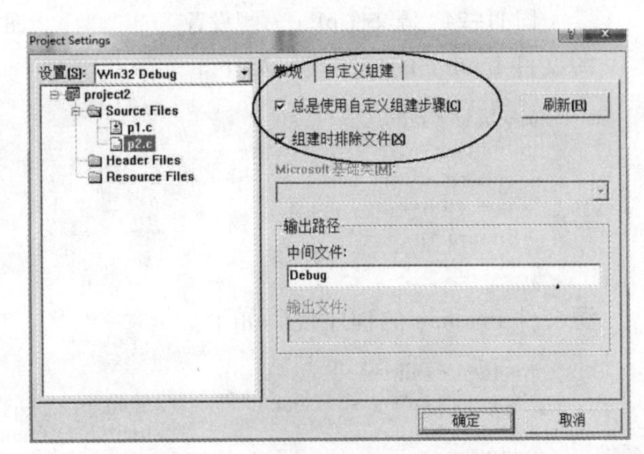

图 11-23　源文件 p2. c 常规设置

单击“确定”按钮完成设置后，对 p1. c 进行正常的编译、连接、运行即可，此时不会再报错。

同样，若需编译、连接、运行文件 p2. c，则对 p1. c 按上述设置，将“常规”选项卡中的两个选项选中，而 p2. c 的常规选项卡上的两项则不勾选。

2）各文件存在相互包含关系的项目连编。

在相互有包含关系的所有源文件中，只能有一个文件中出现主函数，且所有的函数只可出现一次定义，这里特别提醒的是，一次文件的头包含就意味着其中函数的一次定义，故要仔细检查这些文件之间的包含关系，建议一个源文件中只定义一个函数。

连编时，在工作区的设置中，只有包含主函数的文件的“常规”选项卡中的两个复选框不勾选，其余的源文件的“常规”选项卡中的两个复选框都要勾选。而且编译时只选择包含主函数的文件进行编译、连接即可。

例如，在项目 project1 中，有 3 个源文件：fsum. c、fmul. c、fmain. c，它们之间的关系如图 11-25 所示。

主函数中要调用 sum( ) 和 mul( )，故在 fmain. c 中要加两个头包含：一是#include “fsum. c”，另一个是#include “fmul. c”。其中，源文件 fsum. c 的程序代码如下。

```
#include < stdio. h >
int sum(int a,int b)
{   int s;
    s = a + b;
    return s;
}
```

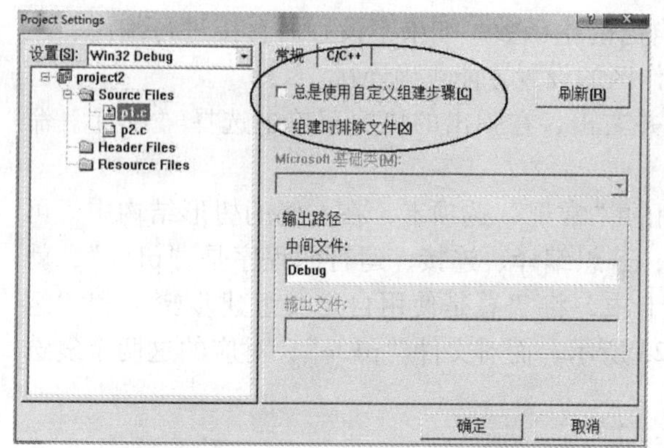

图 11-24　源文件 p1. c 常规设置

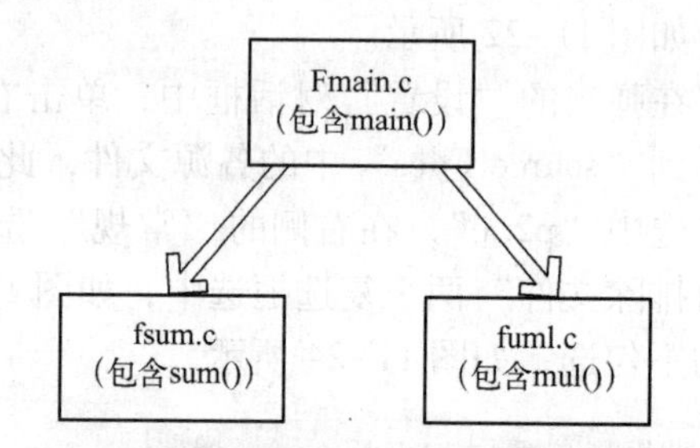

图 11-25　项目 project1 中 3 个文件之间的关系

源文件 fmul. c 的程序代码如下。

```
#include < stdio. h >
int mul( int a,int b)
{  int s;
   s = a * b;
   return s;
}
```

源文件 fmain. c 的程序代码如下。

```
#include < stdio. h >
#include"f:\\c ++ \\fsum. c"          //fsum. c 文件的路径与 fmain. c 的路径不同
#include" fmul. c"                    //fmul. c 与 fmain. c 的路径相同
void main( )
{     int a,b,s;
      scanf( "%d%d" ,&a,&b) ;
      s = sum( a,b) ;
      printf( "%d + %d = %d\n" ,a,b,s) ;
      s = mul( a,b) ;
      printf( "%d * %d = %d\n" ,a,b,s) ;
}
```

在 project1 中，先对 fsum. c 和 fmul. c 分别进行编译，当没有错误时，在工作区右击，在弹出的快捷菜单中选择“设置”命令，在“设置”对话框中，对“sourse Files”中的 fsum. c 和 fmul. c 的“常规”选项卡中的两个复选框全部勾选，而 fmain. c 的“常规”选项卡中的两个复选框不勾选。然后在工作区选中 fmain. c 文件，进行编译、连接和运行即可，如图 11-26 和图 11-27 所示。

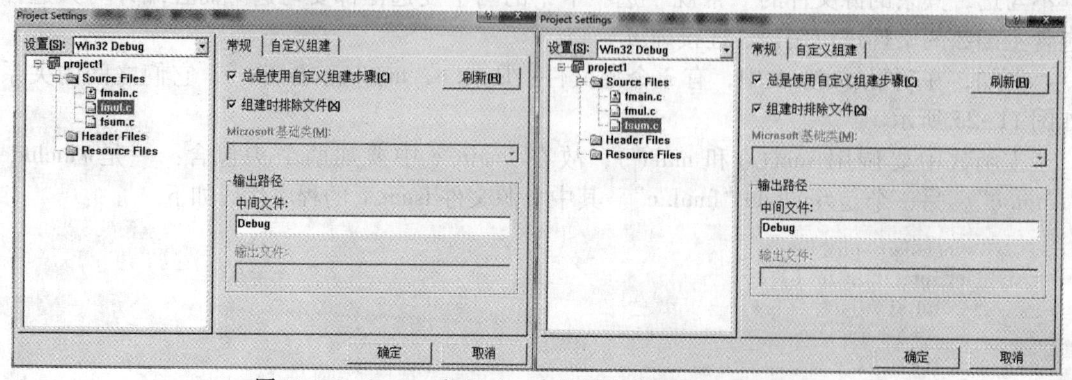

图 11-26　fsum. c 和 fmul. c 在设置中的“常规”选项卡

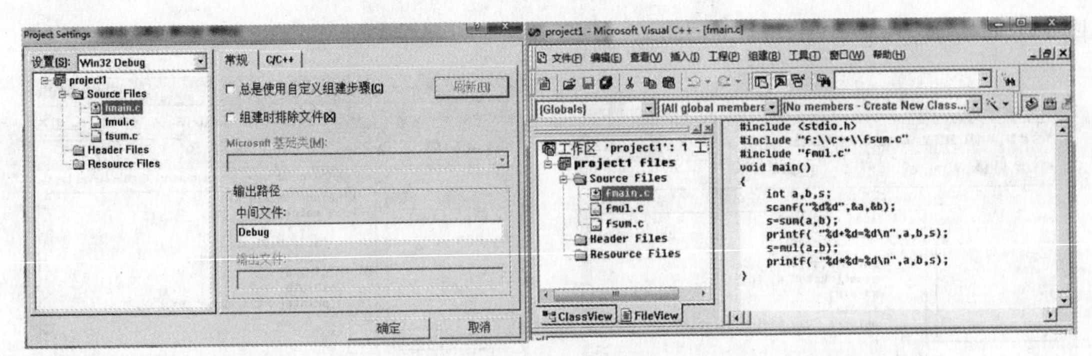

图 11-27　fmain. c 在设置中的“常规”选项卡及其作为连编文件

2. 在工作空间中一一新建各个源文件

新建工程后，一一创建新的每一个源文件（扩展名为“c”）。这时要注意的是，创建新的 C 源文件时，要勾选“添加到工程”复选框，保存位置一定是当前的工程，使所有创建的新文件都添加在当前的工作区，如图 11-28 所示。

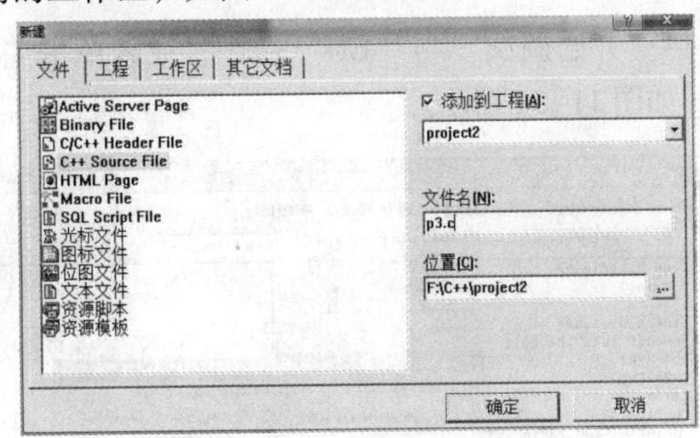

图 11-28　新建源文件到当前工程的对话框

之后的连编方法如前所述。

11.3　程序常用调试手段

若程序中有错，如何快速找到出错的位置和错误性质是程序调试中的一个难点。本节介绍几种程序调试手段，以快速找到程序出错位置或错误性质。

1. 设置断点（breakpoint）

Visual C ++6. 0 提供了调试“debug”工具。利用调试“debug”工具，可以在程序中设置断点（breakpoint），让程序运行到断点处停下来，以方便用户观察程序的运行状态。

下面以在 Visual C ++6. 0 环境下计算两个任意整数的商和余数为例，介绍断点的设置方法。

（1）输入源程序

输入的源程序如图 11-29 所示。

（2）设置断点

在程序的第 6 行设置断点，操作方法如下。

当程序编译通过后，单击程序的第 6 行，然后单击工具栏上的手形按钮或按快捷键〈F9〉，此时，在程序第 6 行处左边出现一个大圆点，表示已在第 6 行设置了一个断点，如

图 11-30 所示。

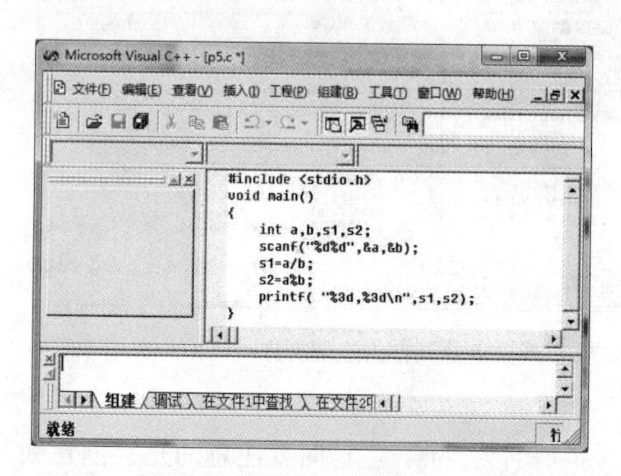

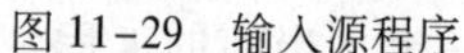
图 11-29　输入源程序

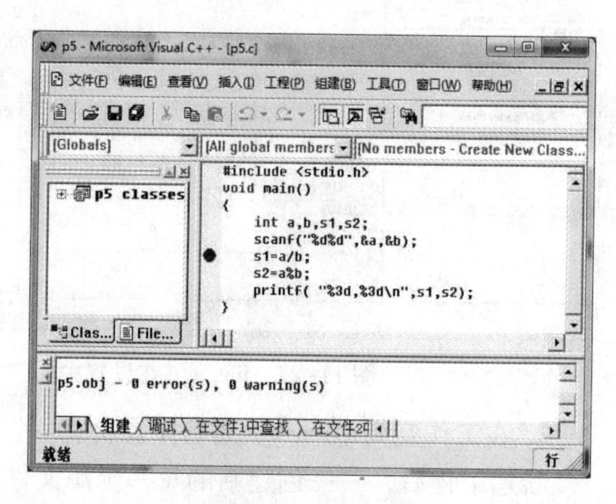

图 11-30　设置断点

（3）运行程序

选择菜单“组建”→“开始调试”→“GO”命令，或者单击工具栏上的“调试”按钮或按快捷键〈F5〉，如图 11-31 所示。

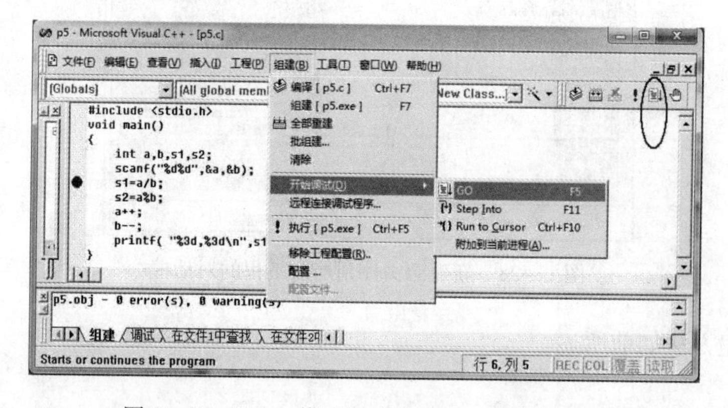

图 11-31　Debug 模式调试菜单和“调试”按钮

运行程序，在运行界面输入变量 a、b 的值，如输入“7　3”，然后按〈Enter〉键，程序运行到断点处停下来。界面如图 11-32 所示。

单击调试面板上的按钮，一步步观察每一条语句的执行效果并察看结果是否与自己预想的一致。遇到标准函数调用语句，则单击按钮跳过，不进入该函数内部。若遇到自定义函数需要进入函数内，查看每一步执行结果时，就单击调试面板上的按钮，若想从某个函数内部跳出，则单击按钮。

在图 11-32 中，输出窗口的左下方，可以看到各个变量的当前值。窗口的右下方是观察窗口。可以将左边的某个变量拖放在这个窗口，便于观察该变量值的动态变化。将图 11-32 中的变量 a，b 拖放在右下边的观察窗口后，如图 11-33 所示。

（4）取消断点

选择菜单“Debug”→“Stop Debugging”命令或按快捷键〈Shift + F5〉，即可停止调试。要取消断点，可选择断点所在程序行，然后再单击工具栏上的手形按钮或按快捷键〈F9〉即可。

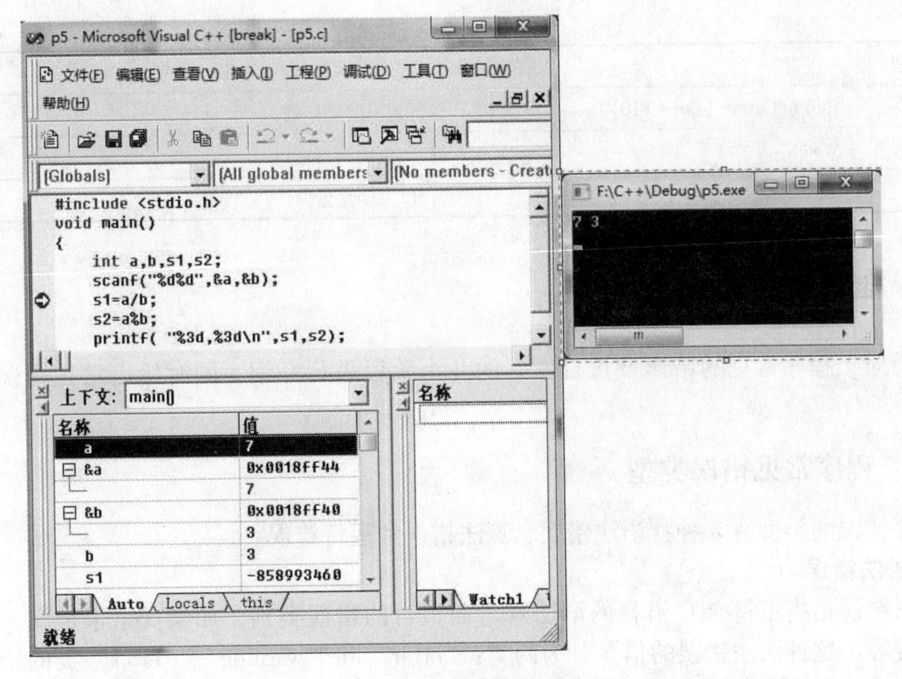

图 11-32　程序运行到断点处暂停

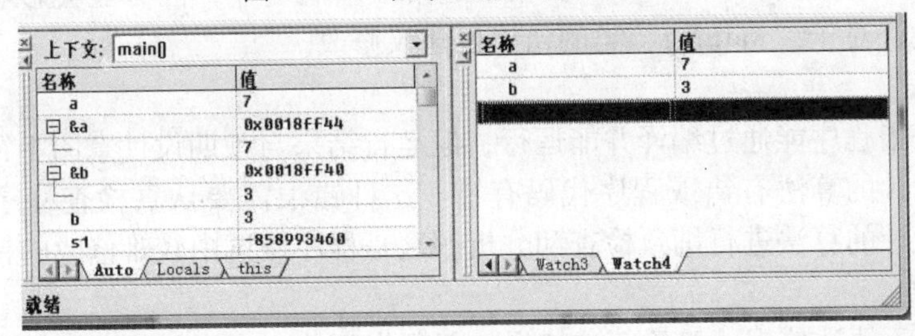

图 11-33　观察窗口

2. 调试“Debug”工具栏

在 Visual C ++6.0 的工具栏空白处单击鼠标右键，然后在弹出的快捷菜单中选择“Debug”命令，即可打开“Debug”工具栏，如图 11-34 所示。调试“Debug”工具栏中常用按钮的说明如表 11-2 所示。

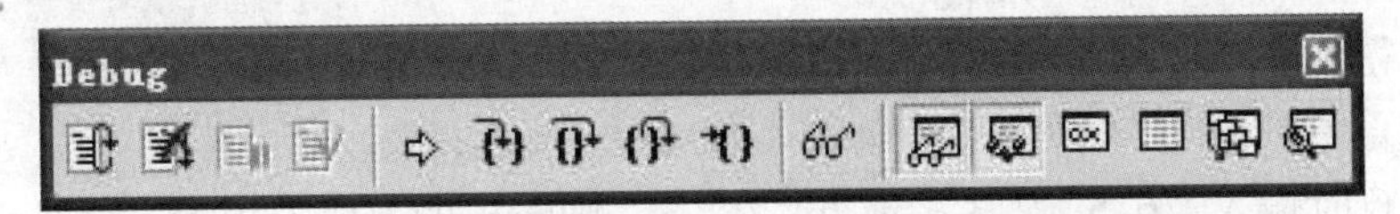

图 11-34　“Debug”工具栏

表 11-2　调试“Debug”工具栏中常用按钮的说明

按　钮	命　令	说　明
	Stop Debugging〈Shift + F5〉	停止调试
	Step Into〈F11〉	单步运行，进入函数内部
	Step Over〈F10〉	单步运行，不进入函数内部
	Step Out〈Shift + F11〉	单步运行，使程序从函数内部运行至函数返回处

（续）

按钮	命令	说明
*{}	Run to Cursor〈Ctrl + F10〉	运行到当前光标处
	Watch	打开/关闭观察窗口
	Variables	打开/关闭变量窗口

11.4 程序常见错误及查找

本节对于程序常见的错误及检查错误的几个阶段进行介绍，同时给出常见错误的解决方法。

11.4.1 程序常见错误类型

程序错误的类型有3种：语法错误、算法错误和运行错误。

1. 语法错误

语法错误是指不符合C语言的语法规定而报告的错误类别，如某变量未定义、语句后缺少分号等。这种语法错误的信息分为两类："error"和"warning"。"error"类的错误必须改正后程序才能通过编译；"warning"类错误通常不影响编译，但可能会影响运行结果。为了程序结果正确，对于"warning"类的错误也建议修改。

2. 算法错误

算法错误是指程序能通过编译并能运行，但运行结果与预期设计意图不符。出错的原因通常是程序员设计的算法有错或程序代码有错。这种错误需要认真检查程序和分析运行结果，同时对于设计的算法进行细致检查和分析。这是程序调试中较难修改的错误类型。

3. 运行错误

有时程序既无语法错误，又无算法错误，但程序不能正常运行或运行结果不对。多数情况是数据异常或者错误的内存访问导致的。例如：

```
void main()
{   int a,b,c;
    scanf("%d%d",&a,&b);
    c = a/b;
    printf("%d\n",c);
}
```

1）当b得到一个非零值时，运行无问题；当b得到零值时，运行时出现"溢出（overflow）"的错误。

2）当运行时输入"6.5　2.3↙或6，2↙"，则输出的c值不正确。这是由于输入的数据与scanf语句中的类型、格式不匹配而引起的。正确的输入应为两个整数且它们之间用空格或用回车符或用"Tab"键隔开。

3）若将上述语句"int a,b,c;scanf("%d%d",&a,&b);"改为"int a = 0,b = 0,c;scanf("%d%d",a,b);"，编译程序没有错误，连接也没有错误，运行时输入"10　2↙"，则会出现如图11-35所示的窗口。

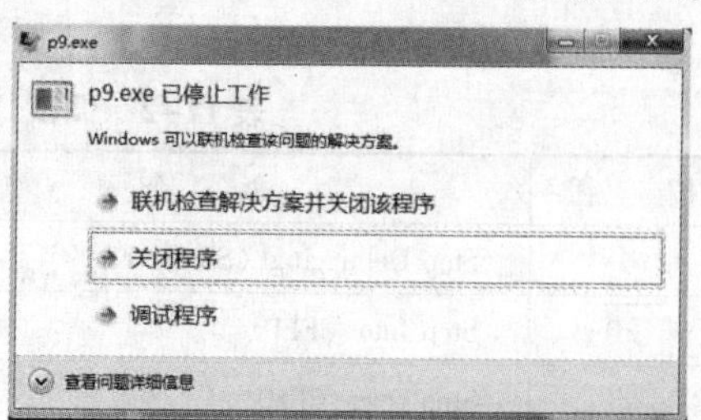

图11-35　运行出错

分析可知，出错的原因就是语句“scanf("%d%d",a,b);”中，a，b 变量前没有加取地址运算符造成的，使内存访问出错。这种错误在初学者中是经常出现的。

11.4.2 程序查错的几个阶段

程序出错检查通常应经过人工检查、编译找错、结果分析、程序测试等几个阶段。

1. 人工检查阶段

在程序员输入程序代码或进入编译之前，通过对代码的浏览，通常能及时发现由于疏忽而造成的多数错误。为便于及时发现错误，建议多加注释，复杂程序应多利用函数。

2. 编译找错阶段

在人工检查无误后，上机调试，根据编译时给出的语法错误信息找出程序的出错部分并改正。应当注意的是，有时提示的出错行并不是真正出错的行，如果在提示出错的行找不到错误，应该到上一行查找。

特别提醒，如果系统提示的出错信息有多条，可以首先只针对所有错误信息中的第一条进行修改，然后再进行编译，因为有时改正第一个错误后，其他的错误会自动消失。

3. 结果分析阶段

如果程序不能运行或运行结果不正确，则首先应检查程序中的数据或有关内存访问，再仔细检查算法是否有误。

4. 程序测试阶段

一个程序对一组数据正常运行并得到正确的结果，并不代表程序完全正确。要考虑在任何情况下程序是否都能正常运行并得到正确结果。

测试程序时应该分析实际问题或程序运行时可能遇到的各种情况，设计各种不同输入数据进行测试，以便查出程序潜在的漏洞。

11.5 初学者常见错误分析与改正

本节对于初学者常见的错误进行归纳总结，同时给出常规修改建议。

11.5.1 常见语法类错误及修改

1. 变量未定义就使用

例如：

```
void main()
{    a=5;
     printf("%d",a);
}
```

编译时出错信息为“error C2065:'a':undeclared identifier”。在 C 程序中，每个变量都必须先定义，后使用。上面程序中变量 a 使用前没有定义，应该在函数体的开头加上语句“int a;”。

2. 关键字或库函数名输入错误

例如：

```
#include <stdio.h>
void mian()                          //此处特意写错主函数名
{    print("Hello C!\n");  }         //此处特意写错输出函数名
```

编译时出错信息为："warning C4013:'print'undefined;assuming extern returning int"。原因是上面程序中的 print 拼写有错误，将其改正为 printf 即可。继续编译上述程序，通过编译，连接时，又会出错："LIBCD. lib(crt0. obj):error LNK2001:unresolved external symbol_main"，原因是将主函数名 main 错误拼写为 mian 导致。

C 语言中的关键字和库函数名必须严格按拼写输入，但初学者经常会拼写错误。

3. 语句后未写语句结束标志";"

例如：

```
x=3.0f
y=6.3f;
```

编译给出的出错信息为"error C2146:syntax error :missing';'before identifier'y'"。这个错误是说在标识符 y 的前面缺少";"。而 y 的前面就是上一句语句"x=3.0f"的后面。

C 语言规定每一个语句必须以分号";"结尾，但在编程时，初学者经常会忘记在语句末加分号";"。通常，系统会将认为的出错行高亮显示，以提示此行可能有错误。此类错误一般出现在高亮显示的上一行。

11.5.2 常见输入、输出格式错误及修改

在 C 语言中，数据的输入、输出有严格的格式要求，应按照数据的类型及指定的格式输入、输出数据，不能随意乱用。若随意乱用，会导致许多错误。

1. 在 scanf 语句中忘记变量的取地址符

在使用 scanf 函数时，经常会忘记变量前的取地址符 &。例如：

```
char ch;或 int a;
scanf("%c",ch);                    scanf("%d",a);
```

对于此类错误，编译程序时不会给出出错信息，但运行不正确。应改为

```
scanf("%d",&a);
```

或

```
scanf("%d",&a);
```

2. 从键盘输入数据时与 scanf 语句中的格式不相符

从键盘输入数据时，若输入数据的格式与 scanf 函数中指定的格式不相符，则输入的数据不能正确赋值给变量。例如：

```
int m,n;
scanf("%d,%d",&m,&n);
```

运行程序时，若输入数据格式："5　6↙"，这时输入格式与要求格式不符，数据不能正确输入给变量，导致程序运行结果与实际不符。

正确输入数据的格式为："5，6↙"。

3. 数据类型与格式说明符不一致

在使用 scanf()、printf()函数输入、输出数据时，输入、输出的格式应与变量的数据类型一致，否则将不能正确输入、输出数据。例如：

```
void main()
{   char ch; float f=2.5;
    scanf("%f",&ch);
    printf("ch = %d, f=%d\n",ch,f);
}
```

程序中，对字符型变量 ch 使用了“%f”格式输入，对实型变量 f 却使用了“%d”格式输出，输入/输出的格式与变量的类型不匹配。对于这种格式不匹配的错误，编译程序时不会给出出错信息，但运行结果不正确。

改正的方法是，按变量定义时的类型匹配其对应的输入/输出格式。

11.5.3 常见其他类型错误及修改

初学者极易出错的情形还有如下几种。

1. 混淆字符与字符串的表示形式

在 C 语言中，字符常量、字符串常量二者不同，若不注意，时常会将字符常量和字符串常量搞混。例如：

```
char ch = "A";
```

ch 是字符变量，只能存放单个字符，要用单引号括起来。而用双引号括起来的"A"，是个字符串常量，它包含两个字符：'A'和'\0'，无法放到字符变量 c 中。

应改为：“char ch ='A';”

2. 误把“=”作为“等于”运算符

在程序中进行比较判断时，常误将“=”作为关系运算的“等于”运算符。例如：

```
if(a = b) printf("*");
```

本意是进行 a、b 值的比较。当两者的值相等时，输出一个“*”。实际情况是把 b 的值赋给了 a，不论 a 的原值是多少，此时 a 的值为 b 的值，表达式（a = b）恒为真，总是输出一个“*”。在 C 语言中，“等于”要用“==”运算符。

若要进行 a 等于 b 的比较，应改为：“if(a == b) printf("*");”。

3. 在不该加分号的地方加了分号

在 C 语言中，单独的“;”是空语句，但空语句并不能随意出现。在不该出现分号的地方写了分号，将导致程序结构发生变化，进而导致程序运行结果不正确。如在 if 语句中：

```
if(a > b); printf("%d",a);
```

本意是当 a > b 时输出 a 的值，但由于在 if(a > b)后面加了分号，if 语句到分号处结束，语句“printf("%d",a);”成了 if 的下一条语句。不论 a > b，还是 a≤b，都会输出 a 的值。应将(a > b)后面的分号删除。再如在循环结构中：

```
int i,s = 0;
for(i = 1;i <= 50;i ++);
    s = s + i;
printf("s = %d\n",s);
```

本意是输出 1 ~ 50 的和，但由于在 for(i = 1;i <= 50;i ++)后面加了分号，使循环体成了空语句，没有进行累加。执行 for 语句使 i 的值由 1 变到 51，s 加了 51 之后，最后输出的是 51。改正的方法是去掉多余的分号。

4. 复合语句忘记加大括号

在 C 程序中，经常需要将多条语句加大括号{}，以构成复合语句。若忘记了加大括号，程序将不能完成需要的操作。如在 if 语句中：

```
if(x > 0)
    y = x + 10;
printf("y = %d\n",y);
```

本意是当 x > 0 时，计算 y 的值，并输出 y 的值；当 x <= 0 时，程序结束。但若忘记了加大括号，不管 x 为多少，都将输出 y 的值。应改为

```
if(x>0){y=x+10;printf("y=%d\n",y);}
```

再如在循环结构中：

```
int i=1,fac=1;
while(i<=6)
  fac=fac*i;i++;
```

本意是实现求 6 的阶乘，但上面的程序只是重复了 fac * i 的操作，而且循环永不停止，因为 i 的值始终为 1。错误在于没有将 i++ 包含到 while 语句的循环体中。应改为

```
while(i<=6)
{  fac=fac*i; i++;}
```

5. 忘记给变量赋初值

在 C 程序中，根据需要经常对某些变量赋初值，如求累加和的变量初值应为 0，求累乘积的变量初值应为 1 等。但在实际编程时，往往忘记这一点，致使结果不正确。如在求累加和时：

```
int i,sum;
for(i=1;i<=50;i++)
      sum=sum+i;
```

本意是计算 1 ~ 50 的和，但没有给 sum 赋初值 0，sum 的初值为一不确定的数，所以计算的结果不正确。应将第一句改为

```
int i,sum=0;
```

类似这样的错误还有求阶乘、求若干数中的最大数、最小数等。再如在循环结构中忘记给循环变量赋初值：

```
int i;
while(i<=10)
{    printf("*");
     i++;
}
```

或

```
int i;
for(;i<=10;i++)
    printf("*");
```

本意是在一行输出 10 个“*”，但没有给循环变量 i 赋初值，i 的初值为一不确定的数，致使循环次数不确定。所以，输出的结果不正确。应在 while 语句之前加上“int i = 1;”或在 for 语句的第 1 个分号前加上“i = 1”。

6. 循环结构使用不正确，导致死循环

在循环结构中，当循环条件使用不当或忘记改变循环变量的值时，可能会导致死循环。例如：

```
int i,sum=0;
for(i=1;i> =0;i++)          /* 循环控制条件始终为真 */
    sum=sum+i;
```

或

```
int i,sum=0;
for(i=1; ;i++)          /* 缺少循环控制条件 */
    sum=sum+i;
```

或

```
inti = 1,sum = 0;
while(i <= 10)                    /* 循环体中缺少改变循环变量的值的语句 */
    sum = sum + i;
```

本意是计算 1 ~ 10 的和，但由于循环条件使用不当或忘记改变循环变量的值，以上程序段都将导致死循环。正确的程序段应是

```
int i,sum = 0;
for(i = 1;i <= 10;i ++ )
    sum = sum + i;
```

调试程序时，终止死循环用快捷键〈Ctrl + Break〉。

11.5.4 数组和函数、指针部分常见错误及修改

1. 数组定义有错，定义数组时未指定数组的大小或使用了变量

例如：

```
int n = 8,a[ ],b[n];
```

编译时出错信息为

```
error C2133:'a':unknown size。
error C2133:'b':unknown size
```

在定义数组时，必须声明数组的大小，不能使用变量，但可以使用符号常量。例如，可以改为

```
#define N 8
int a[8],b[N];
```

2. 给数组名赋值

例如：

```
int a[8],b[8] = {1,2,3};
a = b;
```

或

```
char s1[8],s2[ ] = "china";
s1 = s2;
```

编译时出错。数组名是常量，代表数组首地址，不能重新赋值。若要将 b 数组内容给 a 数组，则可这样实现：

```
for(i = 0;i < 8;i ++ )
    a[i] = b[i];
```

若要将 s2 数组中的内容给 s1 数组，则可这样实现：

```
strcpy(s1,s2);
```

3. 误认为数组名可以代表数组中的全部元素

例如：

```
void main( )
{   int a[3] = {1,2,3};
    printf("%d,%d,%d",a);
}
```

C 语言中，数组名代表数组的首地址，不能通过数组名输出数组的全部元素。若要输出数组中所有元素的值，可结合循环结构逐一输出每个数组元素的值。

4. 数组下标越界

例如：

```
void main( )
{    int a[10],i;
     for(i=1;i<=10;i++)
          scanf("%d",&a[i]);
}
```

数组a有10个元素，下标从0～9。程序中引用了a［10］，属于数组下标越界。C编译系统不检查这种错误，但它会带来一些意想不到的后果，甚至破坏系统，因此要避免此类错误。

5. 用%s格式输出不带字符串结束标志的字符数组中的内容

例如：

```
void main( )
{    char s[3] = {'b','o','y'};
     printf("%s",s);
}
```

程序运行时多输出了内容，并出现乱码。因为用%s格式符输出字符数组内容时，遇'\0结束输出，数组s中没有字符串结束标志'\0'。

6. 混淆字符数组与字符型指针变量的区别

例如：

```
void main( )
{    char s[10];s = "China";
     printf("%s\n",s);
}
```

编译出错。s是数组名，代表数组的首地址，是一个常量，不能再被赋值。上面的程序可以改为

```
main( )
{    char*s;s = "China";
     printf("%s\n",s);
}
```

或

```
main( )
{    char s[10] = "China";
   printf("%s\n",s);
}
```

左边程序中，s是字符型指针变量，“s = "China";”是合法的，它将字符串的首地址赋给指针变量s，然后通过printf( )函数输出字符串。

7. 被调函数在主调函数之后才定义，而且在调用前未声明

例如：

```
void main( )
{    pf( );}
void pf( )
{    printf("Hello!\n");}
```

上面的程序编译时出错，因为pf函数在main函数之后定义，而main函数调用pf函数之前并没有声明它。有两种修改方法：一种是在main函数中增加对pf函数的声明，另一种是把pf函数的定义放到main函数之前。

8. 误认为形参值的改变会影响实参值

例如：

```
void swap(int x,int y)
{    int temp;temp = x;x = y;y = temp;}
void main()
{    int a =5,b =6;
     swap(a,b);
     printf("a = %d,b = %d\n",a,b);
}
```

本意是通过调用 swap 函数使 a 和 b 的值互换，但上面的程序无法实现这个目的，因为形参 x、y 值的变化不能传回给实参 a 和 b。如果想从函数得到多个变化的值，可以用指针变量作函数参数，使指针变量所指向的变量值发生变化。上面的程序可以改为

```
void swap(int*px,int*py)
{    int temp;temp =*px; *px =*py; *py = temp;
}
void main()
{    int a =5,b =6, *pa = &a, *pb = &b;
     swap(pa,pb);
     printf("a = %d,b = %d\n",a,b);
}
```

9. 混淆数组名与指针变量的区别

例如：

```
void main()
{    int i,a[3] ={1,2,3};
     for(i =0;i <3;i ++)
          printf("%d", *(a ++));
}
```

本意是通过 a 的改变使指针下移，指向下一个数组元素。但数组名代表数组的首地址，它的值不能改变。上面的程序可以改用指针变量来实现，即：

```
void main()
{    int i,a[3] ={1,2,3}, *p = a;
     for(i =0;i <3;i ++)
          printf("%d", *(p ++));
}
```

10. 指针访问越界

例如：

```
void main()
{    int a [5],i, *p = a;
     for(i =0;i <5;i ++)
          scanf("%d",p ++);
     for(i =0;i <5;i ++)
          printf("%4d", *(p ++));
}
```

程序编译和运行都没有报错，但结果不正确。在第 1 个 for 循环结束时，指针变量 p 已经指向数组 a 的末尾，在第 2 个 for 循环时移动指针，p 就已经越界。C 语言对数组下标越界不做检查。应改为：在第 2 个 for 循环之前加上“p = a;”使变量 p 重新指向数组的起始。

附　录

附录 A　C 语言常用关键字

类　别	关键字	说　明
数据类型	char	字符型
	const	表明这个量在程序执行过程中不可变
	double	双精度实型
	enum	枚举型
	float	单精度实型
	int	整型
	long	长整型
	short	短整型
	signed	有符号类型
	struct	结构体
	union	共用体
	unsigned	无符号类型
	void	空类型
	volatile	表明这个量在程序执行中可被隐含地改变
	typedef	定义同义数据类型
运算符	sizeof	计算字节数

类　别	关键字	说　明
流程控制	break	跳出循环或 switch 语句
	case	switch 语句中的分支选择
	continue	跳出本次循环
	default	switch 语句中的其余情况标号
	do	在 do - while 循环中的循环起始标记
	else	if 语句中的另一种选择
	for	for 循环语句
	goto	跳转到标号指定的语句
	if	语句的执行条件
	return	函数调用的返回
	switch	从所有列出的选择分支中做出选择
	while	在 while 和 do - while 循环中语句的执行条件
存储类型	auto	自动变量
	extern	外部变量
	register	寄存器变量
	static	静态变量

附录 B　常用字符与 ASCII 码对照表

ASCII 码	字符	ASCII 码	字符	ASCII 码	字符	ASCII 码	字符	ASCII 码	字符
000	NUL	026	SUB	052	4	078	N	104	h
001	SOH	027	ESC	053	5	079	O	105	i
002	STX	028	FS	054	6	080	P	106	j
003	ETX	029	GS	055	7	081	Q	107	k
004	EOT	030	RS	056	8	082	R	108	l
005	EDQ	031	US	057	9	083	S	109	m
006	ACK	032	Space	058	:	084	T	110	n
007	BEL	033	!	059	;	085	U	111	o
008	BS	034	″	060	<	086	V	112	p
009	HT	035	#	061	=	087	W	113	q
010	LF	036	$	062	>	088	X	114	r
011	VT	037	%	063	?	089	Y	115	s
012	FF	038	&	064	@	090	Z	116	t
013	CR	039	‘	065	A	091	[	117	u
014	SO	040	(	066	B	092	\	118	v
015	SI	041	)	067	C	093	]	119	w
016	DLE	042	*	068	D	094	ˆ	120	x
017	DC1	043	+	069	E	095	_	121	y
018	DC2	044	,	070	F	096	`	122	z
019	DC3	045	–	071	G	097	a	123	{
020	DC4	046	.	072	H	098	b	124	|
021	NAK	047	/	073	I	099	c	125	}
022	SYN	048	0	074	J	100	d	126	~
023	ETB	049	1	075	K	101	e	127	del
024	CAN	050	2	076	L	102	f		
025	EM	051	3	077	M	103	g		

附录C　C运算符的优先级和结合性

<table>
<tr><th>运算符类别</th><th>优先级</th><th>运算符</th><th>运算符功能</th><th>运算符类型</th><th>结合方向</th></tr>
<tr><td>单目</td><td>1</td><td>( )
[ ]
.
-></td><td>圆括号
数组下标
结构体成员
指向结构体成员</td><td>单目运算</td><td>自左至右</td></tr>
<tr><td>单目</td><td>2</td><td>!
~
*
&
(类型名)
sizeof
++--
+
-</td><td>逻辑非
按位取反
指针运算符
取地址运算
强制类型转换
求所占字节数
自增1、自减1
求正
求负</td><td>单目运算</td><td>自右至左</td></tr>
<tr><td rowspan="2">算术</td><td>3</td><td>* / %</td><td>乘、除、整数求余</td><td>双目算术运算</td><td>自左至右</td></tr>
<tr><td>4</td><td>+ -</td><td>加、减</td><td>双目算术运算</td><td>自左至右</td></tr>
<tr><td>移位运算</td><td>5</td><td><< >></td><td>左移、右移</td><td>双目移位运算</td><td>自左至右</td></tr>
<tr><td rowspan="2">关系</td><td>6</td><td>< <=
> >=</td><td>小于、小于等于、
大于、大于等于</td><td>关系运算</td><td>自左至右</td></tr>
<tr><td>7</td><td>== !=</td><td>等于、不等于</td><td>关系运算</td><td>自左至右</td></tr>
<tr><td rowspan="3">位运算</td><td>8</td><td>&</td><td>按位与</td><td>位运算</td><td>自左至右</td></tr>
<tr><td>9</td><td>^</td><td>按位异或</td><td>位运算</td><td>自左至右</td></tr>
<tr><td>10</td><td>|</td><td>按位或</td><td>位运算</td><td>自左至右</td></tr>
<tr><td rowspan="2">逻辑</td><td>11</td><td>&&</td><td>逻辑与</td><td>逻辑运算</td><td>自左至右</td></tr>
<tr><td>12</td><td>||</td><td>逻辑或</td><td>逻辑运算</td><td>自左至右</td></tr>
<tr><td>条件</td><td>13</td><td>? :</td><td>条件运算</td><td>三目运算</td><td>自右至左</td></tr>
<tr><td>赋值</td><td>14</td><td>= += -= *=
/= %= &= ^=
|= <<= >>=</td><td>赋值、运算后赋值</td><td>双目运算</td><td>自右至左</td></tr>
<tr><td>逗号</td><td>15</td><td>,</td><td>逗号运算符</td><td>顺序运算</td><td>自左至右</td></tr>
</table>

说明：从上到下，优先级逐渐降低，1为最高优先级，15为最低优先级，同一优先级中运算符在表达式中按其结合性从左到右或从右到左进行运算。

附录D　C语言常用库函数

本附录仅从教学角度列出了ANSI C标准建议提供的常用的部分库函数。读者如有需要，请查阅所用编译系统的手册。

1. 输入/输出函数

使用下列函数时，要求在源文件中使用包含命令：# include < stdio. h >。

函数名	函数原型	功　能	说　明
clearerr	void clearerr(FILE*fp);	清除文件指针错误	
fclose	int fclose(FILE*fp);	关闭文件指针fp所指向的文件，释放缓冲区	有错误返回非0，否则返回0
feof	intfeof(FILE*fp);	检查文件是否结束	遇文件结束符返回非零值，否则返回0
fgetc	int fgetc(FILE*fp);	返回所得到的字符	若读入出错，返回EOF
Fgets	char*fgets(char*buf,int n,FILE*fp);	从fp指向的文件读取一个长度为（n－1）的字符串，存放到起始地址为buf的空间	成功返回地址buf，若遇文件结束或出错，返回NULL
fopen	FILE*fopen(char*filename,char*mode);	以mode指定的方式打开名为filename的文件	成功时返回一个文件指针，否则返回NULL
fprintf	intfprintf(FILE * fp, char * format, args,…);	把args,…的值以format指定的格式输出到fp指向的文件中	
fputc	intfputc(char ch,FILE*fp);	将字符ch输出到fp指向的文件中	成功则返回该字符，否则返回非0
fputs	int fputs(char*str,FILE*fp);	将str指向的字符串输出到fp指向的文件中	成功则返回0，否则返回非0
fread	intfread(char * pt, unsigned size, unsigned n,FILE*fp);	从fp指向的文件中读取长度为size的n个数据项，存到pt指向的内存区	成功则返回所读的数据项个数，否则返回0
fscanf	intfscanf(FILE * fp, char format, args,…);	从fp指向的文件中按format给定的格式将输入数据送到args所指向的内存单元	
fseek	intfseek(FILE * fp, long offset, int base);	将fp指向的文件的位置指针移到以base所指出的位置为基准，以offset为位移量的位置	成功则返回当前位置，否则返回－1
ftell	longftell(FILE *fp);	返回fp所指向的文件中的当前读写位置	
fwrite	intfwrite(char * ptr, unsigned size, unsigned n,FILE*fp);	将ptr所指向的n*size字节输出到fp所指向的文件中	返回写到fp文件中的数据项个数
getc	intgetc(FILE*fp);	从fp所指向的文件中读入一个字符	返回所读的字符，若文件结束或出错，返回EOF
getchar	intgetchar(void);	从标准输入设备读取下一个字符	返回所读字符，若文件结束或出错，则返回－1
gets	char*gets(char*str);	从标准输入设备读取字符串，存放到由str指向的字符数组中	返回字符数组起始地址
printf	int printf(char*format,args,…);	按format指定的格式，将输出表列args的值输出到标准输出设备	返回输出字符的个数，出错返回负数。format是一个字符串或字符数组的起始地址

（续）

函数名	函数原型	功　能	说　明
putc	intputc(int ch,FILE*fp);	将一个字符 ch 输出到 fp 所指的文件中	返回输出的字符 ch，出错返回 EOF
putchar	intputchar(char ch);	将字符 ch 输出到标准输出设备	返回输出的字符 ch，出错返回 EOF
puts	int puts(char*str);	把 str 指向的字符串输出到标准输出设备，将'\0'转换为回车符换行	返回换行符，失败返回 EOF
rename	int rename(char*oldname, char*newname);	把由 oldname 所指的文件名，改为由 newname 所指的文件名	成功时返回 0，出错返回 -1
rewind	void rewind(FILE*fp);	将 fp 指向的文件中的位置指针移到文件开头位置，并清除文件结束标志和错误标志	
scanf	int scanf(char*format,args,…);	从标准输入设备按 format 指定的格式，输入数据给 args 所指向的单元。成功时返回赋给 args 的数据个数，出错时返回 0	args 为指针

2. 数学函数

使用数学函数时，要求在源文件中使用包含命令：# include <math. h>。

函数名	函数原型	功　能	说　明
abs	int abs(int x);	计算并返回整数 x 的绝对值	
acos	double acos(double x);	计算并返回 acos(x)的值	要求 x 为 1 ~ -1
asin	double asin(double x);	计算并返回 arcsin(x)的值	要求 x 为 1 ~ -1
atan	double atan(double x);	计算并返回 arctan(x)的值	
atan2	double atan2(double x,double y);	计算并返回 arctan(x/y)的值	
cos	double cos(double x);	计算 cos(x)的值	x 的单位为弧度
cosh	double cosh(double x);	计算双曲余弦 cosh(x)的值	
exp	double exp(double x);	计算 e^x 的值	
fabs	double fabs(double x);	计算 x 的绝对值	x 为双精度数
floor	double floor(double x);	求不大于 x 的最大整数	该整数的双精度实数
fmod	double fmod(double x,double y);	计算整除 x/y 后的余数	返回余数的双精度数
log	double log(double x);	计算并返回自然对数值 ln(x)	x > 0
log10	double log10(double x);	计算并返回常用对数值 lg(x)	x > 0
pow	double pow(double x,double y);	计算并返回 x^y 的值	
sin	double sin(double x);	计算并返回正弦函数 sin(x)的值	x 的单位为弧度
sinh	double sinh(double x);	计算并返回双曲正弦函数 sinh(x)的值	
sqrt	double sqrt(double x);	计算并返回 x 的平方根	x≥0
tan	double tan(double x);	计算并返回正切值 tan(x)	x 的单位为弧度
tanh	double tanh(double x);	计算并返回双曲正切函数 tanh(x)的值	

3. 字符类处理函数

使用下列函数时，要求在源文件中使用包含命令：# include <ctype. h>。

函数名	函数原型	功 能	说 明
isalnum	intisalnum(int ch);	检查ch是否为字母或数字	是，返回1，否则返回0
isalpha	intisalpha(int ch);	检查ch是否为字母	是，返回1，否则返回0
iscntrl	intiscntrl(int ch);	检查ch是否为控制字符	是，返回1，否则返回0
isdigit	intisdigit(int ch);	检查ch是否为数字	是，返回1，否则返回0
isgraph	intisgraph(int ch);	检查ch是否为可打印字符，即不包括控制字符和空格	是，返回1，否则返回0
islower	intislower(int ch);	检查ch是否为小写字母	是，返回1，否则返回0
isprint	intisprint(int ch);	检查ch是否为可打印字符(含空格)	是，返回1，否则返回0
ispunct	intispunct(int ch);	检查ch是否为标点符号	是，返回1，否则返回0
isspace	intisspace(int ch);	检查ch是否为空格，跳格符(制表符)或换行符	是，返回1，否则返回0
isupper	intisupper(int ch);	检查ch是否为大写字母	是，返回1，否则返回0
isxdigit	intisxdigit(int ch);	检查ch是否为十六进制数字	是，返回1，否则返回0
tolower	inttolower(int ch);	将ch中的字母转换为小写字母	返回小写字母
toupper	inttoupper(int ch);	将ch中的字母转换为大写字母	返回大写字母

4. 字符串处理函数

使用下列函数时，要求在源文件中使用包含命令：# include <string. h>。

函数名	函数原型	功 能	说 明
strcat	char*strcat(char*str1,char*str2);	将字符串str2连接到str1后	返回str1的地址
strchr	char*strchr(char*str,int ch);	找出ch字符在字符串str中第一次出现的位置	返回ch的地址，若找不到返回NULL
strcmp	int strcmp(char*str1,char*str2);	比较字符串str1和str2	str1 < str2，返回负数 str1 = str2，返回0 str1 > str2，返回正数
strcpy	char*strcpy(char*str1,char*str2);	将字符串str2复制到str1中	返回str1的地址
strncpy	char*strncpy(char*dest,const char *src,size_t maxlen);	复制src串中至多maxlen个字符到dest	返回dest的地址
strlen	int strlen(char*str);	求字符串str的长度	返回str1包含的字符数(不含'\0')
strstr	char*strstr(char*str1,char*str2);	找出字符串str2在字符串str1中第一次出现的位置	返回该位置的地址，找不到返回NULL

5. 动态分配存储空间函数

使用下列函数时，要求在源文件中使用包含命令：# include <stdlib. h>。

函数名	函数原型	功 能	说 明
calloc	void*calloc(unsigned n,unsigned size);	分配n个数据项的内存空间，每个数据项的大小为size字节	返回分配的内存空间起始地址，分配不成功返回0
free	void free(void*ptr);	释放ptr指向的内存单元	
malloc	void*malloc(unsigned size);	分配size字节的内存	返回分配的内存空间起始地址，分配不成功返回0

（续）

函数名	函数原型	功 能	说 明
realloc	void * realloc (void * ptr, unsigned newsize);	将 ptr 指向的内存空间改为 newsize 字节	返回新分配的内存空间起始地址，分配不成功返回 0
random	int random(int x);	在 0 ~ x 内产生一个随机整数	可用于 Turbo C 中
randomize	void randomize(void);	初始化随机数发生器	可用于 Turbo C 中
rand	int rand(void);	产生一个 0 ~ 32767 的随机整数	
srand	voidsrand(unsigned int)	初始化随机数序列	可用于 VC ++6.0 中
exit	void exit(status) int status;	中止程序运行。将 status 的值返回调用的过程	无

6. 图形处理函数

使用下列函数时，要求在源文件中使用包含命令:# include <graphics. h>。

函数名	函数原型	功能及说明
arc	void arc(int x,int y,int stangle,int endangle,int radius);	画一弧线
bar	void r bar(int left,int top,int right,int bottom);	画一个二维条形图
bar3d	void bar3d(int left,int top,int right,int bottom,int depth,int topflag);	画一个三维条形图
circle	void circle(int x,int y,int radius);	以(x,y)为圆心画圆
drawpoly	void drawpoly(int numpoints,int*polypoints);	画多边形
ellipse	void far ellipse(int x,int y,int stangle,int endangle,int xradius,int yradius);	画一椭圆
floodfill	void floodfill(int x,int y,int border);	填充一个有界区域
getmaxx	int getmaxx(void);	返回屏幕的最大 x 坐标
getmaxy	int getmaxy(void);	返回屏幕的最大 y 坐标
getpixel	int getpixel(int x,int y);	取得指定像素的颜色
getx	int getx(void);	返回当前图形位置的 x 坐标
gety	int gety(void);	返回当前图形位置的 y 坐标
line	void line(int x0,int y0,int x1,int y1);	在指定两点间画一直线
linerel	void linerel(int dx,int dy);	从当前位置点(CP)到与 CP 有一给定相对距离的点画一直线
lineto	void lineto(int x,int y);	画一从现行光标到点(x,y)的直线
moveto	void moveto(int x,int y);	将 CP 移到(x,y)
moverel	void moverel(int dx,int dy);	将当前位置(CP)移动一相对距离
outtext	void outtextxy(int x,int y,char*textstring);	在指定位置显示一字符串
pieslice	void pieslice(int x,int stanle,int endangle,int radius);	绘制并填充一个扇形
putpixel	void putpixel(int x,int y,int pixelcolor);	在指定位置画一像素
rectangle	void rectangle(int left,int top,int right,int bottom);	画一个矩形
sector	void sector(int x,int y,int stangle,int endangle);	画并填充椭圆扇区